装备科技译著出版基金

第3版 | 机械振动与冲击分析
3rd Edition | Mechanical Vibration and Shock Analysis

李传日 总译

第1卷 Volume 1

正弦振动

Sinusoidal Vibration

[法] 克里斯蒂安·拉兰内（Christian Lalanne） 著

吴 飒　叶建华　主译

国防工业出版社

·北京·

原书书名:Sinusoidal Vibration
　　　　　by Christian Lalanne
原书书号:ISBN 978-1-84821-644-0

著作权合同登记　图字:军-2016-153 号

图书在版编目(CIP)数据

正弦振动 /(法)克里斯蒂安·拉兰内
(Christian Lalanne)著;吴飒,叶建华主译.—北京:
国防工业出版社,2021.4
(机械振动与冲击分析)
书名原文:Sinusoidal Vibration
ISBN 978-7-118-11962-6

Ⅰ.①正…　Ⅱ.①克…②吴…③叶…　Ⅲ.①机械振动　Ⅳ.①TH113.1

中国版本图书馆 CIP 数据核字(2020)第 226167 号

※

*国防工业出版社*出版发行
(北京市海淀区紫竹院南路 23 号　邮政编码 100048)
三河市腾飞印务有限公司印刷
新华书店经售
*
开本 710×1000　1/16　印张 18½　字数 315 千字
2021 年 4 月第 1 版第 1 次印刷　印数 1—2000 册　定价 120.00 元

(本书如有印装错误,我社负责调换)

国防书店:(010)88540777　　书店传真:(010)88540776
发行业务:(010)88540717　　发行传真:(010)88540762

序

　　欣悉北航几位有真知灼见的教授们翻译了一套《机械振动与冲击分析》丛书，我很荣幸先睹为快。本人从事结构动强度专业方面的工作 50 多年，看了译丛后很是感慨，北航的教授们很了解我们的国情和结构动强度技术领域发展的行情，这套丛书的出版对国内的科研人员来说确实是雪中送炭，非常及时。

　　仔细了解了这套丛书的翻译出版工作，给我强烈的感受有 3 个特点。

　　（一）实。这套丛书的作者是法国人 Christian Lalanne，曾在法国国家核能局担任专家，现在是 Lalanne Consultant 的老板。他从事振动和冲击分析方面的研究咨询工作超过 40 多年，也发表了多篇高水平学术论文。本丛书的内容是作者实际工作和理论分析相结合的产物，既不是单纯的理论陈述，又不是单纯的试验操作，而是既有理论又有实践的一套好书，充分体现出的一个特点就是非常"实"，对具体工作是一种实实在在的经验指导。

　　（二）全。全在哪呢？一是门类全，一般冲击和振动经常是分开谈的，而本丛书既有冲击又有振动，一起研究；二是过程全，从单自由度建模开始到单自由度各种激励下的响应，从各种载荷谱编制再到各种载荷激励下的寿命估算，进一步制定试验规范，直到试验，可以说是涵盖了结构动力学的全过程；三是内容全，从基本概念到各种具体方法，内容几乎覆盖了机械振动与冲击的所有方面。本丛书共有 5 卷，第 1 卷专门介绍正弦振动，第 2 卷介绍机械冲击分析，第 3 卷介绍随机振动，第 4 卷介绍疲劳损伤的计算，第 5 卷介绍基于剪裁原则的规范制定方法。

　　（三）新。新在什么地方？还要从我国航空工业发展现状说起。20 世纪90 年代以前，振动、冲击等内容尚未列入飞机设计流程中去，飞机设计是以静强度、疲劳强度设计为主，而振动、冲击只作为校核的内容，在设计之初并不考虑，而是设计制造完在试飞中去考核，没问题作罢，有问题再处理、排除。由于众多型号研制中出现的各种振动故障问题，大大延误了研制进度，而在用户使用中出现的振动故障，则引起大面积的停飞，影响出勤率、完好率，有的甚至还发生机毁的二等事故，因此，从 90 年代开始，我国航空工业部门从事振动与冲击分析的技术人员开始探索结构动力学的早期设计问题。经过"十五"到"十二五"3个"五年计划"的预研和型号实践总结,国内相继出版了几本关于振动与冲击方面的专著,本丛书和这些图书相比,有以下几点属于新颖之处:

(1)在寿命评估方面,本丛书是将载荷用随机、正弦振动或冲击表示,然后计算系统的响应,再根据裂纹扩展的基本原理分析其扩展过程与系统响应的应力之间的关系,最后给出使用寿命的计算。业内研究以随机载荷居多,正弦振动和冲击载荷下的寿命估算较少,特别是塑性应变与断裂循环次数的关系以及基于能量耗散的疲劳寿命等论述都是值得我们借鉴和参考的。

(2)本丛书认为:不确定因子可定义为在给定概率下,单元最低强度和最大应力之间的关系,即强度均值减去×倍强度标准差与应力均值加上×倍应力标准差之比;试验因子可定义为试验样本量无法无穷大,通过试验评估的均值只能落在一个区间内,为保证强度均值大于某个值(不确定因子乘以环境应力均值,即强度必须达到的最低要求)而增加的一个附加因子即试验因子。试验严酷度就变为试验因子乘以不确定因子再乘以环境应力均值。

这两个概念和我国 GJB 67A—2008 中的两个概念,即不确定系数和分散系数,有一定相似但又有区别。GJB 67A 中,不确定系数又称安全系数,是可能引起飞机部件和结构破坏的载荷与使用中作用在飞机部件或结构上的最大载荷之比,对结构来说,不确定系数是用该系数乘以限制载荷得出极限载荷的导数值;分散系数是用于描述疲劳分析与试验结果的寿命可靠性系数,它与寿命的分布函数、标准差、可靠性要求和载荷谱密切相关,它是决定飞机寿命可靠性的指标。因此,本丛书和国内目前执行的规范以及有关研究所出版的相关书籍完全可以起到互为补充、互为借鉴。

(3)本丛书内容涉及黏滞性阻尼和非线性阻尼的瞬态和稳态响应问题,这是业内研究振动分析中的一大难点,本丛书提出的观点和做法值得参考和借鉴。

(4)本丛书中提出"对于环境应当是从项目一开始的未雨绸缪,而不是木已成舟后的事后检讨"的观点,以及"在项目初始阶段还没有图纸的时候,或者在鉴定阶段为了确定试验条件""在没有准确和有效的结构模型时",最有效的可用方法是用"最简单的常用机械系统就是一个包括质量、刚度、阻尼的单自由度的线性系统"来作为研究对象。这种方法是可行的,既可作严酷度比较,也可起草规范,作初步设计计算,甚至制定振动分析规则等等有效的"早期设计"工作。当然,在 MBSE 思想指导下,当今在型号方案阶段确定初步的结构有限元模型已非难事,完全可以在结构有限元模型建立情况下去研究进行结构动力学有关工作的早期设计(在初步设计阶段完全可以进行),尽管如此,本丛书提出的研究思路和方法仍不失为一个新颖之亮点。

(5)本丛书对各种极限响应谱和疲劳损伤谱的概念(正弦振动、随机振动、冲击),还有各国标准规定的剪裁思想,包括 MIL - STD - 810、GAM. EG13、STANAG 4370、AFNOR X50-410 等的综述,这些观点和概念的提出也是值得我们学习研究和借鉴的。

综上所述,本丛书对广大关注结构机械振动与冲击的科研人员、设计人员、试验人员和管理人员都具有一定的参考指导作用,可以说本丛书的翻译出版是一件大事、喜事,值得庆贺,对我们攻克结构动强度(振动、冲击)前进道路上的各种技术障碍会起到积极的促进作用。

中航工业沈阳飞机设计研究所原副所长、科技委主任
中航工业结构动力学专业组第二任组长(2000—2014 年)
中航工业结构动力学专业组名誉组长(2015 年至今)

2021 年 4 月 4 日

译者序

"道生一,一生二,二生三,三生万物,万物负阴而抱阳,冲气以为和。"世间万物错综复杂,运动瞬息万变令人眼花缭乱,目不暇接。要想正确地观察、思考、理解和改造世界,只有采取化繁为简、由易到难的方法,才能逐步了解事物发生发展的客观规律。

单自由度系统是最简单最基本的力学模型,单自由度系统的自由振荡是正弦振动这种最单纯最简洁的动态运动形式。正弦振动作用在单自由度系统上会产生运动的变化,这种变化规律对于复杂运动作用在复杂系统上同样适用,并由此最终衍生出变化无穷的运动。古老东方文明和现代西方科学的世界观竟如此神奇地一致,真是令人感叹。

作为《机械振动与冲击分析》丛书的首卷,本书从基本力学原理入手,介绍单自由度系统的组成要素和数学模型,并给出多自由度系统集总参数力学模型的建立方法,即如何将力学系统化繁为简,再由简及繁。纵观全书,既有严谨翔实的理论推导过程,也有简单形象的应用示例,无论对于振动试验的初学者,还是从事振动环境研究多年的工程技术人员,都能在本书中找到自己感兴趣的内容并有所收获。

本书共9章,第1章至第7章及附录部分由吴飒翻译,第8章和第9章由叶建华翻译,全书由张慰审校。参加本书翻译工作的有王也、孙庆昕、林延鑫、买雷、汪俊、白天、李佳伦和史荻薇等同志。装备科技译著出版基金资助了本书的翻译出版,在此一并表示感谢。

译者深感自身能力有限,翻译过程中难免存在不当之处,敬请读者谅解并予以指正。

吴飒　叶建华

2021 年 4 月

　　无论是日常使用的简单产品如移动电话、腕表、车载电子组件等，还是更为复杂的专用系统如卫星设备、飞机飞控系统等，在其工作寿命期内不仅要经受不同温度和湿度的环境作用，还要承受机械振动和冲击的作用，本丛书的主题正是围绕着后者展开。这些产品必须精心设计以保证其能经受所处环境的作用而免遭损坏，并能通过原理样机或者计算以及权威实验室试验来验证其设计。

　　产品的设计以及后续的试验都要基于其技术规范进行，这些规范通常源于国家或国际标准。最初于 20 世纪 40 年代制定的标准是通用规范，常常极为严酷，包括了正弦振动，其频率被设置为设备的共振频率。这些规范的制定主要是用来验证设备具有某种特定的耐受能力，这里隐含一个假设：当设备可以经受住特定振动环境的作用而依然正常工作，则其也能承受其使用中的振动环境而不被损坏。标准的变迁跟随着试验设备的发展，尽管有时候会基于保守的考虑而有些滞后：从能够产生正弦扫频振动，到能在较宽频带内产生窄带随机扫频振动，再到最终能产生宽带随机振动。在 20 世纪 70 年代末，人们认为一个基本的需求就是要减少车载设备的重量和成本，并制定出与实际使用条件更贴近的规范。在 1980 年至 1985 年间，这种观念的变化影响到了相关的美国标准（MIL-STD-810）、法国标准（GAM-EG-13）以及国际标准（NATO）的制定，所有这些标准都推荐了剪裁试验的概念。目前推荐的说法是要剪裁产品以适应其环境，更明确地强调了对于环境应当是从项目一开始的未雨绸缪，而不是木已成舟后的事后检验。这些概念源于军工行业，目前却正在越来越多地推广至民用领域。

　　剪裁的基础是对设备的全寿命剖面的分析，也是基于对与各种使用情况相关的环境条件的测量，还要依靠将所有数据进行综合后形成的简化规范，这一规范和其实际的环境具有相同的严酷度。

　　这种方法的前提是对经受动态载荷的力学系统有了正确的了解，对最常见的故障模式也很清楚。

　　一般来说,对经受振动作用的系统而言,对其应力的良好评估只可能根据有限元模型和较为复杂的计算获得。要进行这种计算,只可能在项目相对较晚的一个阶段开展,这时,结构已经被明确定义,模型才可建立。

　　无论是在项目还没有图纸的最初始阶段,还是在鉴定阶段,为了确定试验条件,都需要开展大量与环境相关的工作,这些工作与设备自身无关。

　　在没有准确和有效的结构模型时,最简单常用的力学系统就是一个包括质量、刚度和阻尼的单自由度的线性系统,尤其适用于以下几种情况。

　　(1) 对几种冲击(采用冲击响应谱)或者几种振动(采用极值响应谱和疲劳损伤谱)的严酷度进行比较。

　　(2) 起草振动规范,所确定的振动可以在模型上产生与实际环境相同的效应,这里隐含着一个假设:这一等效作用在真实的并更加复杂的结构中依然存在。

　　(3) 在项目的起始阶段对初步设计进行计算。

　　(4) 制定振动分析的规则(如选择功率谱密度计算的点数)或者确定试验参数的规则(选择正弦扫频试验中的扫描速率)。

　　以上说明了这一简单模型在这套包含5卷分册的"机械振动与冲击分析"丛书中的重要性。

　　第1卷专门介绍了正弦振动。首先回顾了几种在工作寿命期内会对材料产生影响的主要振动环境以及思考方法,然后对一些基本的力学概念、单自由度力学系统对任意激励的响应(相对的和绝对的)及其不同形式的传递函数进行介绍。通过在实际环境和实验室试验环境下对正弦振动特性的分析,推导了具有黏滞阻尼和非线性阻尼的单自由度系统的瞬态和稳态响应,介绍了不同正弦扫描模式的特性。随后,分析了各种扫描方式的特性,依据单自由度系统的响应机理,演示了扫描速率选择不合适所带来的后果,并据此推导出了选择扫描速率的原则。

　　第2卷介绍了机械冲击。该卷介绍了冲击响应谱的不同定义、特性以及计算时的注意事项。介绍了在常用试验设备上应用最广泛的冲击波形及其特性,以及如何制定一个与实际测量环境具有相同严酷度的试验规范。然后给出了用经典实验室设备(如冲击机、由时域信号或者响应谱驱动的电动振动台)实现试验规范的示例,并指出了各种解决方案的限制、优点和缺点。

　　第3卷主要介绍了随机振动的分析,涵盖了实际环境中会遇到的绝大多数振动。该卷在介绍信号的频域分析之前,描述了随机过程的特性,以使分析过程简化。首先介绍了功率谱密度的定义和计算时的注意事项,然后给出了改进结果的处理方法(加窗和重叠)。第三种补充的方法主要为时域信号的统计特性分析,这种方法的特点在于可以确定一个随机高斯信号极值的分布规律,从而免去对峰值的直接计数(参见第4卷和第5卷),简化疲劳损伤的计算。最后介绍了单自由度线性系统的随机振动响应。

　　第4卷专门介绍了疲劳损伤的计算。介绍了用来描述材料在疲劳作用下行为的假设条件、损伤累积的规律和响应峰值的计数方法(当无法采用由高斯信号得到的峰值概率密度时,该方法可以给出峰值的直方图)。推导了有关平均损伤及其标准差的表达式,并介绍了其他假设下的分析案例(非零均值、疲劳极限、非线性累积规律等),还介绍了有关低周疲劳和断裂力学的主要规律。

　　第5卷主要介绍了基于剪裁原则的规范制定方法。针对每种类型的应力(正弦振动、正弦扫频、冲击、随机振动等)定义了极限响应谱和疲劳损伤谱。随后详细介绍了由设备寿命周期剖面建立规范的过程,一并考虑了不确定因子(与实际环境和力学强度分散性相关的不确定性)和试验因子(验证试验次数的函数)。

　　需要重申的是,本丛书旨在对以下对象有所帮助:设计团队中负责产品设计的工程师和技术人员、负责编写各种设计和试验规范(用于验证、鉴定和认证等)的项目组、负责试验设计并选择最合适的模拟方式的实验室。

　　陆地车辆、飞机或水上运输工具上运输或装载的设备以及安装在机床附近的设备都会承受不同类型的振动和力学冲击。这些设备必须能够承受这些冲击和振动而不受损坏。为达到这一目的,第一步工作就是在设备研制规范中对这些环境的参数进行说明,这样研制部门才能在设计时对它们加以考虑。后续工作是对设计的设备进行考核,依据上述规范通过试验来验证设备在使用条件下的表现。

　　目前用于设计和试验的规范是经过精心设计的,从设备要经历的实际环境的测量开始(剪裁)。因此在对振动和冲击进行分析前必须对其进行准确的测量,然后将它们进行合成形成规范,用以指导进行持续时间合理的鉴定试验。

　　在考虑振动和冲击时,需要:

　　(1) 识别未来使用时的条件。

　　(2) 如有可能,应进行大量的测量。

　　(3) 对测量信号进行数字化处理。

　　(4) 辨识各种类型的振动,以便通过频域内的分析对其特性进行描述,进而对在不同条件下得到的测量数据进行严酷度比较,或将实测环境与标准文档中提供的量值进行比较,或与其他规范的内容进行比较。

　　(5) 最终将测量数据转换成规范。

　　本套丛书共5卷,以本卷《正弦振动》为开篇,介绍了当前在振动与冲击分析中所使用的各种数学工具。

　　正弦振动最初用于实验室试验是为了检验设备在服役时能承受预期振动环境而不损坏的能力。随着标准和试验设备的进步,目前研究这些振动从通常意义上来说只用于模拟那些可能遇到具有同样特性的振动条件,例如位于靠近旋转机构(如电机或传动轴)附近的设备。无论如何,正弦振动的价值在于它的简单,便于揭示处于动态应力下力学系统的表现和介绍基本的定义。

　　众所周知,实际的环境从通常意义上来讲或多或少在本质上都是随机的,在相对宽的频率范围具有连续的频谱。为克服最初设备无法同时产生多个频率振动信号的不足,很快就产生了"扫描正弦"的试验模式,也就是施加的正弦振动的频率,随时间按照线性或指数规律变化。尽管电磁激振器和电液激振器发展相对较快,已经可以产生宽带随机振动,扫描正弦标准一直被保留下来,实际上仍然在使用,如在宇航领域。在对结构的动力学特性的测量中正弦试验也广泛使用。

第 1 章是对本丛书的介绍,指出了一些重要振动环境的特性和研制合格设备所必须经历的过程。第 2 章对基础力学进行了一些简要回顾。第 3 章阐述了单自由度系统在给定激励下的相对响应和绝对响应,并以不同的方式定义了传递函数。第 4 章有针对性地描述了单自由度系统在单位脉冲函数和阶跃函数下的响应。

第 5 章中给出了实际环境和实验室正弦振动的特点。第 6 章分析了黏性阻尼单自由度系统的瞬态和稳态响应,第 7 章则针对非线性阻尼。

第 8 章基于特点和实际意义定义了多种正弦扫描方式。第 9 章着重说明了单自由度系统在线性和对数扫描正弦振动下的响应,演示了如果扫描速率选取不当会导致的后果,并给出了选择扫描速率的原则。

附录回顾了拉普拉斯变换的主要特点,为分析计算单自由度系统在给定激励下的响应提供了非常有利的工具。对正弦振动非常有用的拉普拉斯反变换则以表格的形式给出。

符号表给出了本书使用的主要符号的最常见定义。其中一些符号可能在某些情况会有其他含义,为避免引起混淆,将在出现时进行定义说明。

$A(t)$	单位阶跃导纳或阶跃响应
$A(p)$	$A(t)$ 的拉普拉斯变换
c	黏性阻尼常数
c_{eq}	等效黏性阻尼常数
$C(\theta)$	响应中与非零初始条件有关部分
d	杠杆臂
D	阻尼能力
e	奈培数
E	弹性模量
E_a	阻尼耗能
E_d	动态弹性模量
E_c	动能
E_p	势能
$E(\ )$	扫描模式函数特性
f	激励频率
f_m	期望频率
f_{samp}	采样频率
$\dot{f}$	扫描速率
f_0	固有频率
F_i	惯性力
F_r	恢复力
$F(t)$	作用于系统的外力
F_c	峰值因子(或波峰因子)
F_d	阻尼力

F_f	形式参数
F_m	$F(t)$ 的最大值
g	重力加速度
G	库仑模量
$G(\eta)$	与扫描速率相关的衰减
h	归一化频率区间 (f/f_0)
H_{AD}	传递率
H_{RD}	动态放大因子
H_{RV}	相对传递率
$h(t)$	脉冲响应
$H(\ )$	传递函数
i	$\sqrt{-1}$
I	惯性矩
J	阻尼常数
k	刚度或不确定系数
ℓ_{rms}	$\ell(t)$ 的均方根值
ℓ_m	$\ell(t)$ 的最大值
$\ell(t)$	广义激励 (位移)
$\dot{\ell}(t)$	$\ell(t)$ 的一阶导数
$\ddot{\ell}(t)$	$\ell(t)$ 的二阶导数
$L(\ )$	拉格朗日函数
$L(p)$	$\ell(t)$ 的拉普拉斯变换
$L(\Omega)$	$\ell(t)$ 的傅里叶变换
m	质量
M	力矩
n	循环次数
n_d	十的倍数
N	法向力
N_s	扫描正弦试验中完成的振荡周期数
p	拉普拉斯变量
P	简化伪脉冲
$\boldsymbol{P}$	脉冲矢量
q_i	广义坐标
q_m	$q(\theta)$ 的最大值

q_0	当 $\theta=0$ 时 $q(\theta)$ 的值
$q(\theta)$	简化响应
$\dot{q}_0$	当 $\theta=0$ 时 $\dot{q}(\theta)$ 的值
$\dot{q}(\theta)$	$q(\theta)$ 的一阶导数
$\ddot{q}(\theta)$	$q(\theta)$ 二阶导数
Q	品质因数
$Q(p)$	$q(\theta)$ 的拉普拉斯变换
$\boldsymbol{r}$	位置矢量
R_m	极限抗拉强度
R_{om}	每分钟的倍频程数
R_{os}	每秒的倍频程数
s	自由度值
S	作用
t	时间
t_s	扫描持续时间
T	振动持续时间
T_0	自然周期
T_1	对数正弦扫描时间常数
$u(t)$	广义响应
U_s	在一个周期内存储的最大弹性应变能
U_{ts}	单位体积弹性应变能
$U(p)$	$u(t)$ 的拉普拉斯变换
$U(\Omega)$	$u(t)$ 的傅里叶变换
$\boldsymbol{v}$	速度矢量
x_m	$x(t)$ 的最大值
$x(t)$	单自由度系统基础的绝对位移
$\dot{x}(t)$	单自由度系统基础的绝对速度
$\ddot{x}_m$	$\ddot{x}(t)$ 的最大值
$\ddot{x}(t)$	单自由度系统基础的绝对加速度
$\ddot{X}(\Omega)$	$\ddot{x}(t)$ 的傅里叶变换
$y(t)$	单自由度系统质量的绝对位移响应
$\dot{y}(t)$	单自由度系统质量的绝对速度响应
$\ddot{y}(t)$	单自由度系统质量的绝对加速度响应
z_m	$z(t)$ 的最大值

z_s	最大相对静态位移
$z(t)$	单自由度系统的质量相对于其基础的相对位移响应
α	旋转角度
δ	对数衰减
$\delta_g(\ )$	狄拉克函数
Δ	单位时间能量耗散
ΔE_d	一个周期内阻尼耗散的能量
Δf	半功率点间的频率间隔
ΔN	半功率点间的周期数
ε	相对变形
$\dot{\varepsilon}$	相对变形速度
η	耗散系数(或损失)或简化扫描速度
$\dot{z}(t)$	相对速度响应
$\ddot{z}(t)$	相对加速度响应
$Z(p)$	广义阻抗
φ	相位
$\lambda(\theta)$	简化的激励
$\Lambda(p)$	$\lambda(\theta)$的拉普拉斯变换
μ	摩擦系数
π	3.14159265…
ρ	回转半径
θ	简化时间$\dot{q}(\theta)$
θ_b	简化扫描速率
Θ	简化伪周期
σ	应力
σ_m	平均应力
ω_0	固有圆频率($2\pi f_0$)
Ω	激励的圆频率($2\pi f$)
ξ	阻尼因子
ξ_{eq}	等效黏性阻尼系数
Ψ	相位

CONTENTS | 目 录

第1章
需求

1.1　开展机械振动与冲击分析研究的必要性

产品在其使用寿命期间,如在运输阶段[OST 65,OST 67],由于装载在各种交通工具(飞机、车辆等)上或放置在振动源(发动机、风力机、公路上等)附近,都会遭受振动环境的影响。这些振动环境(包括振动与冲击)可导致结构内部出现动态应变和应力,这些应变和应力会引发电子设备出现间歇性或永久的故障,如果超过材料的极限强度(屈服极限或破坏极限)会导致其产生塑性变形或断裂,从而使光学系统出现失调,导致机械零件产生疲劳或磨损。

因此,有必要在机械零件结构设计阶段考虑这些因素。通常分以下步骤:

(1) 测量振动现象。

(2) 分析测量结果,分析的结果将用于不同的目的,例如:

① 了解振动的频率特性(搜寻优势频率、振幅等),如比较结构的固有频率。

② 对比几种不同振动环境的相对严酷度(如在不同运输车辆上),或者将这些振动环境的严酷度与标准进行比较。

③ 对结构设计或试验规范的合理性进行后验评价。这些取值或规范的制定在开始时往往依据备选量值、正在进行的项目中收集到的数据或规范性文件中的值。

(3) 帮助研究部门将测量数据转换为设计规范的取值;一般是在综合了所有测量数据后,以最简单的形式来表达。

(4) 在设计阶段,以及研制末期进行鉴定时,通过试验来评价所研发的产品在相应振动环境中的表现情况。

在真实环境下遇到的振动本质上一般是随机的。振动与冲击共同组成了机械激励的主要部分。这两种环境都可能是严酷的,随机振动侧重于持续时间,冲击侧重于幅值。

不过在某些场合(如旋转机械附近)也能观察到正弦振动,通常带有随机背景噪声。当振动来自于螺旋桨飞机或直升机时尤其如此。在这种情况下,与正弦振动(基波和谐波)相比,随机振动会造成更加严重的后果。

当旋转机械开启和关闭时,它们的频率会发生连续变化,产生的振动特性与正弦扫描类似。这种振动环境主要用于实验室试验中开展对结构共振频率的研究。

将实际测量或实验室测得的数据进行分析发现,机械激励可分为以下几组类型:

(1)正弦振动;

(2)扫描正弦振动;

(3)随机振动;

(4)力学冲击。

或这几种振动的组合:

(1)随机叠加正弦(一个或几个谱线);

(2)随机叠加扫描正弦(一个或几个扫描频带);

(3)宽带随机叠加扫描窄带随机振动。

实际环境中出现的振动在频域上往往差别很大:

(1)陆上交通工具振动频率在 1~500Hz 之间;

(2)飞机和航天器振动频率在 10~2000Hz 之间;

(3)地震振动频率在 1~35Hz 之间;

(4)金属之间碰撞冲击的频带会超过 10000Hz,火工装置一般会产生几万赫以上的冲击频率。

振动根据频率不同一般分为 3 种类别:

(1)0~2Hz,称为超低频;

(2)2~20Hz,称为中频;

(3)20~2000Hz,称为高频。

这些数值只是用于约定俗成的表述方式,并不具有严格的理论上的合理性。事实上,低频的概念只有相对于要承受振动的系统固有频率才有明确意义。如果振动激发出的动态响应无减弱也无增强,对这个力学系统而言振动就是低频的。

1.2 一些实际环境

1.2.1 海上运输

船舶上的振动来源有着不同的起因和特性,主要有:

(1) 螺旋桨(周期性振动);

(2) 推进装置和其辅助装置(周期性振动);

(3) 舰船上的设施(如绞车);

(4) 海水的作用(随机振动)。

对这些振动测得的量级一般是水陆运输中最低的。

1.2.1.1 船舶螺旋桨产生的振动

螺旋桨的转动可通过多种方式激发出船体框架的模态:

(1) 通过传动轴系传递到船体的加速度。

(2) 施加在船舵上的力。

(3) 螺旋桨和传动轴之间的弹性流体耦合效应。

(4) 螺旋桨工作产生的尾流造成的、分布在尾部船体各部分的压力波动。

压力的波动取决于:

① 螺旋桨推力的变化。当螺旋桨进行推动时,每个桨叶的背面都会承受一个相对于环境压力的负压(吸力),桨叶的正面会承受一个超压。

② 桨叶的数量、面积和厚度。压力波动是桨叶平均厚度的线性函数,且随着桨叶数量的增加迅速减小。

③ 在桨叶表面及其滑流中,由于空蚀效应而引起的空泡。

当局部压强低于饱和蒸汽压时,在螺旋桨周围就出现一个充满水汽的空泡。当这些空泡移动到更高压强的区域时会急速凝结。这种现象称为空蚀,往往伴随着强烈的力学作用(振动、噪声等)。

空蚀现象是造成船舶振动问题的主要因素,相当于增加了桨叶的厚度,从而导致压力波动增强。空泡体积随时间而变化是压力波动的另一个因素。直径在 $5\sim6m$ 的定桨式螺旋桨固有频率大约为 20Hz,而直径在 $8\sim10m$ 的定桨式螺旋桨的固有频率大约为 10Hz。可看出螺旋桨的固有频率随其直径增加而减小。

1.2.1.2 船舶发动机引起的振动

船舶发动机引起振动的来源主要是活塞的往复运动,活塞连接着拉杆和曲轴轴系。

这种振动会激发船舶框架的模态,尤其是一些中型船。振动频率通常在3~30Hz之间。

1.2.1.3 海况造成的振动

1. 涌流引起的振动

涌流引起的振动通常持续时间长,在纵向(纵摇)和横向(横摇)上的周期都非常低(低于2Hz)。这些随机振荡通常有地震属性特征。

这种振动频率变化在0.01(当海水很平静时)~1.5Hz(当海上天气恶劣时)之间。其对应的加速度幅值在0.1~9m/s²之间。

2. 由于海水运动造成的整船振动

通常考虑以下两种振动:

(1)作用在船首的流体动力学冲击引起的整船振动,与梁的情况相似。只要船舶在海水中正向前进,且船首的相对运动足以引发碰撞,这种现象就会发生。这些碰撞可以分为以下几种:

① 船体冒出水面后,落下时船体接触水面在船底平整部分产生的冲击;

② 船首重重落下产生的冲击,船首并没有出现浮出海面并重新落下的过程;

③ 海浪拍击在船体其他部位。

(2)涌流中各种流体动力学引起的激励,造成整船稳态自由振动。

这些振动的频率通常很低,很少情况下会高一些[VIB 06]。频率范围通常在0.01~80Hz,最大幅频出现在3~30Hz。振动可能是周期性的或随机性的。

1.2.2 地震

积累在地壳板块或地幔中的形变能量瞬间释放,在地表形成的振动称为地震。这种振动(震颤)通常持续几十秒。地震到达地表时的振幅可以达到几米每平方秒。

1930年,为了将不同振幅的地震对建筑的影响分类,建立了冲击响应谱。振幅数据采自真实地震产生的加速度信号(参见第2卷)。

1.2.3 道路振动环境

道路运输产生的振动环境很复杂,它是持续振动和离散叠加振动的结合。其中,持续振动是由下列几种振动以不同的比例组成的:

(1)宽带噪声,一般由服从高斯分布的瞬时值组成;

(2)超窄带激励,其振幅分布非常接近高斯定律(如悬挂物系统的响应);

(3)单一频率上恒定振幅的激励(不平衡转子)。

离散的分量可以是反复出现的(周期性的),如经过混凝土板路面的接缝处时；也可以是间歇性的(只发生一次或有限次)，如经过一个铁路道口时。

振动的主要来源有悬挂系统、轮胎、驱动系统和车辆的框架部分 4 类[FOL 72]。振动谱的特征取决于车辆行驶过的路况和地形、车辆行驶的速度和车辆的悬挂系统。

车辆的悬挂系统会产生很大振幅的振动，通常频率在 3~6Hz。轮胎产生的周期分量频率在 15~25Hz 之间。发动机和传动轴会引发频率在 60~80Hz 的持续振动激励。结构响应的频率在 100~120Hz[FOL 72]。某些车辆种类可以造成频率达到 1000Hz 的振动，如有电动刹车系统的车辆。

道路振动环境主要由以下几种分量构成：

(1) 纵向运动，与车辆的加速和减速相关；

(2) 侧向运动，弯道行驶时产生；

(3) 在路上行进时产生的垂向振动；

(4) 由非对称的垂向激励造成的纵向和侧向运动。

前两种振动为准静态，相对较弱。后两种取决于路况。振动谱的频率可达到近 30Hz，较低频率的振动可产生更大的位移。高于 30Hz 的振动频率也可能存在，会产生结构的局部共振[HAG 63]。垂向的振动一般占主要地位。

这些振动的加速度均方根一般为 $2\sim7\mathrm{m/s}^2$[RIS 08]。

在履带式车辆上测量得到的振动谱是由随机宽带及其他由履带和齿轮的啮合时引起的高能随机频带组成的。常用正弦扫描与宽带随机叠加模拟这种振动环境。

1.2.4　铁路振动环境

在铁路运输过程中测得的持续性激励的振幅要比道路运输稍小一些[VIB 06]。

铁路运输过程中振动的起源主要是铁路线路上的缺陷，如铁轨之间的缺口和间隔，道岔口区域等。这些例子只是存在的缺陷中很少的部分。

垂向振动一般是最强烈的，但是在某些特定频段上横向振动也可能很强烈。最强烈振动出现的频率为 1~10Hz(悬挂系统)、10~100Hz(火车的框架)和 10~30Hz(铁轨连接处产生)。道岔口处区域产生的激励最强烈[FOL 72]，类似于在火车对接过程中将车厢连接到一起或附加货车时车厢间的冲击(也是所有陆上运输中最强烈的冲击)。

1.2.5　螺旋桨飞机

在螺旋桨飞机上测得的振动谱由宽带和几种正弦信号或窄带的谱线构

成。宽带噪声由飞机周围的空气流动和螺旋桨旋转引起的多种周期性因素造成。

频谱图中的峰值来自于螺旋桨桨叶间气流在飞机结构上产生的周期性动态压力场。窄带的中心频率对应着螺旋桨桨叶数乘以发动机旋转频率及其谐振频率。

最显著的谱线一般出现在基频及前2、3阶谐振频率上，其振幅与飞行阶段有关(如起飞、爬升、巡航、降落等)，也与测量点的位置有关。

在飞机发动机附近也可以测量到相似的振动谱。大部分发动机的转速基本保持恒定。转速可通过发动机供油量或者改变螺旋桨桨叶角度来进行调整。峰值的频率通常也很固定。峰值频宽与转速的微小变化有关，而且实际上所产生的振动也不是纯粹的正弦振动。

另外，有一些发动机的转速变化范围更大。对于这种情况，在实验室中采用宽带随机加正弦扫描振动来模拟。

1.2.6 喷气推进式飞机产生的振动

1.2.6.1 起飞和爬升阶段
飞机起飞和爬升阶段，最强烈的振动发生在垂向上，水平轴向的振动最弱。根据飞机类型的不同，典型频率在60~90Hz，均方根值在 $5\mathrm{m/s^2}$ 左右。

1.2.6.2 巡航阶段
在巡航阶段，飞机振动的幅度相比起飞和爬升阶段会小很多。当然，在垂向的振幅依然相对更强，其他两个方向上会小很多。振动频率一般维持在60~90Hz之间。

1.2.7 涡轮风扇式飞机产生的振动

我们观测到频率在 20~1000Hz 之间的振幅有持续增长的趋势，随后振幅下降。

同样的，垂向的振幅最强，纵向轴向是最弱的。振动信号由正弦波与宽带高斯随机波叠加而成。

这种振动发生在战斗机上，通常有以下几种来源：

(1) 机身传导的发动机噪声；

(2) 气动流场；

(3) 一些操作引起的动态响应(发射导弹、空气制动等)。

除了上述振动之外，在降落、起飞、弹射起飞阶段还会发生冲击(有时很剧烈)。

1.2.8　直升机

直升机上产生的振动是随机振动和直升机的主螺旋桨、尾螺旋桨及发动机引起的正弦振动组成的。正弦振动谱线的频率变化不大,是因为这些谱线对应的转速保持相对恒定(变化量在 5% 左右)。可以发现,正弦谱线中的基频对应着主螺旋桨转速及其谐振频率。

谱线的幅值与直升机类型和测量点位置(与振源的距离)相关。

在所有空中运输中,直升机产生的振动环境是最恶劣的,在低频段产生高振幅。持续的宽带随机振动特性复杂,并且幅值非常大。

与固定翼飞机的动力学环境不同的是,直升机在起飞和巡航阶段的振动差别不大,振幅通常比固定翼飞机的更大。

在直升机飞行期间,螺旋桨转速的变化一般不会太大,除非在悬停时。随机振动(接近高斯分布)上叠加着正弦频线,在非常低的频率上有一个明显的分量。这些频线很难识别(振幅和频率)和提取。这些谱线的振幅与振动测量点的位置是否靠近螺旋桨和发动机有关。

垂向振动一般是最强烈的。振动的基频与桨叶的转速和数量有关。

第一根谱线是由主螺旋桨引起的,在 15~25Hz 之间,在 3 个轴上都容易识别出来,在纵向和横向轴上通常更显著一些[FOL 72]。尾螺旋桨产生的振动频率通常更高,根据装置和桨叶数的不同,频率在 20~100Hz 之间。

例 1.1

图 1.1 为直升机上测得振动的频谱(功率谱密度)。

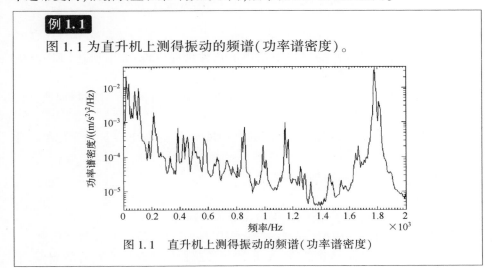

图 1.1　直升机上测得振动的频谱(功率谱密度)

1.3　振动与冲击的测量

　　很多物理参数如加速度、速度、位移、力可以用来描述振动,还可以直接用应力来描述。这些参数都可以测量得到,但最常用的是加速度,主要原因是可供选择的加速度传感器类型很多,它们有不同的加速度与频率范围和不同的尺寸。

　　传感器是一种能量转换器。加速度计由一个悬挂在弹性元件上的振荡质量块组成。对作用在质量块 m 上的力 F 进行测量可以推导出加速度 G。动态质量可能承受弯曲力、压缩力和剪切力。加速度计类型的差别在于测力原理的不同。

　　加速度计从力学角度来讲是一个单自由度振动系统(图 1.2)。

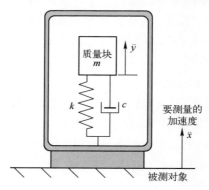

图 1.2　加速度计的力学原理

　　将运动转化为电信号的过程中运用了几种物理原理,如下所述[ERE 99, WAL 07]:

　　(1) 压电效应:当一个晶体在承受动态应力作用时,作为对被测加速度的响应,会产生电荷并转化成电势。

　　(2) 两个非常靠近的微结构之间的电容量变化,这种电容量的变化也转化为电势的变化。

　　(3) 压阻效应(电阻随加速度变化)。

　　(4) 其他。

　　图 1.3 为压电式加速计,图 1.4 为压阻式加速计。

　　测得的信号可以是模拟(连续的变化电压与加速度成比例)或数字信号。

　　传感器的主要指标有带宽(频域,取决于传感器的共振频率)、有效测程、灵敏度(V/g)和大小(或质量)。有些传感器可以测量 3 个轴上的加速度。

　　表 1.1 为不同类别加速度计优缺点,表 1.2 为集成式压电传感器的优缺点。

图 1.3　压电式加速度计（PCB 357B81，
2000g，20pC/g，9kHz 剪切陶瓷）
（PCB Piezotronics 提供）

图 1.4　压阻式加速度计（MEMS，
20000g，0～10kHz，2.83g，−54～121℃，
冲击测量）（PCB Piezotronics 提供）

表 1.1　不同类别加速度计优缺点

加速度计	优　点	缺　点	适用的范围
压电式	① 耐高温(可达 700°C)； ② 通常较便宜； ③ 测量范围广($10^{-5}\sim10^{5}g$)； ④ 对小振幅振动敏感； ⑤ 体积小； ⑥ 测量的频率范围广(0.5～40kHz)	① 不能过滤直流分量； ② 对 $100000g$ 以上的爆炸冲击不适用	① 脉冲或非脉冲振动现象； ② 结构或设备特性表征； ③ 高温环境下测量； ④ 地震测量； ⑤ 冲击测量； ⑥ 低频振动现象(振动舒适性分析)
压阻式	① 不过滤直流分量； ② 体积小； ③ 适合测量冲击的振幅(大于 $100000g$)	① 使用温度低于 130℃； ② 相比压电式更贵； ③ 与压电式相比对微弱振幅较不敏感	① 低振幅、低振频振动加速度测量(少于几千赫)； ② 冲击测量； ③ 结构或设备的特征分析(准静态测量)，如车辆行为、道路试验时的悬挂系统、碰撞试验等
电容式	① 不过滤直流分量； ② 非常高的分辨率(可达 $10^{-6}g$)； ③ 输出信号强	① 成本高； ② 易碎； ③ 体积大； ④ 使用温度低于 150℃	低振幅、低频率惯性现象测量。 例如：弹道修正、平台稳定等

表 1.2　集成式压电传感器的优缺点

优　点	缺　点	应　用
① 动力范围大； ② 频率范围宽； ③ 抗高等级冲击； ④ 供应成本低； ⑤ 对电磁环境不敏感； ⑥ 易用； ⑦ 高阻抗输出； ⑧ 电缆长度长且无噪声； ⑨ 结构固定输出参数	① 适用范围受温度所限，最高 170℃； ② 集成电路部分会和传感器遭受相同的环境； ③ 结构导致的频响小	① 模态分析； ② 螺旋桨； ③ 空中飞行试验； ④ 跌落试验； ⑤ 地震表现试验； ⑥ 高加速寿命试验/高加速应力筛选(HALT/HASS)； ⑦ 寒冷环境试验

微电子机械系统(MEMS)使用了与 CMOS 技术相同的材料,其表面是以毫米为单位厚度的硅层。

理论上,MEMS 加速度计的导数不为 0。MEMS 加速度计在测量冲击时的一个缺陷是在共振处会出现信号严重放大(如 1000 倍)。可导致在高频率信号输入时(如金属之间的撞击、爆炸冲击等)发生响应断裂。可以通过嵌入一个小阻尼膜对这一缺陷进行改善。

信号调制器

调制器的作用是进行载荷/电压或电压/电压转换,具有增益放大或衰减功能。有些调制器还可以对信号进行积分,从而达到速度或位移信号的输出。信号前置滤波的功能可让我们在信号保存或分析前对其进行优化。

如果可能,信号测量必须在实际使用相同的情况下进行,例如同样的运输工具(如果装载这个产品),同样的接口方式等。

必须遵守一些简单的规则:

(1) 应对产品的振动输入进行测量,传感器的安装位置应距离产品的固定点非常近,推荐尽可能安装在最坚硬的表面[STA 62]。尽量避免将传感器放置在金属板上或罩上等(图 1.5)。

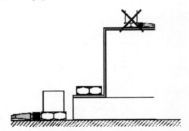

图 1.5　测量设备所承受的振动时传感器的位置

(2) 传感器的数量应足够多,这样有助于对产品的工作原理有更好的理解。不过需要注意的是,不要放置过多的传感器,以防影响到材料本身的力学特性。

与物理现象相比,对测量结果代表性的评估是很重要的。一次测量够不够,结果的变化性是否需要通过多次记录和统计处理来实现等,这些问题都是应该考虑的。

1.4　滤波

1.4.1　定义

滤波器是用来去除冲击或随机振动的测量信号中不想要的频率成分的,也可以用来在给定的频带中提取出有用的成分。滤波器的传递函数(每个频率上响应与输入的比值)在想要保持的频段的值应该等于或尽量接近 1,而在其他频率为 0,过渡区越小越好。

有两种类型的滤波器:

(1) 模拟信号滤波器:这种滤波器采用的电子线路,初始信号是模拟信号(电流、张力),响应信号或者说滤波信号也为模拟信号。例如,巴特沃兹(Butterworth)滤波器、切比雪夫(Tchebycheff)滤波器和贝塞尔(Bessel)滤波器都属于此类。

(2) 数字信号滤波器:使用这种滤波器可以处理已经数字化或需要数据处理运算的信号。

1.4.1.1 低通滤波器

低通滤波器能让低频率信号通过而不对其进行任何改变,并过滤掉频率大于 f_c(截止频率)的信号。

理想的低通滤波器在其频带增益保持为 1,在抑制频带中保持为 0。滤波器在 $0 \sim f_c$ 之间频段上是矩形。在实际情况中,根据滤波器的性能优劣,增益值从 $1 \sim 0$ 之间的过渡是有一定坡度的。

最简单的模拟信号低通滤波器(一阶滤波器)特性如下:

$$H(\mathrm{j}f) = \frac{1}{1 + \dfrac{\mathrm{j}f}{f_c}} \tag{1.1}$$

增益为

$$|H(\mathrm{j}f)| = \frac{1}{\sqrt{1 + \left(\dfrac{f}{f_c}\right)^2}} \tag{1.2}$$

式中:f_c 为截止频率,增益下降了 3dB 的频率。

如果换成 n 阶滤波器,增益(巴特沃兹滤波器)由下式给出:

$$|H(\mathrm{j}f)| = \frac{1}{\sqrt{1 + \left(\dfrac{f}{f_c}\right)^{2n}}} \tag{1.3}$$

滤波器阶数越高,归零速率越快(图 1.6),容易看出下降段的斜率等于 $-6n$ dB/oct。因此要达到 -120dB/oct 的下降斜率,需要一个 20 阶的滤波器。

1.4.1.2 高通滤波器

高通滤波器允许高频率信号通过,阻挡频率低于截止频率的低频信号。一个理想的高通滤波器对于频率高于 f_c 的信号增益为 1,频率低于 f_c 的信号增益

Sinusoidal Vibration

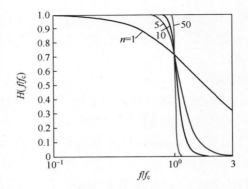

图 1.6　n 阶低通滤波器增益与 f/f_c 的关系

则为 0。

n 阶滤波器的增益如下：

$$|H(\mathrm{j}f)| = \frac{\left(\dfrac{f}{f_c}\right)^n}{\sqrt{1+\left(\dfrac{f}{f_c}\right)^{2n}}} \tag{1.4}$$

图 1.7 为 n 阶高通滤波器增益与 f/f_c 的关系。

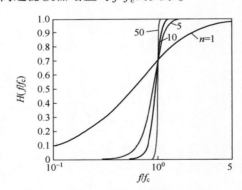

图 1.7　n 阶高通滤波器增益与 f/f_c 的关系

1.4.1.3　带通滤波器

带通滤波器只允许高于低截止频率且低于高截止频率的特定频带上的信号通过。理想的带通滤波器对于所有在频带以外的频率增益为 0,在频带内的增益为 1。

1.4.1.4　带阻滤波器

带阻滤波器阻挡某些特定频率或频率间隔内的信号。

带阻滤波器由低通滤波器和高通滤波器组成,高通滤波器的截止频率比低通滤波器的要高。可用带阻滤波器去除寄生频率。

1.4.2 数字滤波器

数字滤波器可以分为两种类型:

(1)有限脉冲响应(FIR)滤波器:之所以称之为有限,是因为脉冲响应最终稳定为 0。其响应完全取决于输入信号,没有反作用。FIR 滤波器是非递归的。滤波后信号上的每个点都是通过对输入信号当前时间点和之前的时间点进行计算得到的。这种滤波器总是稳定的。

采用的方法是通过卷积进行数字滤波,这种方法可以产生各种滤波器,但是需要更长的计算时间。

其规范必须规定:

① 通带中的波纹系数;

② 阻带中的全封闭率;

③ 过渡带的宽度。

(2)无限脉冲响应(IIR)滤波器:这种滤波器运用了模拟信号滤波技术。其脉冲响应不收敛。这种类型的滤波器是递归的:由于反馈回路的存在,其滤波器产生的响应同时取决于输入信号和输出信号。滤波后信号上的每个点的计算结果来自于当时的原始信号、原始信号前期点的幅值、滤波后信号的前期的值。与等效的 FIR 滤波器相比,这种滤波器需求的计算量更少。

数字信号滤波器的响应公式为

$$y(n) = \sum_{j=0}^{N} a_j x(n-j) - \sum_{k=0}^{M} b_k y(n-k) \qquad (1.5)$$

式中:a_j、b_k 为系数;x 为原信号的当前点(输入信号);y 为滤波后信号的当前点(输出信号)。

FIR 滤波器的系数 $b_k = 0$。

非递归滤波器的阶数是计算滤波器上一个点的滤波响应所需要的原始信号点数的最大值。

递归滤波器的阶数是进行计算时要考虑的原始信号和响应信号点数的最大值。一般来说,要考虑的原始信号和响应信号的点数是相等的。因此,每个点的第 n 个响应的二阶滤波器从原始信号的最后两个点(第 $n-1$ 和第 n)及响应的前两个点(第 $n-2$ 和 $n-1$)开始计算。

滤波器截止频率处的斜率取决于滤波器的阶数:

$$斜率值(dB/oct) = 6×阶数 \qquad (1.6)$$

如果不特别注意,滤波器有可能会对原信号引入一个相位差(或延迟)。在响应计算过程中可以将这种相移消除掉。

数字信号滤波器的优、缺点

优　点	缺　点
① 对其他环境因素不敏感(温度、湿度等); ② 可以精确地处理低频信号; ③ 可直接在计算机上设计并测试; ④ 因为是可编程的,所以可在不改变硬件的情况下轻松地对其特性进行更改; ⑤ 能够提取各分量要素; ⑥ 某些滤波器只能通过数字化实现(FIR); ⑦ 已知和可控的精度; ⑧ 不需要细调就可再现	① 滤波局限在 100MHz 以内; ② 需要将模拟信号转换为数字信号; ③ 在采样和还原时需要模拟抗混叠滤波器; ④ 滤波器的性能正比于计算单元(处理器或 DSP)的能力

FIR 滤波器的优、缺点

这种非递归滤波器没有反馈回路。

优　点	缺　点
① 总是很稳定; ② 线性相位系数对称; ③ 无相位失真; ④ 可以制作几乎所有类型的滤波器(通过对频带的测量进行逆傅里叶变换)	① 与同级别的 IIR 滤波器相比需要更大的计算量; ② 滤波器的延迟可能很明显

IIR 滤波器的优缺点

这种递归滤波器有反馈回路。

优　点	缺　点
相比起 FIR 滤波器减少很多计算量	① 需要检查其稳定性; ② 非线性相位(相位失真)

1.5 信号数字化

为了能在计算机上进行数据处理,测得的数据必须数字化且表示为时间-幅度偶。采样频率(每秒的点数)如何确定呢?

数字化包括:

(1) 采样,用 n 个在整数倍的时间间隔为 δt(采样周期)的瞬时值序列来表征一个模拟信号。

(2) 量化,用整数倍的单位值 Δ(量化步长)来近似信号中的每个值。

1.5.1 信号采样频率

1920 年,贝尔实验室的 H. Nyquist 首次证明了"如果一个函数不包括任何大于 f_{max}(Hz)的频率,则可用 $2f_{max}$ 的采样频率将其完全确定"[SIIA 49],但并没有实际应用这个理论。

这一理论常常让人联想到同一个实验室的 Claude Shannon。Shannon 于 1948 年再次用到这一理论,不过这次应用成了世界上第一台计算机的一部分。

如果想要分析一个频率最高达到 f_{max} 的信号,在最终以 $2f_{max}$ 频率进行采样前,需要确定信号中没有任何频率高于 f_{max}。这些频率可以代表一个真实物理对象或者只是噪声(图 1.8)。在第 3 卷中将会讨论这些频率造成的谱叠加(或混叠)的现象。为避免这种现象,可用低通模拟信号滤波器对信号进行滤波,截止频率设置为 f_{max}。

Nyquist 频率可表示为 $f_{Nyquist} = f_{samp}/2$。

实际上,低通滤波器并不能完美地将高于截止频率的信号阻截。以一个超过截止频率后下降斜率为 120dB/oct 的低通滤波器为例,预计信号会充分衰减 -40dB,因而应意识到经过滤波的信号的实际成分的频率会扩展到此衰减(f_{-40})所对应的频率(图 1.8),计算方法见式(1.7)。

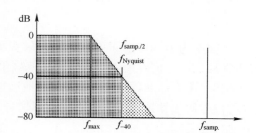

图 1.8 考虑低通滤波器真实特性采样率的选取

120dB/oct 的下降斜率意味着:

$$-120 = \frac{10\log\dfrac{A_1}{A_0}}{\log\dfrac{f_1}{f_0}}\log 2 \tag{1.7}$$

式中:A_0、A_1 分别为未衰减(频率为 f_{max})和已衰减 -40dB(频率为 f_{-40})的信号幅值。

即

$$-120 = \frac{10^{\frac{-40}{10}}}{\log \frac{f_{-40}}{f_{max}}} \log 2 \tag{1.8}$$

则

$$\frac{f_{-40}}{f_{max}} = 10^{\frac{\log 2}{3}} \approx 1.26 \tag{1.9}$$

如果 f_{-40} 为最大频率的信号,则根据香农定理引出方程 $f_{samp} = 2f_{-40}$,即

$$\frac{f_{samp}}{f_{max}} \approx 2.52 \tag{1.10}$$

f_{-40} 为奈奎斯特频率,写为 $f_{Nyquist}$。

2.5 倍已经足够大,但是为了适应计算机,通常取为 2.56(有时取为 2.6)[BRA 11,SHR 95]。据此,我们有时将香农定理定义为取要分析的信号中最大频率的 2.6 倍作为采样频率。

利用这一定理可以确定最小采样频率,使信号中所有频率成分得以保留。

根据这个定理,采样后得到的信号包含了所有原信号的特点,不丢失任何信息。这意味着,通过采样后信号来重构原始信号是可行的(见 1.5 节)。然而,对于机械系统采样后的信号并不一定具有与原信号相同的效应。

例 1.2

图 1.9 展示出一个频率为 100Hz 的正弦信号用足够大的频率进行采样,采样结果可以正确表征原信号。而在图 1.10 中,同一信号用 200Hz 的采样频率(原始信号频率的两倍)采样后,尽管频率可以准确地读取,但信号发生严重变形。显然,这样的信号对力学系统产生的效应与原信号是不同的。

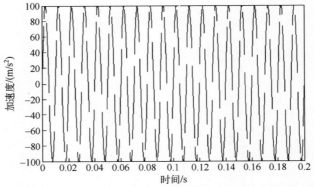

图 1.9　采样频率为 8000Hz(200ms 内 1600 点)的正弦信号(100Hz)

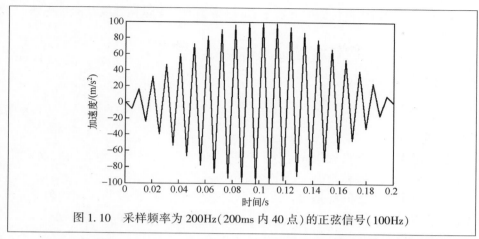

图 1.10 采样频率为 200Hz(200ms 内 40 点)的正弦信号(100Hz)

A. G. Marshall 和 F. R. Verdun[MAR 90]指出有必要以原信号中最高频率 20 倍的频率进行采样以保证信号的正确性才能正确重构其原始形状。T. E. Rosenberger 和 J. DeSpirito[ROS 93]建议使用 5 倍作为标准因子。

如果要数字化计算一个力学系统对某个信号的响应,目前最佳的实践方法是将该信号用下述频率进行采样。

(1)对于冲击,取机械系统固有频率的 10 倍(第 2 卷);

(2)对于振动,取原信号最大频率的 7 倍(第 5 卷)。

在第 3 卷中将会讨论香农采样频率对于计算功率谱密度是足够的。

1.5.2　量化误差

将信号[$-X_m, X_m$]的变化范围等分为宽度为 Δ 的区间。

一个 n 位转换器的区间为[$-X_m, X_m$],$X_m = 2^{n-1}\Delta$,若一个信号的幅值 x_m 在此区间内,就可以对其进行正确量化(无削波),否则,信号将被削波[HAY 99],如图 1.11 所示。

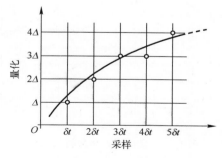

图 1.11 采样和量化

Δ 为量化步长或量化器的分辨率,量化器称为均匀量化器或线性量化器。

有

$$\Delta = 2X_{\mathrm{m}} 10^{\frac{resolution(\mathrm{dB})}{20}} \tag{1.11}$$

因此,每个信号值可以写成

$$x = \sum_{i=0}^{n-1} a_i 2^i \tag{1.12}$$

式中:a_i 取 0 或 1。

这一过程不可能没有误差。实际的模拟值和量化的数字值之间的偏差称为量化误差。这一误差是由于进位或舍位造成的。

假设每个误差之间都是独立的,误差的幅值在 $[-\Delta/2, \Delta/2]$ 区间均匀分布,其中 Δ 为模拟/数字信号转换器(ADC)的步长,其概率密度 $p(x)$ 为 $1/\Delta$。

误差的均方根值为

$$\sigma^2 = \int_{-\infty}^{\infty} x^2 p(x) \,\mathrm{d}x = \int_{-\frac{\Delta}{2}}^{\frac{\Delta}{2}} x^2 \frac{1}{\Delta} \,\mathrm{d}x = \frac{\Delta^2}{12} \tag{1.13}$$

噪声标准偏差(量化误差均方根)为

$$\sigma = \frac{\Delta}{2\sqrt{3}} \approx 0.29\Delta$$

即

$$\sigma = \frac{2X_{\mathrm{m}}}{2^n \sqrt{12}} \tag{1.14}$$

图 1.12 给出了针对不同 X_{m},这种误差是位数 n 的函数。

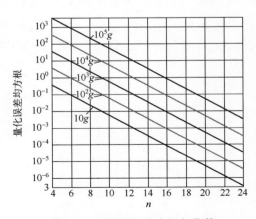

图 1.12　量化误差均方根与位数

表 1.3 给出了输入量程为 0~10V 的 ADC 的量化误差。

表 1.3　输入量程为 0~10V 的 ADC 的量化误差

位　数	8	10	12	16	20	24
等级个数	256	1024	4096	65536	1.05×10^6	1.68×10^7
绝对误差/mV	40	10	2.5	0.15	0.01	0.0006
相对误差/%	0.4	0.1	0.025	1.5×10^{-3}	1×10^{-4}	6×10^{-6}

对数字信号进行低通滤波可以降低量化误差,截止频率比数字化前的滤波器(抗混叠滤波器)稍高一些。

如果转化器的二进制位数为 n,则动态范围可表示为

$$D_R = \frac{最大正弦的均方根值}{量化噪声的均方根值} = \frac{\dfrac{2^{n-1}\Delta}{\sqrt{2}}}{\dfrac{\Delta}{\sqrt{12}}} = \sqrt{6}\times2^{n-1} = \sqrt{1.5}\times2^n \quad (1.15)$$

以分贝(dB)为单位可表示为

$$D_R = 20\lg(\sqrt{1.5}\times2^n) \approx 1.76+6.02n \quad (1.16)$$

现在的 ADC 能达到 24 位。

表 1.4 给出了动态范围与位数 n 的关系。

表 1.4　动态范围与位数 n 的关系

n	11	12	14	16	18	20	22	24
D_R	68	74	86	98	110	122	134	146

例 1.3

假设对爆炸冲击进行测量,传感器量程为 $\pm100000g$。如果用 11 位的 ADC(正符号位),则量化步长等于 $200000/2^{11} = 97.6g$。

对 PSD 的计算的影响

量化误差看起来像白噪声,其 PSD 幅值为[BAC 87]

$$e_{PSD} = \frac{X_m^2}{3f_{samp}2^{2n}} \quad (1.17)$$

式中:f_{samp} 为信号的采样频率。

1.6　采样信号重构

采样的过程将一个连续的模拟信号曲线转换成一系列的点。根据香农定

理,采样频率必须为信号中最高频率的 2 倍。这种采样方式会引入高频分量。

可以通过将这些高频分量去除的方法对信号进行重构,方法是频域内设置矩形窗(低通滤波器),同时增加信号点数量[LAL 04,SMA 00,WES 10]。可根据以下方法进行重构。

矩形窗的逆傅里叶变换在时域中变为函数 $\dfrac{\sin(x)}{x}$ 的形式。

假设下列函数均为连续的。设想有一个定义在频率域 $[-f_{max}, f_{max}]$ 的函数(如果要研究的信号是测量信号,则需要先进行低通滤波),点数为 n,采样频率 $f_{samp} \geqslant 2f_{max}$。

如果只考虑频率只能为正值的实际物理情况,则此函数可以表示为傅里叶积分形式:

$$\ddot{x}(t) = \frac{1}{2\pi} \int_0^{\Omega_{max}} \ddot{x}(\Omega) e^{i\Omega t} d\Omega \qquad (1.18)$$

式中:$\Omega = 2\pi f$;$\Omega_{max} = 2\pi f_{max}$。

在这一频带中,函数 $\ddot{x}(\Omega)$ 可以展开为傅里叶级数:

$$\ddot{x}(\Omega) = \sum_{n=0}^{\infty} a_n e^{-\frac{in\Omega}{\Omega_{max}}} \qquad (1.19)$$

可得

$$\ddot{x}(t) = \sum_{n=0}^{\infty} \frac{a_n}{2\pi} \int_0^{\Omega_{max}} e^{i\Omega(t-t_n)} d\Omega \qquad (1.20)$$

式中:$t_n = \dfrac{n\pi}{\Omega_{max}}$。

积分后,可得

$$\ddot{x}(t) = \sum_{n=0}^{\infty} \frac{a_n}{\pi} \frac{\sin[\Omega_{max}(t-t_n)]}{t-t_n} \qquad (1.21)$$

由于

$$\lim_{t \to t_j} \ddot{x}(t) = \frac{a_j \Omega_{max}}{\pi} \qquad (1.22)$$

则

$$\ddot{x}(t) = \sum_{n=0}^{\infty} \ddot{x}(t_n) \frac{\sin[\Omega_{max}(t-t_n)]}{\Omega_{max}(t-t_n)} \qquad (1.23)$$

已知 $f_{max} = f_{samp}/2$ 且信号时间步长 $\delta t = 1/f_{samp}$,表达式可写作

$$\ddot{x}(t) = \sum_{n=0}^{\infty} \ddot{x}(n\delta t) \frac{\sin\left[\frac{\pi}{\delta t}(t-n\delta t)\right]}{\frac{\pi}{\delta t}(t-n\delta t)} \qquad (1.24)$$

为了重构某一时刻 t 的信号,需要在每一点上用形式为 $\mathrm{sinc}x=\dfrac{\sin x}{x}$ 的函数进行处理,并将所有的 sinc 函数加在一起[BRA 11]。

理论上,若要完美重构一个信号需要有无穷多的点。在实际情况中,采样点的数量是有限的且这些函数的总和被截断了。因此,重构后的信号和原信号会有略微不同。当然,如果将初始采样频率乘10,这个误差就小到可以忽略。

例 1.4

考虑一个正弦信号,振幅为 $100\mathrm{m/s^2}$,频率为 $100\mathrm{Hz}$。此正弦信号采样频率为每秒 250 点(每 0.2 秒 50 点)。

利用式(1.24)将这个信号重构。新曲线的点数是采样信号的 20 倍(每 0.2 秒 1000 点)。图 1.13 展示了重构后的信号与采样信号的对比,作为参考,重构后的信号也与超高频采样(每秒 5000 点)的原正弦信号做了对比。

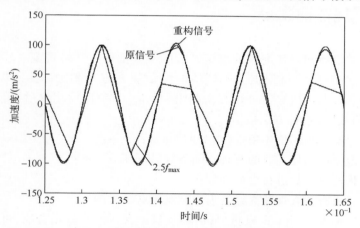

图 1.13 250Hz 采样的正弦信号、重构信号和原信号的对比

重构后的信号和原理想正弦信号非常相近。

1.7 频率域特性

测量得到的信号通常是由几种类型信号组成的连续信号,如随机平稳振动、冲击、非平稳振动等,有必要对信号进行分离,这样就可以利用合适的数学工具对信号的各个组合部分进行分析。

通常用机械冲击作用在一个单自由度线性系统上产生的响应与系统固有

频率之间的关系来表征冲击的特性,即冲击响应谱(见第2卷)。

　　如果随机振动是稳态的,可以用功率谱密度对其频率成分进行分析。功率谱密度可以通过对信号的多个样本分别进行傅里叶变换并求平均值得到(见第3卷)。

　　也可以利用另一种谱(极限响应谱)对振动信号进行分析,方法与冲击类似,它给出单自由度线性系统对给定持续时间内的振动信号的最大响应(与频率之间的关系)(见第5卷)。

　　如果考虑振动的持续时间(可能会很长),则机械部件可能会由于长期承受反复的应力循环引发的疲劳而受到损伤(见第4卷)。为分析这种失效模式,定义出第二种谱,即疲劳损伤谱,描述单自由度系统在承受长时间振动时产生的损伤与其固有频率之间的关系。对任意类型的振动,如稳态随机振动或非稳态随机振动,特别是多次重复冲击都可以计算这两种谱(见第5卷)。

1.8　规范的制定

　　产品的设计和对其进行的鉴定试验的实施都需要环境规范。环境规范可来自规范性文件,也可根据实际环境的测量数据进行制定。美国标准(MIL-STD-810)、法国标准(GAM-EG-13)和国际标准(NATO)均建议后一种方法,称为"试验剪裁"。这种方法包括:

　　(1) 分析产品的使用条件(寿命期剖面);

　　(2) 根据产品使用时的每种不同条件进行环境测量;

　　(3) 将所有数据进行合成处理;

　　(4) 以最有代表性和最经济为原则制定试验大纲。

　　方法中的每个环节都很重要,但最具技术含量的是数据合成,可帮助我们制定一个与产品寿命期剖面所经历的振动与冲击严酷度相同的振动试验,试验必须能诱发出与产品真实环境使用中的相同故障。

　　目前主要有两种合成处理方法:一种是将功率谱密度进行包络;另一种是以重现振动的最大瞬时应力和等效各种不同应力循环的疲劳累积损伤为目的。第5卷中会讨论到第二种方法,它依据的是第4卷中介绍的材料疲劳行为规律。由于在编制规范时,一般并不知道产品的结构,可以通过对简单机械系统响应的研究来寻找规范的制定方法以满足上述两种要求,单自由度线性系统响应的方法已经用于规定冲击试验。这个选择突显出对振动和冲击分析方法进行标准化的优点。

1.9 振动试验设备

1.9.1 电动激振器

1.9.1.1 原理

电动激振器将电能转化为机械能。将导电线圈置于恒定磁场中产生力,推动固定受试件的台面。导体线圈和振动台面是相连接的,其中通有变化的电流。垂直放置在磁场中的导体线圈会产生一个和磁场及电流方向相垂直的力。

线圈移动的气隙中的恒磁场是在两个固定线圈中通过直流电流产生的。

1.9.1.2 主要部件

电动激振器是由以下部件组成(图 1.14):

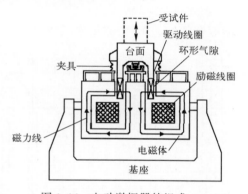

图 1.14　电动激振器的组成

（1）支撑受试品的台面(铝合金材料)。台面和动圈通过支撑连在一起,使得台面可在期望的轴向运动,抑制其他方向的运动。

（2）动圈,与台面牢固连接,放置在磁场气隙中,由静液压轴承导向。

（3）绕组,作为磁路中的极性部分。

（4）励磁线圈。

（5）基座,用两个耳轴将激振器固定连接,可旋转(对于大型激励器)。

当然电动激振器还需要一些其他的组件,如冷却用的循环水泵、各种安全装置、控制系统等。

电动激振器安装在一个防震质量块上,以保护房屋不受振动影响。

1.9.1.3 移动组件

移动组件包括:

（1）固定受试件的台面(铸铝合金材料)。移动线圈与台面牢固连接,台面用 8 个紧固器连接到由两个静压轴承导向的中心杆上。

（2）移动线圈由两个重叠的线圈组成：

① 内部的线圈由中空铝管制成，其中通有变化的电流。该线圈是用水冷却的。正是这个线圈将电能转化为机械能。

② 外部的线圈是粘在主线圈上的，内部有直流电流通过，用于补偿轴向载荷。

③ 安装夹具和受试件。

1.9.1.4　控制系统

为了在台面上得到作为受试品输入的加速度，生成电信号时必须考虑设施、振动台的非线性环节、动力耦合作用以及夹具等的传递函数。

通过采用反馈对传递函数进行补偿的方法，能够在台面上产生相应频率上所需的振动量级。

产生的加速度信号可以是正弦、随机或冲击。

控制系统以前为模拟式，现在是数字式。

图 1.15 给出了激振器的加速度/电流传递函数。

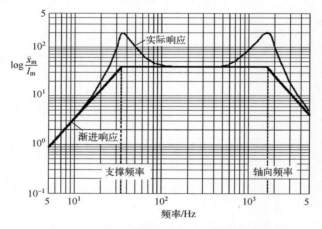

图 1.15　激振器的加速度/电流传递函数

图 1.16 给出了反馈过程，强调了其中激振器提供反馈的方式。

1.9.1.5　主要特性

最大推力对正弦用峰值来定义，对随机用均方根来定义。在进行振动试验时，为保证试验顺利实施，最大推力应为均方根值的 5.5 倍左右。[①]

---

① 　译者注：原文将最大推力与正弦峰值推力混用了，此处应译为"峰值推力应为均方根值的 5.5 倍左右"。因为根据上一句话，均方根值本身就是随机振动关于最大推力的表征方式。而峰值推力是最大推力的另一种表征方式，用于正弦情况。

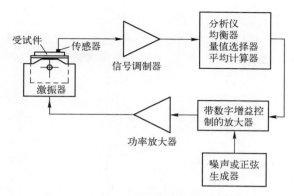

图 1.16 反馈过程的原理框图

移动组件的质量包括台面、线圈、夹具和试件的质量。移动组件的质量大小限制了受试件所能达到的最大加速度值。其他特性包括:

(1) 最大载荷:没有任何外部补偿时能处理的最大质量。

(2) 最大力偶:运动组件能承受的最大横向载荷。

(3) 最大位移:机械限位之间的距离。

(4) 最大速度。

(5) 最大频率范围。

1.9.1.6 水平振动平台

激振器的轴通常是垂向的。当一个试件需要经历其他轴向的振动,又要保持台面是水平方向,可采用在方形夹具上翻转试件的方式来改变激振轴向。

如果试件非常重,最好让其保持在垂直的方向。采取将激振器进行翻转(绕耳轴)的方案去驱动水平台面在一层薄油面上滑动(图 1.17)。

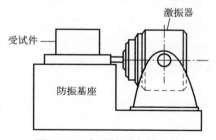

图 1.17 水平振动台的组件

1.9.2 液压作动器

1.9.2.1 原理

电动液压振动系统是一种远程能量传输系统,使用的是不易压缩的低压液

体。这种振动系统一般由 3 种主要的部分构成:

(1) 压力产生装置(泵),从外部介质(电动机)获得能量并传输给液体。

(2) 能量接收器(作动器),吸收液体的能量并释放给外部介质。

(3) 在泵和作动器之间的交点(管道、阀门等)。

液压作动器的工作原理如图 1.18 所示。

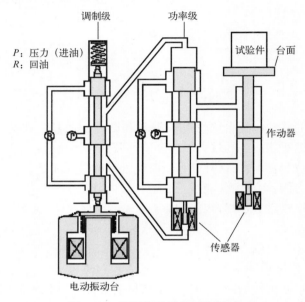

图 1.18　液压作动器的工作原理

1.9.2.2　描述

液压作动器由以下部分组成:

(1) 液压动力装置:通过几个液压泵给起重装置供油,配有冷却装置和储油装置(如在 210bar(1bar = 10^5Pa)的压力下流量 600L/min)。

(2) 电动液压激振器:利用液压放大器将电能转化为机械能。电动液压激振器受一个伺服阀控制。

(3) 伺服阀:由一个电动激振器和与之相连的伺服分配器构成,控制作动器的供油量。

(4) 双向起重装置:由在油缸中运动的活塞组成,在两侧从伺服阀分配器接受供油。

活塞由位于油缸末端的液压轴承进行导向。

1.9.2.3　液压作动器功能原理

伺服阀分配器与电动激振器的移动线圈相连,它的运动受移动线圈里的电流控制。

分配器主高压供油与为作动装置一个腔室供油的管路相连,另一个腔室与低压回油相连。

由于两端的压强差,活塞以正比于伺服阀管道开度的速度进行运动。

1.9.2.4 主要特性

(1) 能产生的最大推力(如 120kN)。在更高的频率上,在加速度上的性能将受到限制。主要受限于允许的最大动力效应,也取决于液压的固有频率带来的效应。

(2) 移动组件的总质量,包括台面质量、活塞、固定夹具和受试件。移动组件的总质量会制约试件所能达到的最大加速度。

(3) 最大位移,如 10cm(低频范围的限制)。

(4) 最大速度,如 1.56m/s。在中频范围中,速度受到系统油路最大流量的限制。

(5) 振动频率范围(0.1~300Hz)。

1.9.3 试验夹具

试验中一般不可能将试验物体直接固定在振动台上。夹具起到将两者的过渡连接件的作用。夹具的另一个作用是在三个方向上进行试验变得可行。

实际振动环境一般是三轴向的。而试验通常是单轴向依次进行,根本原因是三轴同振的试验所需经费过高。为了尽可能减少在试验轴向以外另两个轴上产生的寄生振动,原则是将试件和移动组件的重心与台面中心重合。

在实际工作条件下,设备通常会固定在一些结构上。根据试件的质量不同,固定结构通常会由于振动产生或大或小的形变。理想情况下,运动组件应复现真实的固定条件,如刚度、支撑质量(机械阻抗)。不过,一般不会明确这些特性,甚至根本不知道。

因此,取而代之的方案是将运动组件的刚度设计得尽可能大,将激振器产生的力尽可能均匀地通过固定结点传递给试件。夹具的设计要保证将施加在试件上的振动谱不变形。因此一个先验条件就是保证移动组件的共振频率要大于试验规范的最大频率。然而在 1000~2000Hz 将共振频率完全抑制住是很困难的。为了减轻其影响,可以附加一些组件,通过阻尼减振效应来降低共振峰的幅值。

有很多好的设计原则,以下几条是必须遵守的原则[LEV 07]:

(1) 与试件和台面接触的平面必须加工得尽可能平坦;

(2) 运动组件的部件之间的连接必须以连续形式焊接牢固(无单个焊接

点),尽可能避免使用螺栓连接;

(3) 用于固定试件的螺栓,螺纹的螺紧长度至少为其直径的 2 倍。

最常用的材料是钢、铝和镁,有时会用到钛。钢的缺点是太重,镁的缺点是太贵[FIX 87]。

固有频率与其弹性模量 E 和密度 ρ 相关,根据材料不同会有轻微变化,因而不作为选用准则(表 1.5)。

表 1.5　设计移动组件时常用材料的力学性能比较

	钢	镁	铝	钛
弹性模量 $E/(\mathrm{N/m^2})$	2.1×10^{10}	4.14×10^{10}	6.9×10^{10}	10.7×10^{10}
密度 $\rho/(\mathrm{kg/m^3})$	7840	1800	2770	4510
$E/\rho/(\mathrm{N\cdot m/kg})$	2.64×10^{7}	2.3×10^{7}	2.49×10^{7}	2.38×10^{7}

表 1.6 移动组件的几种主要制作方法(通常采用机械加工或焊接)的优、缺点。

表 1.6　移动组件的几种主要制作方法的优、缺点

工艺模式	优　点	缺　点
机械加工	① 容易加工; ② 牢固(无连接点); ③ 用于小型试件	对于大试件,其成本会很高
铸造	① 材料完整且均匀; ② 处理简便	只能用于很少组件的制作(模具的成本很高)
螺栓连接	——	不建议使用(振动会使螺栓连接刚度变差)
层压材料板条	① 加工简单; ② 可以加装阻尼材料夹层(橡胶、塑料)	制作成本高、时间长
焊接	最优方案	

第 2 章
力学基础

2.1 基本力学原理

2.1.1 因果律原理

给出某一时刻宇宙的状态,就能确定此后任意时刻宇宙的状态。

2.1.2 力的概念

力可定义为对于能改变一个质点的静止或运动状态的外界因素。
力的特征有:
(1) 作用点,被力作用的质点;
(2) 运动线,是施加力通过的直线;
(3) 作用方向,运动的趋势;
(4) 大小(或强度)。

2.1.3 牛顿第一定律(惯性原理)

不受外力情况下,若一个质点是静止的,那么它将保持静止;若它是运动着的,那么它将维持匀速直线运动。

2.1.4 围绕一个点的力矩

给定一个力 F 和任意点 O,则此力对于点 O 的力矩定义为

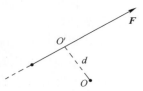

$$M = Fd$$

式中:d 为 O 到 F 的垂直距离,称为力臂(图 2.1)。

图 2.1 计算力矩时的力臂

设 O' 为 O 点到力 F 的垂足。若力 F 会使 O' 趋向于绕 O 顺时针方向移动,则力矩 M 为正,反之为负。

2.1.4.1 力偶-力偶矩

若两个力相互平行,方向相反且大小相等,则这两个力形成一个力偶。

力偶矩为

$$M = Fd$$

式中:F 为每个力的大小;d 为两个力之间的垂直距离(力偶臂)。

2.1.5 动力学的基本原理(牛顿第二定律)

施加在质点 m 上的力 F 会使其动量发生改变,动量的定义为质量与其瞬时速度$\dot{x}$的乘积,即

$$F = \frac{\mathrm{d}(m\dot{x})}{\mathrm{d}t} \tag{2.1}$$

式中:m 为物体的特征系数。

若质量 m 为定值,则式(2.1)可写成

$$F = m\frac{\mathrm{d}\dot{x}}{\mathrm{d}t} \tag{2.2}$$

即

$$F = m\ddot{x} \tag{2.3}$$

式中:$\ddot{x}$ 为质量在力 F 作用下的加速度。

2.1.6 作用力与反作用力相等(牛顿第三定律)

如果两个粒子不受宇宙的其余部分的影响,当它们相互作用时,双方之间施加的力在一条直线上,大小相等方向相反。一个是作用力,另一个是反作用力。

2.2 静态效应/动态效应

为了评估材料的力学特性,了解应力的特征是很重要的[HAU 65]。需要注意两种载荷形式:

(1)可以当作静态施加的载荷;

(2)随着时间变化的需要动态分析的载荷。

在静态载荷和动态载荷下,物体会有不同的响应。动态载荷可以依照以下两种准则评估:

(1)载荷的变化引起物体局部以较快的速度跟随造成变形,使得运动的物

体动能总和占外力提供能量的大部分。此准则主要用于分析弹性物体的振动。

（2）进行材料力学特性研究时发现载荷变化的速率影响快速形变时的塑性形变过程发展速度。

根据后一种准则，当载荷施加得非常快时，没有时间进行完整的塑性形变。当形变速率增加时材料会变得更加脆弱，此时材料的断裂延展会减小，最终载荷会增加（图 2.2）。

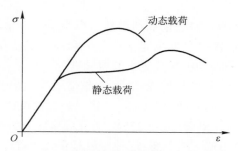

图 2.2　静态和动态载荷下的内应力曲线

因此，材料有时可以承载大的动态载荷而不发生破坏，然而对于同等级的静态载荷下则会发生塑性形变或者失效。很多材料受到瞬态载荷作用时，能承受的最大承受应力值往往比其受到静态载荷作用下的最大可承受应力值更高[BLA 56,CLA 49,CLA 54,TAY 46]。决定这一性质的重要参数是应变率，表达式为

$$\dot{\varepsilon} = \frac{1}{\ell_0}\frac{\Delta\ell}{\Delta t} \qquad (2.4)$$

式中：$\Delta\ell$ 为在时间 Δt 内长度 ℓ_0 测试条在力的作用下发生的形变长度。

如果样条的初始长度为 10cm，在 1s 内延长了 0.5cm，则应变率为 0.05s^{-1}。随着这个参数的不同，观察到的现象也会不同。表 2.1 展示了研究的主要领域和可用的试验设备[AST 01,DAV 04,DIE 88,LIN 71,MEN 05,SIE 97]。本书主要关注值在 10^{-1}~10^1s^{-1}（这个范围是非常粗略的）。

表 2.1　形变速度（s^{-1}）

	0~10^{-5}	10^{-5}~10^{-1}	10^{-1}~10^1	10^1~10^5	>10^5
现象	以蠕变速度变形	以恒速变形	结构响应,共振	弹塑性波的传播	冲击波的传播
试验类型	蠕变	静态力	慢速动态	快速动态(撞击)	超快速动态（超高速）
试验设备	恒定载荷或应力机	液压或螺杆驱动机	液压振动机激振器	金属对冲爆破冲击	爆炸气枪
	可忽略惯性力		不可忽略惯性力		

某些动态特性需要对动态载荷数据加以规定(施加的次序非常重要)。例如,任意时刻 t 的动态疲劳强度既取决于材料内在属性(这种属性与随时间变化的载荷特性有关),也取决于产品前期的使用过程(可以反映为残余应力或者腐蚀的某种组合)。

2.3　动态载荷(碰撞)下的反应

Hopkinson[HOP 04]指出,铜丝和钢丝可以承受比其静态弹性极限更高的应力,并且在超出静态极限之外也能保持应力和应变的比例特性,只要应力超过屈服极限的持续时间在 10^{-3}s 或更小的数量级。

在对钢(低碳退火钢)的试验中发现,要想造成塑性形变,施加的应力大于屈服应力需要维持一定的时间[CLA 49]。通过观察发现这个时间可在 5ms(在大约352MPa 的应力下)和6s(大约255MPa;静屈服应力为214MPa)之间变化。对于其他 5 种不同材料的试验表明,这种延迟只存在于静态应力变形曲线有确定的屈服应力的材料上,当载荷持续一定时间后塑性形变才发生。

在动态载荷下,弹性形变是以一定速度在材料中传递的,传播速度与该材料中的声传播速度 c_0 相同[CLA 54]。这个速度是弹性模量 E、材料密度 ρ 的函数。对于一个细长的部件,有

$$c_0 = \sqrt{\frac{E}{\rho}} \qquad (2.5)$$

在此部分中产生的纵向偏移为

$$\varepsilon = \frac{v_1}{c_0} \qquad (2.6)$$

式中:v_1 为材料粒子运动的速度。

发生塑性形变时,有[KAR 50]

$$c(\varepsilon) = \sqrt{\frac{\partial\sigma/\partial\varepsilon}{\rho}} \qquad (2.7)$$

式中:$\partial\sigma/\partial\varepsilon$ 为给定形变 ε 下应变曲线的斜率。

因此,传递速度 c 是关于 ε 的函数。

撞击速率和产生的最大应变的关系为

$$v_1 = \int_0^{\varepsilon_1} c\mathrm{d}\varepsilon \qquad (2.8)$$

因为撞击速率 v_1 产生的最大应变 ε_1 很小,所以传递速度很慢。利用这种特性可以确定在给定时间上金属条中形变的分布。

大多数材料在受到撞击时呈现出的总延展率大于承受静态载荷时的情况(图 2.3)。

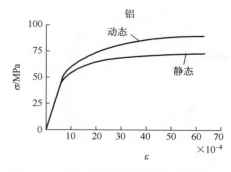

图 2.3 应力-应变关系曲线[CAM 53]

表 2.2 给出了在静态拉伸和动态拉伸下材料的极限强度。

表 2.2 在静态拉伸和动态拉伸下材料的极限强度

材 料	极限强度/10^7Pa	
	静力载荷	动力载荷
SAE 5150 淬火退火钢	95.836	102.111
302 标准不锈钢	64.328	76.393
退火铜	20.615	25.304
2S 退火铝	7.998	10.618
24S.T 铝合金	44.919	47.298
镁合金(Dow J)	30.164	35.411

2.4 力学系统的要素

本节将讨论集总参数系统,在此系统中的每个特定组件都可以根据其特性辨认,并与其他组件区分开(区别于分布式系统)。

定义 3 个基本无源组件,每个组件都在线性力学系统中对应 3 种与运动相反方向的力的表达式系数(这些系数可以通过测量系统的平移和旋转运动来得到)。这些无源组件常用在结构的建模中简单地表示一个物理系统[LEV 76]。

2.4.1 质量

质量是一个刚体,根据牛顿定律,其加速度$\ddot{x}$与作用在上面的合力 F 成正比[CRE 65]:

$$F = m\ddot{x} \qquad (2.9)$$

这是物体本身的特性。

在转动的情况下,位移的量纲为角度,加速度表示为 rad/s^2。比例常数称为物体的转动惯量,而不是质量,虽然这两者都有相同的定义。转动惯量的量纲为 ML。惯性矩表达式为

$$\Gamma = I_\theta \frac{d^2\theta}{dt^2} \tag{2.10}$$

式中:I_θ 为转动惯量;θ 为角位移。

若角速度 $\Omega = \dfrac{d\theta}{dt}$,则有

$$\Gamma = I_\theta \frac{d\Omega}{dt} \tag{2.11}$$

本书所有单位均遵循国际单位制(SI),质量的单位为 kg,加速度的单位为 m/s^2,力的单位为 N(量纲为 MLT^{-2})。

用图示表述时,以方框表示质量(见图 2.4)[CHE 66]。

图 2.4   代表质量的符号

2.4.2   刚度

2.4.2.1   定义

在直线运动中,弹簧的刚度 k 为外力变化 ΔF 与弹簧长度变化 ΔZ 的比值,即 $k = -\dfrac{\Delta F}{\Delta Z}$,其中负号"–"表示力的方向和位移(恢复力)的方向是相反的,如图 2.5 所示。

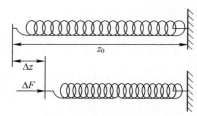

图 2.5   代表弹簧的符号

这一定义隐含着弹簧在形变不大时符合胡克定律的假定。

在国际单位标准中,刚度 k,即弹簧系数,单位为 N/m,假定弹簧是一个完全弹性无质量的[CRE 65,CHE 66]。图示中的代表符号为 ⎯⎯⎯⎯ 或 ⎯⎯⏦⏦⏦⎯⎯。位移为零的点用符号 ⎯⎯⎯⎯(地)表示。

在绕轴的旋转移动中,恢复力矩为

$$\Gamma = -C\alpha \qquad\qquad (2.12)$$

按照惯例这里用负号。表征弹性的常数 C，单位为 N/rad。

完全刚性介质的刚度在理论上是无限大的。输入和输出将会完全相同（输入可以是通过介质传递的力）。它的伸长量自然就是 0。由于没有任何材料是完全刚性的，所以这种属性只会存在于理论中。当刚性下降时，弹簧的响应（在弹簧一端施加输入激励时，在另一端得到的关于时间的函数值）会发生改变，且与输入不同。

2.4.2.2 等效弹簧常数

一些系统由若干个弹性元件构成，可以化简为只有一个弹簧的系统，该弹簧的等效刚度可以通过式 $F = -kz$ 求得。如果系统只可以在一个方向上移动，则该系统的自由度数量等同于质量块的数量不受弹性元件数量的影响，有可能将系统简化为一个等效的质量-弹簧单元。

图 2.6 所示的两个系统与图 2.7 所示的系统等效。当质量块移动了 z 时，恢复力为[CLO 80,HAB 68,VER 67]

$$F_r = k_1 z + k_2 z = k_{eq} z \qquad\qquad (2.13)$$

$$k_{eq} = k_1 + k_2 \qquad\qquad (2.14)$$

这里为并联配置的刚性元件。

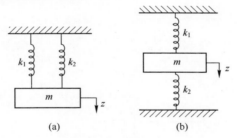

(a)　　　　　　　　(b)

图 2.6　并联刚度

串联情况下（图 2.8），等效值以类似的方法计算。F 为竖直向下的力，作用在每条弹簧上的伸长量为

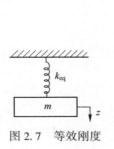

图 2.7　等效刚度

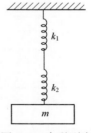

图 2.8　串联刚度

$$z_1 = \frac{F}{k_1} \tag{2.15}$$

$$z_2 = \frac{F}{k_2} \tag{2.16}$$

可得

$$k_{eq} = \frac{F}{z} = \frac{F}{z_1 + z_2} = \frac{F}{\dfrac{F}{k_1} + \dfrac{F}{k_2}} \tag{2.17}$$

即

$$\frac{1}{k_{eq}} = \frac{1}{k_1} + \frac{1}{k_2} \tag{2.18}$$

由上可见:两个弹簧并联系统的等效刚度为两个弹簧刚度之和;两个弹簧串联系统的等效刚度的倒数等于两个弹簧刚度倒数的和[HAB 68,KLE 71a]。

可以很容易地由此推导出 n 个弹簧系统的情况。

2.4.2.3　不同部件的刚度

几种部件的刚度见表 2.3。

表 2.3　几种部件的刚度[DEN 56,THO 65a]

轴向压缩或拉伸弹簧		$k = \dfrac{Gd^4}{8nD^3}$ 式中:D 为单圈平均直径;d 为钢丝的直径;n 为激活的圈数;G 为剪切弹性模量。 形变: $\delta = \dfrac{8F_y D^3 n}{Gd^4}$
悬臂梁轴向载荷		$k = \dfrac{ES}{\ell} = \dfrac{F}{X}$ 式中:S 为横截面面积;E 为弹性模量
悬臂梁		$k = \dfrac{6EI}{\ell_0^3(3\ell - \ell_0)} = \dfrac{F}{X}$ 式中:I 为截面惯性矩
悬臂梁		$k = \dfrac{6EI}{\ell_0^3(3\ell - \ell_0)} = \dfrac{F}{X}$
		$k = \dfrac{2EI}{\ell^2} = \dfrac{M}{X}$

（续）

两端简支梁,在任意点上施加压力	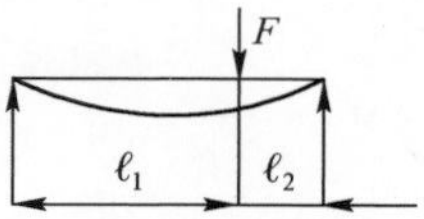	$k=\dfrac{3EI\ell}{\ell_1^2\ell_2^2}$
两端刚固梁,载荷在中点	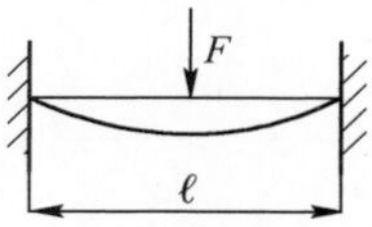	$k=\dfrac{192EI}{\ell^3}$
厚度为 t 的圆形板,边缘简支,载荷在中心	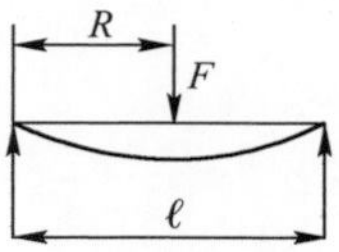	$k=\dfrac{16\pi D}{R^2}\dfrac{1+\nu}{3+\nu}$ 式中:ν 为泊松系数,$\nu\approx 0.3$;D 为 $D=\dfrac{Et^3}{12(1-\nu^2)}$
圆形板,边缘刚固,载荷在中心	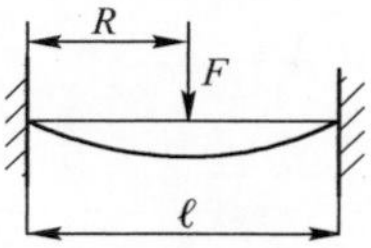	$k=\dfrac{16\pi D}{R^2}$

几种结构的旋转刚度见表 2.4。

表 2.4 几种结构的旋转刚度

螺旋弹簧的扭转		$k=\dfrac{Ed^4}{64nD}$ 式中:D 为单圈平均直径;d 为铁丝直径;n 为圈数
螺旋弹簧的弯曲		$k=\dfrac{Ed^4}{32nD}\dfrac{1}{1+E/2G}$
发条弹簧		$k=\dfrac{EI}{\ell}$ 式中:ℓ 为总长度;I 为截面惯性矩
中空管的弯曲	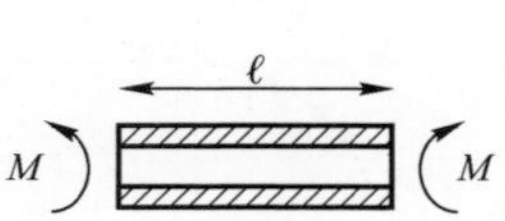	$k=\dfrac{GI}{\ell}=\dfrac{\pi G}{32}\dfrac{D^4-d^4}{\ell}$ 式中:D 为外径;d 为内径;ℓ 为长度。 铁: $k=1.18\times 10^6\dfrac{D^4-d^4}{\ell}$

（续）

刚固悬臂梁 末端施加扭矩		$k=\dfrac{M}{\theta}=\dfrac{EI}{\ell}$
刚固悬臂梁 末端载荷		$k=\dfrac{M}{\theta}=\dfrac{2EI}{\ell^2}$
两端简支梁 中点施加力偶		$k=\dfrac{M}{\theta}=\dfrac{12EI}{\ell}$
两端刚固梁 中点施加力偶		$k=\dfrac{M}{\theta}=\dfrac{16EI}{\ell}$
圆杆		$k=\dfrac{\pi GD^4}{32\ell}$ 式中：D 为直径；ℓ 为长度
矩形板		$k=\dfrac{Gwt^3}{3\ell}$
任意截面的杆		$k=\dfrac{GS^4}{4\pi^2\ell I_{\mathrm{P}}}$ 式中：S 为截面面积；I_{P} 为截面极惯性矩

2.4.2.4 非线性刚度

线性刚度系统的力–变形曲线是线性的（图 2.9）[LEV 76]。图 2.10 ~ 图 2.12 为非线性刚度的例子。

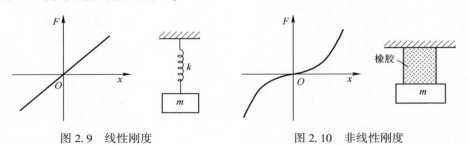

图 2.9 线性刚度   图 2.10 非线性刚度

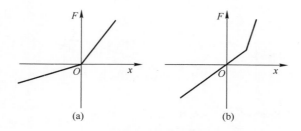

图 2.11　双线性刚度的例子

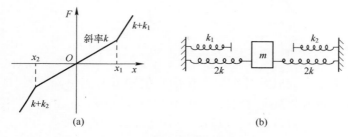

图 2.12　非线性刚度的例子

2.4.3　阻尼

2.4.3.1　定义

任何受到动态应力的系统都不能在无外界能量输入的情况下保持恒定的幅值。材料不会表现出完美的弹性性能,甚至在低应力水平时也不能。当交变应力循环(应力在最大正值和最小负值之间变化)施加在金属试棒上时,可以区分出[BAS 75]:

(1) 微弹性极限应力 σ_{me},当 $\sigma \leqslant \sigma_{me}$ 时,应力-应变曲线是完美线性(零曲度)的。应力 σ_{me} 通常非常小。

(2) 滞弹性应力 σ_{an},当 $\sigma_{me} < \sigma < \sigma_{an}$ 时,应力-应变循环保持封闭(但曲度不再为零)。在这种情况下,形变仍是"可逆的",但是会伴随着能量的耗散。

(3) 调节极限应力 σ_{ac} 是最大的应力,虽然其第一个循环不闭合。几个交变应力循环仍然能使循环闭合("调节"现象)。

(4) 当 $\sigma > \sigma_{ac}$ 时,循环不封闭,导致永久变形。

图 2.13 给出了应力-应变曲线的初始部分。屈服应力 $R_{m0.2}$ 定义为能造成 0.2%永久变形的应力,这是一个塑形形变区的约定俗成的极限。

通常总会存在一定的非弹性,尽管通常很低且可以忽略。造成非弹性的因素有很多,这种非线性会造成材料或结构受到机械应力时,会耗散一部分所获取的能量。这种耗散称为阻尼。

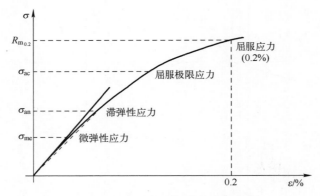

图 2.13　应力-应变曲线的初始部分

耗散掉能量会造成系统自由振荡的幅值随着时间下降,最终回到平衡位置。这种损耗通常与系统的组件之间的相对运动有关[HAB 68]。传递给缓冲装置的能量会转换为热量。所以阻尼装置通常是非保守的。

将一个承受正弦应力(如压缩-拉伸)的材料试棒的应力-应变曲线绘制出来就可以凸显出非弹性现象[LAZ 50, LAZ 68]。

图 2.14 给出了这样的曲线(为了更明显地展示这一现象,图像经过了很大的形变处理)。

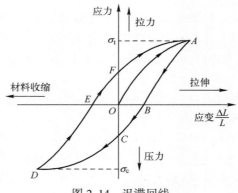

图 2.14　迟滞回线

第一次拉伸载荷施加时,应变-应力法则由弧线 *OA* 表示。由拉伸到压缩的过程是通过弧线 *ABCD*,随后回到最大拉伸位置的过程是经由弧线 *DEFA* 的。

曲线 *ABCDEFA* 称为迟滞回线,发生在完全交变载荷中。

2.4.3.2　迟滞现象

迟滞是在材料中发生的一种自然现象,与塑性形变造成的局部应力松弛相关,特征为能量的吸收和耗散[FEL 59]。材料的这种特性自从被开尔文爵士强

调后[THO 65b],被赋予过很多名字[FEL 59]:

（1）阻尼性能[FOP 36]是最常用的术语,可定义为材料消散振动能量的能力;O. Föppl 于 1923 年定义了这个系数,即在一个交变载荷的完整循环中单位体积的材料所耗散的热能,符号为 D,可通过对迟滞回线包围的面积计算[FEL 59]:

$$D = \int_{1个循环} \sigma \mathrm{d}\varepsilon \qquad (2.19)$$

因此,D 为一个单位体积的在宏观上均匀的材料在一个应力循环(如压缩-拉伸循环)中吸收的能量。

（2）内摩擦[ZEN 40],与一个固体将机械能转换成内能的能力有关。

（3）机械迟滞[STA 53]。

（4）弹性迟滞[HOP 12]。

无论是对一个单一材料组成的零件(可以是或可以不是一个结构的一部分),还是一个更复杂的结构,都可以通过正弦变化力 F 的作用与它造成形变 z 的变化来绘制迟滞回线。1 个循环的能量耗散为

$$\Delta E_\mathrm{d} = \int_{1个循环} F \mathrm{d}z \qquad (2.20)$$

式中:ΔE_d 为总阻尼能耗(等于 VD,其中 V 为零件总体积)。ΔE_d 的单位通常有两种:对于材料,$(\mathrm{J/m^3})$/循环;对于结构,J/循环。

总塑性形变可以是永久性或滞弹性的,或者是两者的结合,因此迟滞在图表中会表现出与应力-应变加载和卸载曲线不重合的情况(图 2.15)。

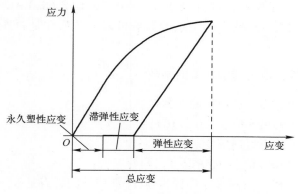

图 2.15 应变或迟滞

如果应力足以造成塑性形变,则形变部分永远不会恢复到原先的状态($\varepsilon = 0, \sigma = 0$)。即便形变只是滞弹性的,也会形成迟滞回线。不过,如果应力保

持为零的时间足够长,形变部分还是能回到零初始状态。

因此,滞弹性应变不仅与应力有关,还与时间有关(也与温度、磁场等有关)。

2.4.3.3 阻尼的起因

材料中的阻尼已经被研究了大约 200 年。最开始的动机是为了研究造成非弹性现象和能量耗散的机理,在工艺中控制材料的特性(纯度、特性等)尤其是为了减弱结构的动态响应应力而对结构的设计。

复杂结构的阻尼主要来自于[HAY 72, LAZ 68]:

(1) 各组成部分的材料内部阻尼;

(2) 不同部分的连接或接触部分的阻尼(结构阻尼)。

内部阻尼是指在宏观上作为一个连续整体振动的力学系统将变形能转换成热能的复杂物理效应[GOO 76]。

当一个完全弹性系统受外力作用而产生形变时,在变形过程中力产生的能量会存储在材料中。当外力移除时,存储的能量会释放出来,材料会围绕其平衡位置振动(系统无阻尼)。

在完全塑性材料中,所有外力产生的能量都被耗散掉了,没有能量会存储在材料中。外力的压制使材料停留在形变后的状态下(完全塑性系统)。

现实中的材料既不是完全弹性也不是完全塑性的,而是两者部分结合。特定材料的弹性和塑性比例称作材料的阻尼系数或损耗系数。

内部阻尼的起因有很多[CRA 62],如错位、温度相关的现象、扩散、磁力学现象等。阻尼取决于材料所受到的应力量级、试件中的应力分布、振动频率、静载荷、温度等。对于铁磁性材料[BIR 77, FOP 36, LAZ 68, MAC 58],外部磁场也是很重要的因素。这些不同因素的影响可以由非弹性是否属于以下几种类别来区分:

(1) 非弹性是应力施加速率的函数 $\left(\dfrac{\mathrm{d}\sigma}{\mathrm{d}t}或\dfrac{\mathrm{d}\varepsilon}{\mathrm{d}t}\right)$;

(2) 独立于应力施加速率的非弹性;

(3) 应力下的可逆应变(图 2.16);

(4) 应力下的不可逆应变。

根据文献[LAZ 68],4 种情况可以两两组合:

(1) 情况 1 和 3:材料发生滞弹性应变,滞弹性的特点是:

① 线性特征:应力加倍应变也加倍。

② 在有充足的时间达到平衡的情况下存在单一应力-应变的关系。

(2) 情况 1 和 4:材料具有黏弹性。黏弹性应变有时可还原有时不可。情况 1 和 3 是情况 1 和 4 的特殊情况(可还原应变);

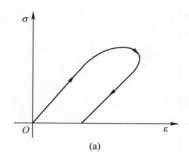
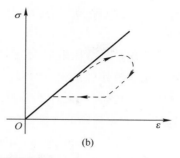

图 2.16　应力下的可逆应变

（3）情况 2 和 4：材料发生塑形应变（通常在非常强的应力下）。

在情况 1 和 2 中产生的能量耗散是与应力的幅值相关的，但是只有情况 2 和 4 与应力的频率无关（应力施加的速率）。

情况 1 和 3 与情况 1 和 4 的阻尼与载荷率相关，得出含有一阶导数 $\dfrac{\mathrm{d}\sigma}{\mathrm{d}t}$ 或 $\dfrac{\mathrm{d}\varepsilon}{\mathrm{d}t}$ 的公式。这种阻尼情况会在金属（滞弹性）、聚合物（弹性体）和结构中出现，名称也有多种，如动态迟滞、流变阻尼和内摩擦[LAZ 68]。

施加的应力和阻尼之间的关系通常很复杂，然而在大多数情况中可以通过这种形式的关系得到满意的结论[LAZ 50，LAZ 53，LAZ 68]：

$$D = J\sigma^n \qquad (2.21)$$

式中：J 为阻尼常数（或单位应力幅值中的能量损耗）；n 为阻尼指数，根据材料的性质、应力幅值、温度的不同，其值在 2~8 之间变化。

对于很多材料来说，当在应力幅值小于一个临界应力的情况下，指数 n 是常值，这个临界应力与材料的极限强度接近。

超过这个临界应力，阻尼会成为一个与应力和时间相关的函数[CRA 62]。

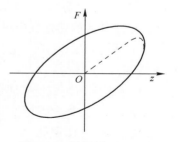

对于低应力幅值和室温情况下，n 取值为 2（二次阻尼），其迟滞回线呈椭圆状。

定义 $n=2$ 的情况为线性阻尼，因为这是在黏性现象中观测到的情况，此时微分方程描述的运动是线性的，见图 2.17。

图 2.17　椭圆循环（$n=2$）

在中等或高应力幅值的情况下，可以观测到非椭圆迟滞回线表征的非线性现象，n 通常大于 2（当应力非常大时，能观测到最大为 30 的数值）。

阻尼性能 D 是描述材料在均匀应力下的状态。式（2.21）一般在某个极限范围内有效,该极限称为"循环应力敏感极限",其在材料的疲劳极限范围内[MOR 63a]。

　　最常见的现象是结构阻尼,尽管人们对它了解最少[NEL 80]。在理想的简单交界处的能量散耗现象相对而言还好理解[BEA 82,UNG 73],特别是在低频率下的时候。在高频(比元件的基频共振高很多)处问题会更复杂一些。可以用图 2.18 所示的原理图的方法区分三种主要的连接类型:

　　(1) 干摩擦界面:金属-金属之间,或者更普遍的来说,材料-材料之间(库仑摩擦);摩擦力与法向力、摩擦系数 μ 成正比,与摩擦速度无关。耗散能量与对抗摩擦做的功相等。

　　(2) 润滑界面(液体膜、塑料等)[POT 48]:在这个机制中,摩擦称作黏滞。阻尼力的幅值和相对运动的速度成正比,方向与移动方向相反。

　　(3) 接口为螺栓连接、焊接、铆接、卡槽等。

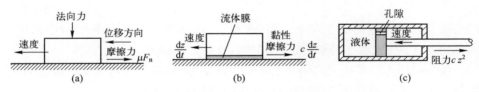

图 2.18　阻尼力的例子
(a) 干摩擦(库仑摩擦,摩擦力与施加在移动体上向其支撑方向的法向力 F_n 成正比(比例系数为 μ));
(b) 黏滞摩擦(摩擦力与接触的两个物体之间的相对速度成正比);
(c) 孔径(摩擦力与活塞和汽缸之间相对速度的平方成正比)。

　　前两类情况中,施加的力可以是与接触平面呈法向的,也可以是与接触面在同一平面上(剪切力)。在最后一种情况中能量的耗散往往是最大的。

　　有很多其他的能量耗散机理:

　　(1) 环境阻尼(空气),在空气或者其他流体中移动的物体激发的阻尼(阻尼力 F_d 与 z^2 成比例);

　　(2) 磁力阻尼(磁场中通过的导体,阻尼力与导体的移动速度成比例);

　　(3) 流体经过一个孔隙。

2.4.3.4　比阻尼能

比阻尼能为

$$\phi = \frac{\Delta E_d}{U_s} \tag{2.22}$$

式中：ΔE_{d} 为阻尼性能（迟滞回线下的区域面积）；U_{S} 为试件在循环中的最大应变能，$U_{\mathrm{S}} = \dfrac{\sigma^2}{2E_{\mathrm{d}}}$，其中 E_{d} 为动态弹性模量。

应变能和阻尼性能分别见图 2.19 和图 2.20。

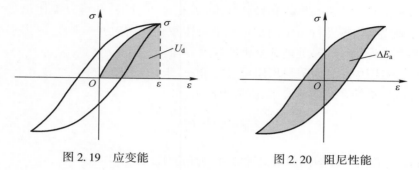

图 2.19 应变能   图 2.20 阻尼性能

材料的阻尼也可以定义为耗散的能量与总应变能（每循环每单位体积）的比例，即

$$\eta = \frac{D}{2\pi U_{\mathrm{ts}}} \tag{2.23}$$

对于一个线性材料，有

$$D = J\sigma^2$$

且

$$U_{\mathrm{ts}} = \frac{1}{2}\frac{\sigma^2}{E_{\mathrm{d}}} = \frac{1}{2}\frac{F}{S}\frac{\Delta l}{l}$$

可得

$$\eta = \frac{JE_{\mathrm{d}}}{\pi} \tag{2.24}$$

与上面用到黏弹性相类似的常数可以用于定义滞弹性材料。对于这种材料，η 值在 $0.001 \sim 0.1$ 之间；而对于黏弹性材料，η 值在 $0.1 \sim 1.5$ 之间。

2.4.3.5 黏性阻尼常数

内部黏滞摩擦的理论在很久之前就被提出并且应用。由库仑提出，W. Voight 和 E. J. Rought 发展，之后被其他作者广泛应用。它阐述了在固体中存在某些与流体的黏性相类似的黏性属性，与形变的一阶导成比例[VOL 65]。得出阻尼力为

$$F_{\mathrm{d}} = -c\frac{\mathrm{d}z}{\mathrm{d}t} \tag{2.25}$$

因子 c 在初次时可假定为常数，在实际中根据材料和激励的频率的不同会

变大或变小。这个系数称为黏性阻尼系数,单位为 N·s/m,是由阻尼装置的几何结构和流体的黏性决定的。经液体润滑的阻尼装置的两个表面之间滑动时,或者在某种液体层流过孔洞时会用到这一系数。只要流速不是非常大,都可以认为阻尼是黏滞的。

通常情况下认为弹性体和橡胶气囊(在低速下)的特征可以类比于黏性阻尼。在研究结构振动行为中经常用到此类阻尼[JON 69,JON 70],因为它可以得出相对来说比较容易处理和分析的线性方程。

在示意图中黏性阻尼可以用符号"—⫞—"来代表[JON 69]。

在线性旋转系统的情况下,阻尼力矩为

$$\Gamma_d = D_\alpha \Omega = D_\alpha \frac{d\alpha}{dt} \qquad (2.26)$$

式中:D_α 为转动系统的黏性阻尼常数;Ω 为角速度,$\Omega = \frac{d\alpha}{dt}$。

2.4.3.6 流变性

流变学涉及物质的流动与形变研究[ENC 73]。理论流变学意在对压力下的固体行为进行建模及计算。最简单的模型是只包含一个参数的:

(1)遵循胡克定律的弹性固体,力随着形变线性变化,无阻尼(图 2.21);

(2)阻尼减振器类型的装置,力随着速度线性变化(图 2.22)。

图 2.21 弹性固体   图 2.22 阻尼减振器

在所有模型中,能更好表征真实物体特性的是包含两个参数[BER 73]的模型:

(1)Maxwell 模型(图 2.23),能更好地代表黏弹性流体的特性。

图 2.23 Maxwell 模型

(2)Kelvin-Voigt 模型(图 2.24),能更好地用于有黏弹性固体的情况。它是正弦波激励下的系统刚度和阻尼的复数表述:

$$k^* = k + i\Omega c \qquad (2.27)$$

2.4.3.7 阻尼器的组合

并联阻尼器(图 2.25)

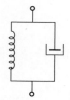

图 2.24　Kelvin-Voigt 模型

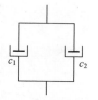

图 2.25　并联阻尼器

使并联阻尼器产生位移 z 的力为

$$F = F_1 + F_2 = c_1 z + c_2 z \tag{2.28}$$

$$F = (c_1 + c_2) z = c_{eq} z \tag{2.29}$$

$$c_{eq} = c_1 + c_2 \tag{2.30}$$

串联阻尼器(图 2.26)[CLO 80, VER 67]

$$F = c_1 z + c_2 z \tag{2.31}$$

$$z = z_1 + z_2 = \frac{F}{c_1} + \frac{F}{c_2} = \frac{F}{c} \tag{2.32}$$

$$c_{eq} = \frac{1}{1/c_1} + \frac{1}{1/c_2} \tag{2.33}$$

2.4.3.8　非线性阻尼

在第 7 章中将讨论非线性阻尼的种类及其对单自由度力学系统响应的影响。下面举一个弹塑形应变[LEV 76]的干摩擦(库仑阻尼)系统作为例子。

干摩擦(库仑阻尼)

这里的阻尼力是与两个移动物体之间的法向力成比例关系的(图 2.27):

$$F = \mu N, \ k_f x > \mu N \tag{2.34}$$

$$F = k_f x, \ -\mu N < k_f x < \mu N \tag{2.35}$$

$$F = -\mu N, \ k_f s < -\mu N \tag{2.36}$$

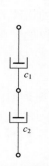

图 2.26　串联阻尼器

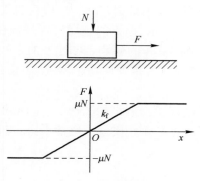

图 2.27　干摩擦

这种情况将在第 6 章中详细介绍。

塑性变形元件

图 2.28 和图 2.29 给出了两种发生塑性特征时的力-位移曲线示例。

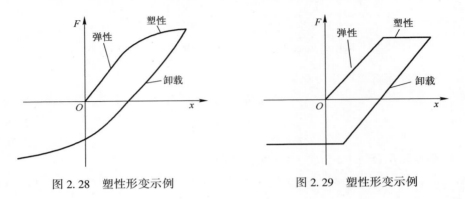

图 2.28 塑性形变示例　　　　　　图 2.29 塑性形变示例

2.4.4 静态弹性模量

材料的静态弹性模量取决于其在静态载荷下的刚性,定义为应力变化量 $\Delta\sigma$ 与产生的应变 $\varepsilon = \dfrac{\Delta l}{l}$ 的比值。

线性材料即便在非常强的阻尼下也只具有单一的模数。对于与应力施加率无关的现象,迟滞回线不再呈椭圆形,如在常压常温下工作的金属材料上观测到的,这样就可实现将存储能量的弹性应变元件与耗散能量的元件区分开。因而定义两种静态模型[LAZ 50, LAZ 68]:

(1) 正切弹性模量,对于一个给定值的应力,这个模量与应力-应变曲线在给定应力上的斜率成比例;

(2) 正割弹性模量,与在应力-应变曲线上给定两点的连线的斜率成比例。

如图 2.30 所示,原点的正切模量是弧线 OA 在原点处的切线 OG 的斜率,正割模量为割线 OA 的斜率(见图 2.31,一个黏性线性材料的迟滞回线是椭圆形,其正割模量就是弹性稳态模量)。切线 OG 是完全弹性材料的应力-应变曲线。

在现实情况下,当材料符合胡克定律的范围内,在应力域内有着相似的正切弹性模量和正割弹性模量。通常来讲,当最大应力幅值增加时,正割弹性模量将减小。

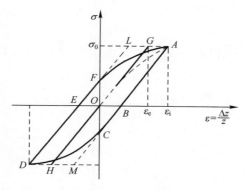

图 2.30　正切弹性模量

2.4.5　动态弹性模量

材料的动态弹性模量是通过对在动态循环应力下绘制的应力-应变示图计算出的弹性模量。通过与静态同样的方式定义了正切动态弹性模量和正割动态弹性模量。在动态应力下测得的值往往与静态下的不同。

在动态应力下的应力-应变曲线可能发生以下改变：

（1）初始正切弹性模量（在原点）的改变（OG 的斜率的改变或者任意其他曲线的弧线，甚至是整个迟滞回线的旋转）；

（2）曲线包围的面积发生改变，即材料阻尼容量的变化。

完全弹性材料的应力-应变曲线类似 HOG，在最大应力 σ_0 下的应变为 ε_e，而非弹性材料在同等应力下的形变为 ε_i。两者之差 $\Delta\varepsilon = \varepsilon_i - \varepsilon_e$ 为动态弹性降低值（对应着阻尼容量的增加）。

当材料的阻尼容量增加时，材料的形变更大（在同等应力下）且动态弹性模量降低。

这种变化可以将动态模量（正割模量）写成如下形式来表示：

$$E_d = \frac{\sigma_0}{\varepsilon_i} \qquad (2.37)$$

$$E_d = \frac{\sigma_0}{\varepsilon_e + \Delta\varepsilon} = \frac{1}{\dfrac{\varepsilon_e}{\sigma_0} + \dfrac{\Delta\varepsilon}{\sigma_0}} \qquad (2.38)$$

$$E_d = \left(\frac{1}{E_e} + \frac{\Delta\varepsilon}{\sigma_0} \right)^{-1} \qquad (2.39)$$

假定初始正切动态弹性模量 E_e 与静态弹性模量相等。由于比阻尼容量 D

与迟滞曲线下的区域面积相等,可设

$$D = K\Delta\varepsilon\sigma_0 \tag{2.40}$$

式中:K 为与循环圈的形状相关的常数(例如,对于梯形循环如 LAMDL,取 $K=4$)。

则可得

$$E_d = \left(\frac{1}{E_e} + \frac{D}{K\sigma_0^2}\right)^{-1} \tag{2.41}$$

K 值取决于回线的形状和应力幅值。K 平均值为 3[LAZ 50]。

因此,弹性模量 E_d 可以从式(2.41)算得,假定初始正切弹性模量(或弧线 DF 或 AC 的斜率)不变(随着载荷的速度或循环数等)。B. J. Lazan[LAZ 50]指出,在特定情况下这种变化很小,表达式(2.41)已经足够精确。

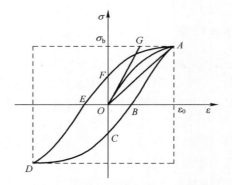

图 2.31 正切弹性模量和正割弹性模量

OG 的斜率—初始正切弹性模量(约等于与弧线 AB 的弦律,近似线性);

OA 的斜率—正割弹性模量;OB—残余形变;OF—矫顽力。

2.5 数学模型

2.5.1 力学系统

系统是由力学元件组成的,特性包括质量、刚度、阻尼。结构的质量、刚度和阻尼是重要的参数,决定了它的动力学特征。

一个系统可以是:

(1)集总参数系统,当元件可以区分为质量元件、刚性元件和阻尼元件时,假设它们集中在不同的元素中。在这种情况下,系统在给定时间的状态取决于有限数量的参数。

（2）分布式系统,参数的数量为无穷多,系统的运动是关于时间和空间的函数［GIR 08］。

2.5.2　集总参数系统

在实际情况中,真实结构中的元素是连续均匀或不均匀分布的,其质量、刚度和阻尼特征不分开。结构是由无数无穷小的粒子组成的。对于这种由分布常数的系统状态研究必须用到有偏导数的全微分方程。

简化结构可以实现用完备常微分方程描述其运动,通过将其离散为一些特定的质量元件,由无质量弹性元件和能量耗散元件连接在一起,形成集总参数系统［HAB 68,HAL 78］。

将具有分布型常数的物理系统转化为局部常数模型通常需要很精细的操作,点的选取会对最终形成的模型计算结果有明显的影响。

该过程包括：

（1）选取一定数量的点（节点）作为结构的质量集中点。节点的数量和节点可以移动的方向数量决定了该模型的自由度。

节点的数量和位置可以通过以下方式确定：

① 要进行的研究的特点：粗略概括一个问题,通常通过少数的自由度就足以建立一个模型。

② 被研究结构的复杂度。

③ 可用的计算方法：若结构的复杂度和结果的精确度要求较高,则可以考虑含有几百个节点的模型。

因此,对于节点数的选择是一个折中,即对模型表征的充分性与使得计算时间最小的分析简化。

（2）将结构的总质量分配在不同的点上。这一过程必须小心精确,特别当点数有限时。

这种建模方式使得对复杂结构的研究更简便,如一个车辆-乘客系统（图2.32）［CRE 65］。这种模型有时称为数学模型。

根据之前的定义,假定这些模型中质量元件是完美的,即完全刚性且不会耗散能量,弹性元件是无质量的和完全弹性,也假定能量耗散元件为完全无质量且完全刚性的。

为了用数值计算方法来分析这种结构模型的动力学行为,人们开发了许多计算机程序［GAB 69,MAB 84,MUR 64］。

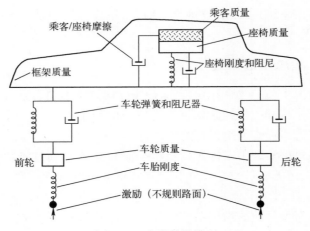

图 2.32 车的数学模型

2.5.3 自由度

材料的自由度数量等于在任意时间确定这个系统状态所需要的参数数量。对于一个最简单的系统——一个质量点总共含有 3 个自由度,描述其任意时刻在空间中的位置需要 3 个坐标。确定系统运动状态所需的方程数必须等于自由度数。

一个固体通常含有 6 个自由度。自由度的个数取决于:

(1) 固体的复杂度;

(2) 它与外界的连接数。

如果模型的每个质量元件都只能朝一个方向移动,那么模型的自由度数和其质量元件数相等。因此一个非常复杂的系统可以有有限个自由度。

注意:一个可形变系统拥有无穷多个自由度。

2.5.4 模态

对集总或分布常数模型的研究表明,系统可以以几种不同形式振动,称为模态。每一个模态对应着一种特定的自然频率。因此自然频率的数量与模态振型的数量相等,也与确定系统每一时刻的位置所需的坐标数量相等,根据 2.5.3 节,与系统的自由度相等。

对于分布质量的系统,自由度的数量是无限的。每一个频率对应单个振动模态,由其特征函数或正态函数确定。通常一个瞬时或持续激振力可以激发一些或全部频率,每一点响应是对应的模态振型的集合。对于一个线性系统,可以通过叠加原理来计算其响应。

模态的概念很重要,值得进一步发展。接下来只讨论单自由度系统。

例 **2.1** (1)一端刚固的梁,长度为 L,截面均匀,弯曲刚度为 EI(E 为弹性模量,I 为截面的惯性矩)。

固有圆频率为[CRE 65,KAR 01]

$$\omega_0 = n^2\pi^2\sqrt{\frac{gEI}{PL^4}} = n^2\pi^2\sqrt{\frac{EI}{mL^4}} \tag{2.42}$$

式中:n 为正整数($n = 1,2,3,\cdots$);g 为重力加速度,$g = 9.81\text{m}/\text{s}^2$。
可得频率为

$$f_0 = \frac{n^2\pi}{2}\sqrt{\frac{gEI}{PL^4}} = K\sqrt{\frac{EI}{mL^4}}\,(\text{Hz}) \tag{2.43}$$

式中:P 为单位长度梁的重量。每一个 n 值对应一个频率 f_0。图 2.33 给出了前五种模态。

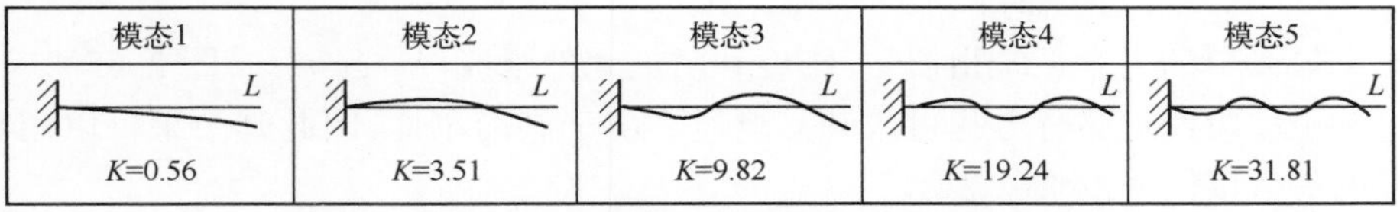

模态1	模态2	模态3	模态4	模态5
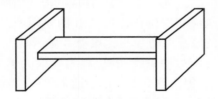				
$K=0.56$	$K=3.51$	$K=9.82$	$K=19.24$	$K=31.81$

图 2.33　刚固悬臂梁的前五种模态

(2) 两端刚固的梁(图 2.34)[STE 78]:

图 2.34　两端刚固的梁

自振频率为

$$f_0 = \frac{22.44}{2\pi}\sqrt{\frac{gEI}{PL^3}} \tag{2.44}$$

式中:E 为弹性模量(国际标准单位);I 为截面的惯性矩;P 为梁的重量;L 为梁的长度;$g = 9.81\text{m}/\text{s}^2$。

耦合模态

对于一个具有多自由度的系统,一个自由度的模态可以影响到另一个自由度的运动状态。

区分耦合和非耦合运动很重要。若一个物体的两种运动是非耦合的且同时独立共存,例如一个水平移动,另一个垂直移动,那么这个系统不能看作是一个具有多自由度的系统,而是几个单自由度系统的组合,总的移动结果是每个系统移动的相加。

2.5.5　线性系统

在没有外力的情况下,一个振动的线性系统的位置变量服从一组数量等于未知量、系数为常数的线性微分方程组,没有二次项[MAZ 66]。

在一个线性结构中,其响应特性是齐次的且可叠加的[PIE 64]:

(1)对叠加激励的响应等于对每个激励的响应的叠加;

(2)对 k 倍的激励的响应等于对该激励响应的 k 倍(k 为常数)。

这种线性的概念一般规定在小位移下(如单自由度系统的小相对位移响应)。

2.5.6　线性单自由度力学系统

最简单的力学系统由质量、刚度和阻尼元件组成(Voigt 模型,图 2.35)。通过一个二阶线性微分方程可求解其响应。由于其简单性,因此其结果可以用有限的参数以简明的形式表示。

单自由度系统模型用于研究分析力学振动和冲击(比较具有相同属性或者不同属性的激励的严酷程度,制定规范等)。隐含的想法是,如果一个振动(或冲击 A)对单自由度系统造成的响应相对位移比振动 B 的要剧烈,那么对于一个更复杂的系统振动 A 也比振动 B 更严酷。

图 2.35　Voigt 模型

对于任意一个承受应力的系统,其位移主要取决于由最低频率引起的响应,因而单自由度模型通常可以得到很好的近似结果。想要得到更精确的应力计算,有时需要更复杂的数学模型。

2.6　为 n 自由度集总参数力学系统建立方程

有许多方法用于建立有局部常数的多自由度力学系统运动状态的微分方程。

2.6.1　拉格朗日方程组

2.6.1.1　概览

描述质点或者系统的微分方程可以通过牛顿定律或拉格朗日方程组建立,这是两种本质上不同的动力学问题解决方法。

这里不具体阐述拉格朗日方程背后的理论,只为了突出所使用术语的定义而给出理论的概述。同时也给出建立方程时应该用到的方法。

系统在空间中的位置可以通过参数族 q_i 来确定，其中 i 是系统的自由度标量，为区间 $1\sim s$ 内的整数。q_i 为广义坐标，其导数 $\dot{q}_i$ 为广义速度。不同自由度标量下的函数 $q_i(t)$ 相互独立。系统的状态可以由其坐标和速度完全和唯一地确定。

由哈密顿原理(或最小作用原理)可导出拉格朗日方程组：若系统的状态可以由方程式 $L(q_i,\dot{q}_i,t)$ 表示，则系统从时间 $t_1\sim t_2$ 在给定两个位置间的运动将使作用

$$S = \int_{t_1}^{t_2} L(q,\dot{q},t)\,\mathrm{d}t \tag{2.45}$$

为尽可能小的值[LAN]。$L(q_i,\dot{q}_i,t)$ 为系统的拉格朗日方程。最小移动量原则写作

$$\delta S = \delta \int_{t_1}^{t_2} L(q_i,\dot{q}_l,t)\,\mathrm{d}t = 0 \tag{2.46}$$

可推导出

$$\frac{\mathrm{d}}{\mathrm{d}t}\left(\frac{\delta L}{\delta \dot{q}_i}\right) - \left(\frac{\delta L}{\delta q_i}\right) = 0 \tag{2.47}$$

这些方程称为拉格朗日方程组。对于一个自由移动的质点，拉格朗日方程可写作

$$L = \frac{mv^2}{2} \tag{2.48}$$

式中：m 为质点的质量；v 为速度模量。

对于有 n 个质点的系统(各点之间无相互作用)，各点的质量为 m_j，速度为 v_j，其拉格朗日方程可写作

$$L = \sum_{j=1}^{n} \frac{m_j v_j^2}{2} \quad (j = 1,2,\cdots,n) \tag{2.49}$$

在一个封闭系统内，或者说在具有不同质量的各点之间存在相互作用且与系统外完全隔绝的系统内，拉格朗日方程 L 需要考虑到这些质点可以相互作用：

$$L = \sum_j \frac{m_j v_j^2}{2} - E_P(r_1,r_2,\cdots) \tag{2.50}$$

式中：E_P 为点坐标的函数，且取决于点之间的相互作用；r_j 为第 j 个点的矢径。

定义

$\sum_j \dfrac{m_j v_j^2}{2}$ 的量为系统的动能，而 E_P 为系统的势能。

因此拉格朗日方程可写作①

$$\frac{\mathrm{d}}{\mathrm{d}t}\left(\frac{\delta L}{\delta \boldsymbol{v}_j}\right) = \frac{\delta L}{\delta \boldsymbol{r}_j} \tag{2.51}$$

若将式(2.50)给出的 L 的方程式代入,可得

$$m_j \frac{\mathrm{d}\boldsymbol{v}_j}{\mathrm{d}t} = -\frac{\delta E_{\mathrm{P}}}{\delta \boldsymbol{r}_j} = \boldsymbol{F}_j \tag{2.52}$$

当 $\boldsymbol{r}_j$ 的分量为 x_j、y_j、z_j 时,$\boldsymbol{F}_j$ 为力,其分量为 $-\frac{\delta E_{\mathrm{P}}}{\delta x_j}$、$-\frac{\delta E_{\mathrm{P}}}{\delta y_j}$、$-\frac{\delta E_{\mathrm{P}}}{\delta z_j}$。

当系统 S_1 在给定的外场中移动时,与另一个系统 S_2 相互作用,就对总系统 $S = S_1 + S_2$ 的拉格朗日方程进行计算,以获得要研究的封闭系统。

时间和空间的某种性质(均匀性和各向同性)使得我们可以建立广为人知的守恒定律。

时间的均匀性使得我们可以对封闭系统列出下面的方程:

$$\sum_i \dot{q}_i \frac{\delta L}{\delta \dot{q}_i} - L = 常数 = E \tag{2.53}$$

由式(2.53)定义系统的能量 E,无论封闭系统如何移动,恒为常数。

对于非封闭系统的情况,若外场与时间无关,这一法则同样适用。

能量保守的力学系统称为保守系统,因此可得以下方程:

$$E = E_c(q, \dot{q}) + E_{\mathrm{P}}(q) \tag{2.54}$$

前面定义 E_c 为动能,是速度的平方根的函数。它的值在笛卡儿坐标下写为 $\sum_j \frac{m_j v_j^2}{2}$,其中,$m_j$ 为点 j 的质量,v_j 为相应的速度。

作为拉格朗日方程的补充,空间的各向同性表明对于一个封闭力学系统,其矢量

$$\boldsymbol{P} = \sum_j \frac{\delta L}{\delta \boldsymbol{v}_j} = \sum_j m_j \boldsymbol{v}_j \tag{2.55}$$

在运动中保持不变。矢量 $\boldsymbol{P}$ 为冲量或者称为系统的动量。对于广义坐标 q_i,广义冲量为

$$P_i = \frac{\delta L}{\delta \dot{q}_i} \tag{2.56}$$

广义力为

---

① 符号 $\frac{\delta L}{\delta \boldsymbol{v}_i}$ 或 $\frac{\delta L}{\delta \boldsymbol{r}_i}$ 并不是标量 L 关于矢量 $\boldsymbol{v}_i$ 或 $\boldsymbol{r}_i$ 的导数(它并不重要)的。按照惯例,这个符号不过是用来表示一个矢量,矢量的分量等于与 L 关于矢量 $\boldsymbol{v}_i$ 或 $\boldsymbol{r}_i$ 中对应分量的导数。

$$F_i = \frac{\delta L}{\delta q_i} \tag{2.57}$$

注:P_i 只是 **P** 在笛卡儿坐标系中的分量,它们不是用简单的速度与质量的乘积来表示的,而是 $\dot{q}_i$ 的线性方程组[LAN 60]。

空间的各向同性能够验证系统的动力矩这一参数是守恒的。

如果运动发生的空间内存在阻力,使得系统速度减缓,系统的部分能量就会转换为热能。这种系统称为非保守系统,存在能量耗散或者阻尼。在这种情况下,如果耗散力与速度成比例,且源于势能,那么其拉格朗日方程可写为

$$\frac{\mathrm{d}}{\mathrm{d}t}\left(\frac{\delta L}{\delta \dot{q}_i}\right) - \frac{\delta L}{\delta q_i} + \frac{\delta E_a}{\delta \dot{q}_i} = 0 \tag{2.58}$$

式中:E_a 为阻尼能(或耗散函数)[LAN 60]。

2.6.1.2　应用

考虑一个线性单自由度系统。如果该系统沿轴 Ox 移动,则拉格朗日方程可写为

$$L = \frac{m\dot{x}^2}{2} - E_P(x) \tag{2.59}$$

对于一个封闭系统或一个受外部条件不变的系统,可得

$$E = \frac{m\dot{x}^2}{2} + E_P(z) \tag{2.60}$$

拉格朗日方程可写为

$$\frac{\mathrm{d}}{\mathrm{d}t}\left(\frac{\delta E_c}{\delta \dot{x}}\right) - \frac{\delta E_c}{\delta x} = -\frac{\delta E_P}{\delta x} \tag{2.61}$$

此方程可以用来建立一个单自由度无阻尼系统的自由激励方程。

若该系统具有 S 自由,则可在广义坐标系中建立如下方程组:

$$\frac{\mathrm{d}}{\mathrm{d}t}\left(\frac{\delta E_c}{\delta \dot{q}_i}\right) - \frac{\delta E_c}{\delta q_i} = -\frac{\delta E_P}{\delta q_i} = F_i \tag{2.62}$$

每一个 i 值对应一个自由度,则称这个系统在一个势力场中移动。

若系统有阻尼,则存在一个阻碍系统在受到初始激励后自由移动的力,这种力为速度的线性或非线性函数。

定义 E_a 为阻尼势能,可将这个势能代入拉格朗日方程,若阻尼是黏滞性的,则有

$$\frac{\mathrm{d}}{\mathrm{d}t}\left(\frac{\delta E_c}{\delta \dot{q}_i}\right) - \frac{\delta E_c}{\delta q_i} = -\frac{\delta E_P}{\delta q_i} - \frac{\delta E_a}{\delta \dot{q}_i} \tag{2.63}$$

若系统是线性的,则有

$$\frac{d}{dt}\left(\frac{\delta E_c}{\delta \dot{x}}\right) - \frac{\delta E_c}{\delta x} = -\frac{\delta E_P}{\delta x} - \frac{\delta E_a}{\delta \dot{x}} \qquad (2.64)$$

只要系统不是封闭的且 E_a 存在，则拉格朗日方程可以写成

$$\frac{d}{dt}\left(\frac{\delta E_c}{\delta \dot{q}_i}\right) - \frac{\delta E_c}{\delta q_i} = -\frac{\delta E_P}{\delta q_i} - \frac{\delta E_a}{\delta \dot{q}_i} + F_i \qquad (2.65)$$

（F_i 为系统外部的广义力。不包含 E_P）。

例 2.2 拉格朗日方程组的应用。

两条弹簧悬挂起的质量如图 2.36 所示。

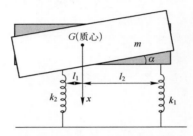

图 2.36 两条弹簧悬挂起的质量

重量：mg。

ρ 为回转半径。

$I = m\rho^2 = m$ 关于经过其质心轴的惯性矩。

α 为转动角度。

x 为质心的垂向位移。

动能为

$$E_c = \frac{m}{2}\dot{x}^2 + \frac{1}{2}I\dot{\alpha}^2 \qquad (2.66)$$

势能为

$$E_P = \frac{k_1}{2}(x - l_1\alpha)^2 + \frac{k_2}{2}(x + l_2\alpha)^2 \qquad (2.67)$$

拉格朗日方程为

$$L = \frac{1}{2}\left[m\dot{x}^2 + I\dot{\alpha}^2 - k_1(x - l_1\alpha)^2 - k_2(x + l_2\alpha)^2\right] \qquad (2.68)$$

可得

$$m\frac{d^2x}{dt^2} + (k_1 + k_2)x + (k_2l_2 - k_1l_1)\alpha = 0 \qquad (2.69)$$

$$I \frac{d^2\alpha}{dt^2}+(k_1 l_1^2+k_2 l_2^2)\alpha+(k_2 l_2-k_1 l_1)x=0 \qquad (2.70)$$

若 $k_1 l_1 = k_2 l_2$，则 α 和 x 是相互独立的[VOL 65]，[WAL 84]。

2.6.2 达朗贝尔原理

运用达朗贝尔原理，静态平衡条件可以用于动态问题，只要考虑外部激振力以及同时发生的与运动方向相反的反作用力即可[CHE 66]：对于任意固体，外部作用力和与运动方向相反的作用力的代数和在任何方向都为零。

这一原理对于旋转系统是等效的：对于任意固体，外部力偶和阻力矩在任意轴上的代数和均为零。

2.6.3 自由体受力图

用于解决静力学相关问题的最有用的工具之一是自由体受力图（FBD）。FBD 依托于静力学的基本原理。如果整个系统是在平衡状态中，那么其每一个单独的元件也都在平衡状态中。

FBD 是代表动态系统的一个元件的图示，该元件是脱离了其原本的环境和其他周围元件的，所有其他元件对其的作用替换为矢量力。因此，FBD 是一个通常来说复杂的系统的简化表示，该系统可分为更小、更简单的元件以方便研究。所有结构的物理属性都被移除，仅仅为表示元件和其承受的力。

相邻元件之间的连接并不在 FBD 中直接表示出来，只有当连接之间有力的传递时，才会创建该连接。

绘制 FBD 在求解力学问题时是很重要的一步。FBD 帮助我们看清所有作用于一个简单物体上的力，因此能解决所有平衡问题。

组成自由体受力图的元素

建立一个有价值的 FBD，需要一些必要的元素。首要的元素是研究的对象，即结构的组成部分在图示中一般以矩形表示。真实物体的形状和大小并不重要。

示意图中其次重要的元素是力。力以单向箭头"→"表示。箭头的方向和大小对于计算很重要：

（1）箭头的方向代表力作用的方向。然而由于力的方向经常是未知的，因此需要选择一个随机的方向。通过求解公式检验元件是否平衡来判断选择的方向是否正确。如果结果是负数，则方向选取相反的方向。

（2）箭头的大小代表力的幅值。图示里的每一个箭头必须单独做标记，以便看清图示中的箭头代表的是哪种力。作用在物体上的所有力必须在 FBD 中标记出来,除非该力可以被忽略。

当然,在创建 FBD 时,会有某些力的特征是未知的情况,特别是那些作用在被研究目标与相邻部件的接触点上却未在 FBD 中画出的力。

FBD 中使用的力的种类

FBD 中存在几种不同的力,最基本的几种力为:

(1)接触力,包括法向力、摩擦力、气动阻力、由人或其他物体施加的力(拉力、推力等)、张力。

(2)可远距离作用的力,包括重力、电力和磁力。

自由体受力图如图 2.37 所示。

首先要考虑的力,也是最常见的力就是重力。地球上的重力加速度 g 大约为 9.8m/s^2。

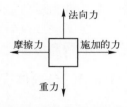

法向力是将物体保持在表面上防止其掉落的力,总是与物体所在的表面保持垂直方向。如果物体在一个非水平表面上保持不动,则法向力与表面垂直。

图 2.37 自由体受力图

如果接触平面是光滑的,则不会有摩擦力,且反作用力作用在接触点上,方向为接触面切线的法向。若表面是平面,则反作用力总是与表面垂直。

摩擦力与法向力相关。这是由于摩擦力同样与物体接触的表面相关。与法向力作用方向垂直于物体放置的表面不同,摩擦力总是平行于物体放置的表面。摩擦阻碍物体的运动,代表摩擦的矢量与摩擦力方向相同。

物体受到的摩擦有两种:

(1)静摩擦,物体静止时产生,这种力会阻碍物体从静止开始移动;

(2)动摩擦,物体移动时产生,这种力使运动的物体速度变慢甚至停止。

推力和拉力:推力是液体或者风产生的,拉力是线缆对物体的作用力。一个刚度很小或者没有的弹性物体(如绳子或链子等)只能对其他物体沿弹性体的轴向产生拉力。

常见力的最后一种是张力,张力在两个力作用于物体的末端时发生(如当拉一段弹簧时传递的力)。

一般来说,在同一时刻所有这些力不会都出现。

注:

质量不是力。

不要把运动和力弄混淆。

不要将虚构力纳入 FBD 中去,如离心力。

识别成对的力,如在牛顿第三定律中的作用力与反作用力。

不要忘记任何力,也不要增加不存在的力。

仍与力学装置相连的元件上不存在力。

反作用力不能在除了接触点以外的任何地方产生。

例 2.3 线性单自由度系统(图 2.38)。

假定系统初始状态是平衡的,单自由度系统的自由体受力图如图 2.39所示。

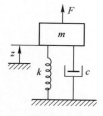

图 2.38 线性单自由度系统   图 2.39 单自由度系统的自由体受力图

惯性力

$$F_i = -m \frac{\mathrm{d}^2 z}{\mathrm{d}t^2} \tag{2.71}$$

阻尼力

$$F_d = -c\dot{z} \tag{2.72}$$

恢复力

$$F_r = -kz \tag{2.73}$$

外力 F

根据达朗贝尔理论,作用在物体上包括惯性力的所有力之和为零,即

$$m \frac{\mathrm{d}^2 z}{\mathrm{d}t^2} + c \frac{\mathrm{d}z}{\mathrm{d}t} + kz = F \tag{2.74}$$

为了避免在系统很复杂的情况下计算力时将符号弄错,可以遵循以下规则[STE 73]:模型的每个质量 m_i,假定与 m_i 相关所有的力都是正的,所有与其他质量 $m_j(j \neq i)$ 相关的力都是负的。

实际情况中,对于每一个质量 m_i,阻尼、弹簧和惯性力之和为零,如下:

(1) 惯性力:正向,大小为 $m_i \ddot{y}_i$。

(2) 恢复力:大小为 $k_i(y_i - y_j)$,其中,k_i 为与质量 m_i 连接的各弹性元件的刚度,$y_i - y_j$ 为以 m_i 的坐标为起点,y_j 为各弹簧的另一端坐标。

(3) 阻尼力:与刚度的规则相同,包含一阶导数 $c_i(\dot{y}_i - \dot{y}_j)$。

对于质量 m_i(图 2.40),有

$$m_i \ddot{y}_i + c_j(\dot{y}_i - \dot{y}_j) + k_j(y_i - y_j) + c_k(\dot{y}_i - \dot{y}_k) + k_k(y_i - y_k) + c_l(\dot{y}_i - \dot{y}_l) + k_\ell(y_i - y_l) = 0$$
$$(2.75)$$

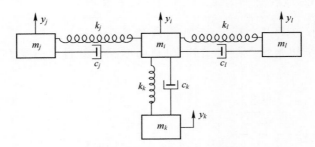

图 2.40   集总参数系统的例子

例 2.4   五自由度系统(图 2.41)。

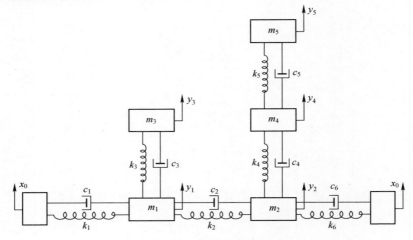

图 2.41   五自由度系统

对质量 m_1 ,有

$$m_1 \ddot{y}_1 + c_1(\dot{y}_1 - \dot{x}_0) + k_1(y_1 - x_0) + k_2(y_1 - y_2) + c_2(\dot{y}_1 - \dot{y}_2) + k_3(y_1 - y_3) + c_3(\dot{y}_1 - \dot{y}_3) = 0$$
$$(2.76)$$

对质量 m_2 ,有

$$m_2 \ddot{y}_2 + c_2(\dot{y}_2 - \dot{y}_1) + k_2(y_2 - y_1) + c_4(\dot{y}_2 - \dot{y}_4) + k_4(y_2 - y_4) + c_6(\dot{y}_2 - \dot{x}_0) + k_6(y_2 - x_0) = 0$$
$$(2.77)$$

对质量m_3,有

$$m_3\ddot{y}_3+c_3(\dot{y}_3-\dot{y}_1)+k_3(y_3-y_1)=0 \qquad (2.78)$$

对质量m_4,有

$$m_4\ddot{y}_4+c_4(\dot{y}_4-\dot{y}_2)+k_4(y_4-y_2)+c_5(\dot{y}_4-\dot{y}_5)+k_5(y_4-y_5)=0 \qquad (2.79)$$

对质量m_5,有

$$m_5\ddot{y}_5+c_5(\dot{y}_5-\dot{y}_4)+k_5(y_5-y_4)=0 \qquad (2.80)$$

因此,系统的方程组为

$$\begin{cases} m_1\ddot{y}_1+(c_1+c_2+c_3)\dot{y}_1+(k_1+k_2+k_3)y_1-c_2\dot{y}_2-k_2y_2-c_3\dot{y}_3-k_3y_3=c_1\dot{x}_0+k_1x_0 \\ -c_2\dot{y}_1-k_2y_1+m_2\ddot{y}_2+(c_2+c_4+c_6)\dot{y}_2+(k_2+k_4+k_6)y_2-c_4\dot{y}_4-k_4y_4=c_6\dot{x}_0+k_6x_0 \\ \qquad -c_3\dot{y}_1-k_3y_1+m_3\ddot{y}_3+c_3\dot{y}_3+k_3y_3=0 \\ \qquad -c_4\dot{y}_2-k_4y_2+m_4\ddot{y}_4+(c_4+c_5)\dot{y}_4+(k_4+k_5)y_4-c_5\dot{y}_5-k_5y_5=0 \\ \qquad -c_5\dot{y}_4-k_5y_4+m_5\ddot{y}_5+c_5\dot{y}_5+k_5y_5=0 \end{cases}$$

$$(2.81)$$

拉格朗日方程的应用

运动的微分方程也可以通过拉格朗日方程(2.63)得到

$$\frac{\mathrm{d}}{\mathrm{d}t}\left(\frac{\delta E_c}{\delta \dot{y}_i}\right)-\frac{\delta E_c}{\delta y_i}=-\frac{\delta E_P}{\delta y_i}-\frac{\delta E_a}{\delta \dot{y}_i}$$

式中

$$E_c=\frac{1}{2}\sum_i m_i\dot{y}_i \qquad (2.82)$$

$$E_P=\frac{1}{2}k_1(y_1-x_0)^2+\frac{1}{2}k_2(y_2-y_1)^2+\frac{1}{2}k_3(y_3-y_1)^2$$
$$+\frac{1}{2}k_4(y_4-y_2)^2+\frac{1}{2}k_5(y_5-y_4)^2+\frac{1}{2}k_6(y_2-x_0)^2 \qquad (2.83)$$

$$E_a=\frac{1}{2}c_1(\dot{y}_1-\dot{x}_0)^2+\frac{1}{2}c_2(\dot{y}_2-\dot{y}_1)^2+\frac{1}{2}c_3(\dot{y}_3-\dot{y}_1)^2$$
$$+\frac{1}{2}c_4(\dot{y}_4-\dot{y}_2)^2+\frac{1}{2}c_5(\dot{y}_5-\dot{y}_4)^2+\frac{1}{2}c_6(\dot{y}_2-\dot{x}_0)^2 \qquad (2.84)$$

$$\frac{\mathrm{d}}{\mathrm{d}t}\left(\frac{\delta E_c}{\delta \dot{y}_i}\right)=m_i\ddot{y}_i \qquad (2.85)$$

$$\begin{cases} \dfrac{\delta E_P}{\delta y_1} = k_1(y_1-x_0) - k_2(y_2-y_1) - k_3(y_3-y_1) \\[2mm] \dfrac{\delta E_P}{\delta y_2} = k_2(y_2-y_1) - k_4(y_4-y_2) + k_6(y_2-x_0) \\[2mm] \qquad\qquad \dfrac{\delta E_P}{\delta y_3} = k_3(y_3-y_1) \\[2mm] \qquad\quad \dfrac{\delta E_P}{\delta y_4} = k_4(y_4-y_2) - k_5(y_5-y_4) \\[2mm] \qquad\qquad \dfrac{\delta E_P}{\delta y_5} = k_5(y_5-y_4) \end{cases} \tag{2.86}$$

$$\frac{\delta E_c}{\delta y_i} = 0 \tag{2.87}$$

$$\begin{cases} \dfrac{\delta E_a}{\delta \dot{y}_i} = c_1(\dot{y}_1-\dot{x}_0) - c_2(\dot{y}_2-\dot{y}_1) - c_3(\dot{y}_3-\dot{y}_1) \\[2mm] \dfrac{\delta E_a}{\delta \dot{y}_2} = c_2(\dot{y}_2-\dot{y}_1) - c_4(\dot{y}_4-\dot{y}_2) + c_6(\dot{y}_2-\dot{x}_0) \\[2mm] \qquad\qquad \dfrac{\delta E_a}{\delta \dot{y}_3} = c_3(\dot{y}_3-\dot{y}_1) \\[2mm] \qquad\quad \dfrac{\delta E_a}{\delta \dot{y}_4} = c_4(\dot{y}_4-\dot{y}_2) - c_5(\dot{y}_5-\dot{y}_4) \\[2mm] \qquad\qquad \dfrac{\delta E_a}{\delta \dot{y}_5} = c_5(\dot{y}_5-\dot{y}_4) \end{cases} \tag{2.88}$$

因此，由式(2.81)可得

$$\begin{cases} m_1\ddot{y}_1 + k_1(y_1-x_0) - k_2(y_2-y_1) - k_3(y_3-y_1) + c_1(\dot{y}_1-\dot{x}_0) - c_2(\dot{y}_2-\dot{y}_1) - c_3(\dot{y}_3-\dot{y}_1) = 0 \\ m_2\ddot{y}_2 = k_2(y_2-y_1) - k_4(y_4-y_2) + k_6(y_2-x_0) + c_2(\dot{y}_2-\dot{y}_1) - c_4(\dot{y}_4-\dot{y}_2) + c_6(\dot{y}_2-\dot{x}_0) = 0 \\ \qquad\qquad m_3\ddot{y}_3 + k_3(y_3-y_1) + c_3(\dot{y}_3-\dot{y}_1) = 0 \\ \qquad m_4\ddot{y}_4 + k_4(y_4-y_2) - k_5(y_5-y_4) + c_4(\dot{y}_4-\dot{y}_2) - c_5(\dot{y}_5-\dot{y}_4) = 0 \\ \qquad\qquad m_5\ddot{y}_5 + k_5(y_5-y_4) + c_5(\dot{y}_5-\dot{y}_4) = 0 \end{cases}$$

第 3 章
线性单自由度力学系统对任意激励的响应

3.1 定义和符号

　　所有力学系统都可以用质量、弹簧和阻尼装置这 3 种基本单元的组合来表示(第 2 章)。本章研究最简单的系统在某一瞬间偏离平衡位置后的运动规律,系统可以简单到仅包含 3 种基本单元中的 1 个、2 个或 3 个的最少可能组合。独立质量运动是常规情况,对本书而言没有实际和理论意义。独立的弹簧或阻尼装置并不比独立质量的真实系统具有更多的实际意义。在此我们感兴趣的最简单的力学系统应至少包括:质量和弹簧;质量、弹簧和阻尼。

　　假设弹簧和阻尼是线性的,质量 m 沿着垂直轴(仅作为示例)做无摩擦运动[AKA69]。此系统将受到如下方式的激励:

　　(1) 外力施加在质量上,弹簧和阻尼装置固定在刚性支撑上,如图 3.1(a)所示;

　　(2) 无质量可活动刚性支撑的运动(位移、速度、加速度),如图 3.1(b)所示。

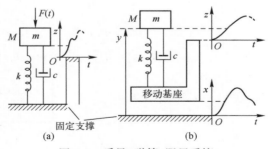

图 3.1　质量-弹簧-阻尼系统

对于单自由度系统,在任意一个时刻,用一个变量就可以定义质量 m 在 Oz

轴上的位置。质量 m 的初始位置是质量的平衡位置(弹簧未拉伸),此处忽略重力的影响,即使 Oz 轴是垂直的(就像图 3.1(a)的情况)。可以看出,m 围绕其新静态平衡位置的运动与其无重力时围绕初始平衡位置的运动是相同的。

定义符号如下:

$x(t)$:支撑相对于某个固定参考位置的绝对位移(图 3.1(b))。

$\dot{x}(t)$ 和 $\ddot{x}(t)$:相对应的速度和加速度。

$y(t)$:质量 m 相对于某个固定参考位置的绝对位移(图 3.1(b))。

$\dot{y}(t)$ 和 $\ddot{y}(t)$:相对应的速度和加速度。

$z(t)$:质量相对于支撑的相对位移。为便于思考 z 围绕其平衡位置(点 0)周围的变化,消除弹簧静止长度,将支撑进行提升,如图 3.1 所示。

$\dot{z}(t)$ 和 $\ddot{z}(t)$:相对应的速度和加速度。

$F(t)$:直接作用在质量 m 上的力(图 3.1(a))。

注:—在图 3.1(a)情况下,有 $y \equiv z$。

要考虑的运动是围绕在系统平衡位置附近的小幅激励。激励 $x(t)$,$\dot{x}(t)$ 和 $\ddot{x}(t)$ 或 $F(t)$ 可以是不同特性的,如正弦、扫描正弦,随机或冲击。

3.2　以力的时间历程定义的激励

力的时间的关系如图 3.2 所示。

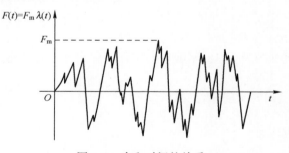

图 3.2　力和时间的关系

设 $F(t)$ 是作用在一个质量-弹簧-阻尼振荡器(单自由度力学系统)的质量上的力[BAR 61,FUN 58](图 3.3)。

此处用无量纲形式的 $\lambda(t)$ 来表示激励 $F(t)$,即

$$\begin{cases} F(t) = F_m \lambda(t) \\ \lambda(t) = 0 \quad (t \leqslant 0) \\ \max \lambda(t) = \lambda(t_m) = 1 \end{cases} \quad (3.1)$$

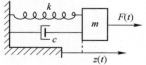

图 3.3　作用在单自由度系统上的力

假设在弹性范围内弹簧是线性的,一端固定,另一端连接质量。

作用在质量 m 上的力有:

(1) 惯性力 $m\dfrac{d^2z}{dt^2}$。

(2) 弹簧产生的弹性力,等于 $-kz$(恢复力),服从胡克定律即力与变形成正比。这种力方向上与位移相反。

(3) 阻尼力 $-c\dfrac{dz}{dt}$,大小上正比于速度 $\dfrac{dz}{dt}$,方向相反。

(4) 施加的外部力 $F(t)$。

作用在质量 m 上力的结果为 $-kz(t)-c\dfrac{dz}{dt}+F(t)$,服从牛顿第二定律

$$m\frac{d^2z}{dt^2}=-kz-c\frac{dz}{dt}+F(t) \tag{3.2}$$

这就是单自由度系统运动的微分方程[DEN 60],得到

$$\frac{d^2z}{dt^2}+\frac{c}{m}\frac{dz}{dt}+\frac{k}{m}z=\frac{F(t)}{m} \tag{3.3}$$

设

$$\xi=\frac{c}{2m\omega_0} \tag{3.4}$$

$$\omega_0^2=\frac{k}{m} \tag{3.5}$$

就变化为

$$\frac{d^2z}{dt^2}+2\xi\omega_0\frac{dz}{dt}+\omega_0^2z=\frac{F_m}{m}\lambda(t) \tag{3.6}$$

式中:ω_0 为系统的固有圆周期或角频率(rad/s),即无阻尼振动器的质量偏离平衡位置后的圆频率。它仅是当假设系统做小幅振动时(假设势能是坐标平方的函数)系统的一个属性[POT 48]。

固有周期的定义为

$$T_0=\frac{2\pi}{\omega_0} \tag{3.7}$$

固有频率定义为

$$f_0=\frac{\omega_0}{2\pi} \tag{3.8}$$

式中:T_0 的单位是 s 或倍数单位,f 的单位是 Hz。

系统阻尼系数或阻尼比为

$$\xi = \frac{c}{2m\omega_0} = \frac{c}{2\sqrt{km}}$$

注：当质量 m 沿着水平方向在绝对光滑的表面做无摩擦运动时，无需考虑其他的力。静止位置就是质量的平衡位置和弹簧无拉伸的位置。

假设质量是悬挂在弹簧上并沿垂直方向运动（图3.4），可通过两种方法对公式进行修改，一种是仅考虑系统的平衡位置，另一种是考虑弹簧不受力时的位置。

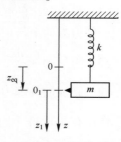

图3.4　平衡位置

若从平衡位置来考虑振动幅值 z，即从位置 0 开始，此处重力 mg 和弹性力 kz_{eq} 达到平衡（z_{eq} 是弹簧由于重力引起的变形，从位置 0 进行测量），在等式中将其包含进来，与第 2 章的等式是完全等价的。

当然，如果从弹簧在静止位置 0 时其末端来考虑振幅 z，$z_1 = z + z_{eq}$。此时式（3.6）中必须将 z 用 $z + z_{eq}$ 替换，并在等式右面中增加力 mg。经过简化后（$kz_{eq} = mg$），最终结果还是一样的。因此，在本书后续章节中，无论激励是何种类型，不再考虑 mg 这个力。

设 $u = z$，且

$$\ell(t) = \frac{F(t)}{k} = \frac{F_m}{k}\lambda(t) \tag{3.9}$$

则式（3.6）可写为

$$\ddot{u} + 2\xi\omega_0\dot{u} + \omega_0^2 u = \ell(t)\omega_0^2 \tag{3.10}$$

3.3　以加速度定义的激励

基座（单自由度系统的支撑）受到某种激励，假设激励可以用已知的加速度 $\ddot{x}(t)$ 描述。激励会通过 k 和 c 向质量传递。质量 m 出现的扰动称为响应运动。

激励和响应不是独立的，在数学上是有关联的。单自由度系统如图 3.5 所示，单自由度系统的加速度如图 3.6 所示。

假设：

（1）单自由度系统的运动方向与基座一致；

（2）基座的运动 $x(t)$ 不受被其支撑物运动的影响。

激励是已知的基座位移 $x(t)$ 或相应的加速度 $\ddot{x}(t)$，方程可写为

$$m\frac{d^2y}{dt^2} = -k(y - x) - c\left(\frac{dy}{dt} - \frac{dx}{dt}\right) \tag{3.11}$$

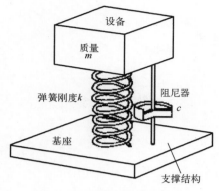

图 3.5 单自由度系统

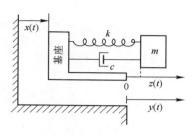

图 3.6 单自由度系统的加速度

采用以前用过的符号,可得

$$\frac{\mathrm{d}^2 y(t)}{\mathrm{d}t^2} + 2\xi\omega_0 \frac{\mathrm{d}y(t)}{\mathrm{d}t} + \omega_0^2 y(t) = \omega_0^2 x(t) + 2\xi\omega_0 \frac{\mathrm{d}x(t)}{\mathrm{d}t} \qquad (3.12)$$

质量 m 与基座之间的相对位移为

$$z(t) = y(t) - x(t) \qquad (3.13)$$

消除 y 后可得

$$\frac{\mathrm{d}^2 z}{\mathrm{d}t^2} + 2\xi\omega_0 \frac{\mathrm{d}z}{\mathrm{d}t} + \omega_0^2 z(t) = -\frac{\mathrm{d}^2 x}{\mathrm{d}t^2} \qquad (3.14)$$

设 $u = z$ 且 $\ell(t) = -\dfrac{\ddot{x}}{\omega_0^2}$(规范化激励),则上面的公式可以写为

$$\ddot{u}(t) + 2\xi\omega_0 \dot{u} + \omega_0^2 u = \omega_0^2 \ell(t) \qquad (3.15)$$

这个公式对以力和加速度作为激励的情况都可以适用,称为规范化形式。

3.4 简化形式

3.4.1 以作用在质量上的力或基座加速度定义的激励

根据激励的不同,取 $z_s = -\dfrac{\ddot{x}_m}{\omega_0^2}$ 或 $z_s = \dfrac{F_m}{k}$,最大相对静态位移,可得

$$z_s = \frac{F_m}{k} = \frac{\max|F(t)|}{k} = \frac{\max|F(t)|}{m\omega_0^2} \qquad (3.16)$$

$$z_s = -\frac{\ddot{x}_m}{\omega_0^2} = -\frac{m\ddot{x}_m}{m\omega_0^2} = \frac{\text{最大的静态力对应的}\ddot{x}(t)}{m\omega_0^2} \qquad (3.17)$$

定义符号

$$\ell_m = Z_s = \frac{\ell(t)}{\lambda(t)}$$

式中：ℓ_m 为 $\ell(t)$ 的最大值，根据激励不同，可表示为 $-\frac{\ddot{x}_m}{\omega_0^2}$ 或 $\frac{F_m}{k}$。

由式（3.6）或式（3.14），可得

$$\frac{\ddot{u}(t)}{\ell_m} + 2\xi\omega_0\frac{\dot{u}(t)}{\ell_m} + \omega_0^2\frac{u(t)}{\ell_m} = \omega_0^2\frac{\ell(t)}{\ell_m} \tag{3.18}$$

注：$\ell(t)$ 的量纲是位移。

设 $q = \dfrac{u}{\ell_m}$，则

$$\ddot{q}(t) + 2\xi\omega_0\dot{q} + \omega_0^2 q = \omega_0^2\lambda(t) \tag{3.19}$$

且

$$\omega_0 t = \theta \tag{3.20}$$

$$\frac{dq}{dt} = \frac{dq}{d\theta}\frac{d\theta}{dt} = \omega_0\frac{dq}{d\theta}$$

$$\frac{d^2q}{dt^2} = \frac{d^2q}{d\theta^2}\left(\frac{d\theta}{dt}\right)^2 = \omega_0^2\frac{d^2q}{d\theta^2}$$

可得

$$\frac{d^2q}{d\theta^2} + 2\xi\frac{dq}{d\theta} + q(\theta) = \lambda(\theta) \tag{3.21}$$

简化的变化如表 3.1 所列。

表 3.1　简化的变量

系 统 类 型	激励类型		激励幅值 ℓ_m	简化响应 $q(t)$
	实际	规范化的 $\ell(t)$		
固定基座	$F(t)$	$\dfrac{F(t)}{k}$	$Z_s = \dfrac{F_m}{k}$	$\dfrac{z(t)}{\ell_m}$
移动基座	$\ddot{x}(t)$	$-\dfrac{\ddot{x}(t)}{\omega_0^2}$	$z_s = -\dfrac{\ddot{x}_m}{\omega_0^2}$	$\dfrac{z(t)}{\ell_m}$

　　通过基座传递振动或冲击的问题可以转换为作用在共振器质量上的力的问题。

3.4.2 用施加在基座上的速度或位移定义的激励

在式(3.12)中可以看出,公式中系统的运动可以用下面公式表示:

$$\ddot{y} + 2\xi\omega_0\dot{y} + \omega_0^2 y = 2\xi\omega_0\dot{x} + \omega_0^2 x \tag{3.22}$$

通过二次求导可得

$$\frac{\mathrm{d}^2\ddot{y}}{\mathrm{d}t^2} + 2\xi\omega_0\frac{\mathrm{d}\ddot{y}}{\mathrm{d}t} + \omega_0^2\ddot{y} = 2\xi\omega_0\frac{\mathrm{d}^2\dot{x}}{\mathrm{d}t^2} + \omega_0^2\frac{\mathrm{d}^2 x}{\mathrm{d}t^2} \tag{3.23}$$

如果激励是位移 $x(t)$,响应是质量 m 的绝对位移 $y(t)$,则式(3.22)可以写为

$$\ddot{u} + 2\xi\omega_0\dot{u} + \omega_0^2 u = 2\xi\omega_0\dot{\ell} + \omega_0^2\ell \tag{3.24}$$

式中

$$\ell(t) = x(t)$$
$$u(t) = y(t)$$

如果激励是速度 $\dot{x}(t)$,响应是速度 $\dot{y}(t)$,则式(3.23)可以写为

$$\ddot{u} + 2\xi\omega_0\dot{u} + \omega_0^2 u = 2\xi\omega_0\dot{\ell} + \omega_0^2\ell \tag{3.25}$$

式中

$$\ell(t) = \dot{x}(t)$$
$$u(t) = \dot{y}(t)$$

同样的方法,如果输入是加速度 $\ddot{x}(t)$,响应是加速度 $\ddot{y}(t)$,则有

$$\ddot{u} + 2\xi\omega_0\dot{u} + \omega_0^2 u = 2\xi\omega_0\dot{\ell} + \omega_0^2\ell \tag{3.26}$$

式中

$$\ell(t) = \ddot{x}(t)$$
$$u(t) = \ddot{y}(t)$$

这个公式是适用于基座运动与绝对响应的另一种规范化形式。

简化形式

同前,设 $\ell(t) = \ell_m\lambda(t)$($\ell_m$ 为 $\ell(t)$ 的最大值),$\omega_0 t = \theta$,可得

$$\ddot{q}(\theta) + 2\xi\dot{q}(\theta) + q(\theta) = 2\xi\dot{\lambda}(\theta) + \lambda(\theta) \tag{3.27}$$

注:如果 $\xi = 0$,则式(3.21)和式(3.27)都变成

$$\ddot{q}(\theta) + q(\theta) = \lambda(\theta)$$

相对运动的激励就是加速运动着的参考框架需要承受的惯性力 $m\ddot{x}(t)$[CRA 58]。在进行冲击响应谱的研究时可以看到此特性的应用[LAL 75]。这些简化形式可用于公式的求解。表 3.2 给出对应于变量 $\ell(t)$ 和 $u(t)$ 的输入和输出参数[SUT 68]。

表 3.2 简化变量的值

系 统	激励 $\ell(t)$		响应 $u(t)$
固定基座	作用于质量的力	$F(t)/k$	质量的相对位移 $z(t)$
		$F(t)$	在基座上的反作用力 $F_T(t)$
移动基座	基座位移 $x(t)$		质量绝对位移 $y(t)$
	基座速度 $\dot{x}(t)$		质量绝对速度 $\dot{y}(t)$
	基座加速度	$\ddot{x}(t)$	质量绝对加速度 $\ddot{y}(t)$
		$-\dfrac{\ddot{x}(t)}{\omega_0^2}$	弹簧相对位移 $z(t)$
		$m\,\ddot{x}(t)$	基座上的反作用力 $F_T(t)$

对这两个类型的微分方程进行求解,基本可以解决所有关于输入和响应的问题。在实际工作中,需要根据想要得到的响应参数,通常是简单系统中应力造成的相对位移,在两种方程中进行选择。

更常见的情况是激励为加速度,这时式(3.21)就非常关键。如果激励用基座位移来表征,那么微分方程会给出质量的绝对位移。为了最终得到应力,必须计算相对位移 $y-x$。

3.5 运动微分方程的求解

3.5.1 方法

如果激励可以用恰当的解析形式表示,微分方程可以确切地求解出 $q(\theta)$ 或 $u(t)$。如果不能求出解析解,就必须通过模拟或数字技术来得到响应。

$q(\theta)$ 的解可以用两种方法得到:一种是传统的方法,即变换恒量法;另一种是运用傅里叶或拉普拉斯变换特性的方法。在后面的章节中一般采用后者。

杜哈梅尔(Duhamel)积分

一种更常用的方法可以通过拉普拉斯变换对任意激励 $\lambda(\theta)$ 进行求解。$q(\theta)$ 的解可以用积分的形式表达,根据 $\lambda(\theta)$ 的特性(数值数据、解析上可以用积分进行表达的函数)可以通过数值或解析的方法进行计算。

3.5.2 相对响应

3.5.2.1 响应的通用表达式

如下二阶微分方程:

$$\frac{d^2 q}{d\theta^2} + a\frac{dq}{d\theta} + bq(\theta) = \lambda(\theta) \tag{3.28}$$

的拉普拉斯变换求解可用下式表达(见附录)[LAL 75]:

$$Q(p) = \frac{\Lambda(p) + pq_0 + aq_0 + \dot{q}_0}{p^2 + ap + b} \tag{3.29}$$

式中:$\Lambda(p)$为$\lambda(\theta)$的拉普拉斯变换,即

$$\Lambda(p) = L[\lambda(\theta)]$$
$$q_0 = q(0); \dot{q}_0 = \dot{q}(0); \tag{3.30}$$

此处取

$$a = 2\xi; b = 1$$

把有理分数

$$\frac{pq(0) + 2\xi q(0) + \dot{q}(0)}{p^2 + 2\xi p + 1}$$

的求解分解为简单元素,式(3.29)就变为

$$Q(p) = \frac{\Lambda(p)}{p_1 - p_2}\left[\frac{1}{p - p_1} - \frac{1}{p - p_2}\right] +$$
$$\frac{1}{p_1 - p_2}\left[\frac{q_0 p_1 + 2\xi q_0 + \dot{q}_0}{p - p_1} - \frac{q_0 p_2 + 2\xi q_0 + \dot{q}_0}{p - p_2}\right] \tag{3.31}$$

式中的p_1和p_2是$p^2 + 2\xi p + 1 = 0$的根。

通过计算$Q(p)$,得到响应$q(\theta)$[LAL 75]:

$$q(\theta) = \int_0^\theta \frac{\lambda(\alpha)}{p_1 - p_2}[e^{p_1(\theta-\alpha)} - e^{p_2(\theta-\alpha)}]d\alpha +$$
$$\frac{1}{p_1 - p_2}[(q_0 p_1 + 2\xi q_0 + \dot{q}_0)e^{p_1\theta} - (q_0 p_2 + 2\xi q_0 + \dot{q}_0 e^{p_2\theta})] \tag{3.32}$$

式中:α为积分变量。

特殊情况

如果系统初始是静止的,即

$$q_0 = \dot{q}_0 = 0 \tag{3.33}$$

那么

$$q(\theta) = \int_0^\theta \frac{\lambda(\alpha)}{p_1 - p_2}[e^{p_1(\theta-\alpha)} - e^{p_2(\theta-\alpha)}]d\alpha \tag{3.34}$$

根据$p^2 + 2\xi p + 1 = 0$的根p_1和p_2的情况,$q(\theta)$有不同的形式。

3.5.2.2 欠阻尼

在这种情况下,根p_1和p_2是复数,即

$$p_{1,2} = -\xi \pm i\sqrt{1-\xi^2} \quad (0 \leqslant \xi \leqslant 1) \tag{3.35}$$

用式(3.35)代入 p_1 和 p_2，则式(3.32)中的响应 $q(\theta)$ 为

$$q(\theta) = \frac{1}{\sqrt{1-\xi^2}} \int_0^\theta \lambda(\alpha) e^{-\xi(\theta-\alpha)} \sin\sqrt{1-\xi^2}(\theta-\alpha) d\alpha +$$

$$e^{-\xi\theta} \left[q_0 \cos\sqrt{1-\xi^2}\,\theta + \frac{q_0\xi + \dot{q}_0}{\sqrt{1-\xi^2}} \sin\sqrt{1-\xi^2}\,\theta \right] \tag{3.36}$$

对于初始状态为静止的系统, $q(\theta)$ 简化为

$$q(\theta) = \frac{1}{\sqrt{1-\xi^2}} \int_0^\theta \lambda(\alpha) e^{-\xi(\theta-\alpha)} \sin\sqrt{1-\xi^2}(\theta-\alpha) d\alpha \tag{3.37}$$

这种积分称为杜哈梅尔积分或叠加积分或卷积积分。实际上,可以将激励看作是一系列持续时间为 $\Delta\alpha$ 的冲击,而最终响应可以通过对这些冲击的叠加计算得到(图 3.7)。

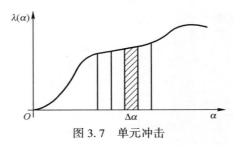

图 3.7　单元冲击

对于很小的阻尼, $\xi \ll 1$,有

$$q(\theta) \approx \int_0^\theta \lambda(\alpha) e^{-\xi(\theta-\alpha)} \sin(\theta-\alpha) d\alpha \tag{3.38}$$

对于零阻尼情况,有

$$q(\theta) = \int_o^\theta \lambda(\alpha) \sin(\theta-\alpha) d\alpha \tag{3.39}$$

3.5.2.3　临界阻尼

根 p_1 和 p_2 都等于-1,这种情况下 $\xi=1$ 。运动的微分方程就变为

$$\ddot{q}(\theta) + 2\dot{q}(\theta) + q(\theta) = \lambda(\theta) \tag{3.40}$$

$$L(\ddot{q}) = p^2 Q(p) - pq_0 - \dot{q}_0 \tag{3.41}$$

$$L(\ddot{q}) = pQ(p) - q_0 \tag{3.42}$$

$$p^2 Q(p) - pq_0 - \dot{q}_0 + 2pQ(p) - 2q_0 + Q(p) = \Lambda(p) \tag{3.43}$$

可得

$$Q(p) = \frac{\Lambda(p)}{p^2 + 2p + 1} + \frac{pq_0 + \dot{q}_0 + 2q_0}{p^2 + 2p + 1} \tag{3.44}$$

$$Q(p) = \frac{\Lambda(p)}{(p+1)^2} + \frac{pq_0 + \dot{q}_0 + 2q_0}{(p+1)^2} = \frac{\Lambda(p)}{(p+1)^2} + \frac{q_0}{p+1} + \frac{\dot{q}_0 + q_0}{(p+1)^2} \qquad (3.45)$$

即

$$q(\theta) = \int_0^\theta \lambda(\alpha)(\theta - \alpha) e^{-(\theta-\alpha)} d\alpha + [q_0 + (q_0 + \dot{q}_0)\theta] e^{-\theta} \qquad (3.46)$$

3.5.2.4 过阻尼

若根是实数($\xi>1$),则有

$$q(\theta) = \int_0^\theta \frac{\lambda(\alpha)}{p_1 - p_2} [e^{p_1(\theta-\alpha)} - e^{p_2(\theta-\alpha)}] d\alpha +$$

$$\frac{1}{p_1 - p_2} [(p_1 q_0 + 2\xi q_0 + \dot{q}_0) e^{p_1\theta} - (p_2 q_0 + 2\xi q_0 + \dot{q}_0) e^{p_2\theta}] \qquad (3.47)$$

式中

$$p_{1,2} = -\xi \pm \sqrt{\xi^2 - 1} \qquad (3.48)$$

由于

$$p^2 + 2\xi p + 1 = p^2 + 2\xi p + \xi^2 - \xi^2 + 1 \qquad (3.49)$$

$$p^2 + 2\xi p + 1 = (p+\xi)^2 - (\xi^2 - 1) = (p + \xi + \sqrt{\xi^2 - 1})(p + \xi - \sqrt{\xi^2 - 1}) \qquad (3.50)$$

$$p_1 - p_2 = 2\sqrt{\xi^2 - 1} \qquad (3.51)$$

可得

$$q(\theta) = \frac{1}{\sqrt{\xi^2 - 1}} \int_0^\theta \lambda(\alpha) e^{-\xi(\theta-\alpha)} \sinh[\sqrt{\xi^2 - 1}(\theta - \alpha)] d\alpha +$$

$$\frac{e^{-\xi\theta}}{\sqrt{\xi^2 - 1}} [(\xi q_0 + \dot{q}_0) \sinh(\sqrt{\xi^2 - 1}\theta) + q_0 \sqrt{\xi^2 - 1} \cosh(\sqrt{\xi^2 - 1}\theta)]$$

$$(3.52)$$

3.5.3 绝对响应

3.5.3.1 响应的通用表达式

对于下列形式的二阶微分方程

$$\frac{d^2 q}{d\theta^2} + a \frac{dq}{d\theta} + bq(\theta) = \lambda(\theta) + b \frac{d\lambda}{d\theta} \qquad (3.53)$$

其解的拉普拉斯变换为[LAL 75]:

$$Q(p) = \frac{\Lambda(p)(1+ap) + pq_0 + a(q_0 - \lambda_0) + \dot{q}_0}{p^2 + ap + b} \qquad (3.54)$$

式中

$$q_0 = q(0), \dot{q}_0 = \dot{q}(0), \lambda_0 = \lambda(0), \Lambda(p) = L[\lambda(\theta)], a = 2\xi, b = 1$$

如前所述,有

$$Q(p) = \frac{\Lambda(p)}{p^2 + 2\xi p + 1} + \frac{2\xi \Lambda(p)}{p^2 + 2\xi p + 1} + $$

$$\frac{1}{p_1 - p_2} \left[\frac{q_0 p_1 + 2\xi(q_0 - \lambda_0) + \dot{q}(0)}{p - p_1} - \frac{q_0 p_2 + 2\xi(q_0 - \lambda_0) + \dot{q}(0)}{p - p_2} \right] \qquad (3.55)$$

通过寻找 $Q(p)$ 的原函数来得到 $q(\theta)$,即

$$q(\theta) = \int_0^\theta \frac{\lambda(\alpha)}{p_1 - p_2} [(1 + 2\xi p_1) e^{p_1(\theta - \alpha)} - (1 + 2\xi p_2) e^{p_2(\theta - \alpha)}] d\alpha + $$

$$\frac{1}{p_1 - p_2} \{ [q_0 p_1 + 2\xi(q_0 - \lambda_0) + \dot{q}_0] e^{p_1 \theta} - [q_0 p_2 + 2\xi(q_0 - \lambda_0) + \dot{q}_0] e^{p_2 \theta} \}$$

$$(3.56)$$

式中:α 为积分变量。

特殊情况

$$\lambda_0 = q_0 = \dot{q}_0$$

$$q(\theta) = \int_0^\theta \frac{\lambda(\alpha)}{p_1 - p_2} [(1 + 2\xi p_1) e^{p_1(\theta - \alpha)} - (1 + 2\xi p_2) e^{p_2(\theta - \alpha)}] d\alpha \quad (3.57)$$

3.5.3.2 欠阻尼

$p^2 + 2\xi p + 1 (0 \leqslant \xi < 1)$ 的根为复数,即

$$p_{1,2} = -\xi \pm i\sqrt{1 - \xi^2} \qquad (3.58)$$

将 p_1 和 p_2 代入式(3.56)后,可得

$$q(\theta) = \frac{1}{\sqrt{1 - \xi^2}} \int_0^\theta \lambda(\alpha) e^{-\xi(\theta - \alpha)} \{ (1 - 2\xi^2) \sin\sqrt{1 - \xi^2}(\theta - \alpha) + $$

$$2\xi\sqrt{1 - \xi^2} \cos\sqrt{1 - \xi^2}(\theta - \alpha) \} d\alpha + \qquad (3.59)$$

$$e^{-\xi\theta} [q_0 \cos\sqrt{1 - \xi^2}\theta + \frac{\dot{q}_0 + \xi(q_0 - 2\lambda_0)}{\sqrt{1 - \xi^2}} \sin\sqrt{1 - \xi^2}\theta]$$

如果 $\lambda_0 = q(0) = \dot{q}(0) = 0$,则有

$$q(\theta) = \frac{1}{\sqrt{\xi^2 - 1}} \int_0^\theta \lambda(\alpha) e^{-\xi(\theta - \alpha)} \{ 2\xi \cos\sqrt{1 - \xi^2}(\theta - \alpha) + $$

$$(1 - 2\xi^2) \sin\sqrt{1 - \xi^2}(\theta - \alpha) \} d\alpha \qquad (3.60)$$

再进一步,如果 $\xi = 0$,则有

$$q(\theta) = \int_0^\theta \lambda(\alpha) \sin(\theta - \alpha) d\alpha \qquad (3.61)$$

3.5.3.3 临界阻尼

此时 $\xi=1$，方程 $p^2+2\xi p+1=0$ 的根为重根（$p=-1$），则有

$$q(\theta)=\frac{\Lambda(p)(1+2p)+pq_0+\dot{q}_0+2(q_0-\lambda_0)}{(p+1)^2} \tag{3.62}$$

$$q(\theta)=\int_0^{\theta}\lambda(\alpha)[2-\theta+\alpha]e^{-(\theta-\alpha)}d\alpha+[q_0+\theta(q_0+\dot{q}_0-2\lambda_0)]e^{-\theta} \tag{3.63}$$

3.5.3.4 过阻尼

当 $\xi>1$ 时，方程 $p^2+2\xi p+1=0$ 有两个实数根。将 $p_1=-\xi+\sqrt{\xi^2-1}$ 和 $p_2=-\xi-\sqrt{\xi^2-1}$ 代入式（3.56）[KIM 26]，可得

$$q(\theta)=\int_0^{\theta}\frac{\lambda(\alpha)}{2\sqrt{\xi^2-1}}\{[1+2\xi(-\xi+\sqrt{\xi^2-1})]e^{(-\xi+\sqrt{\xi^2-1})(\theta-\alpha)}-$$

$$[1+2\xi(-\xi-\sqrt{\xi^2-1})]e^{(-\xi-\sqrt{\xi^2-1})(\theta-\alpha)}\}d\alpha+$$

$$\frac{1}{2\sqrt{\xi^2-1}}\{[(-\xi+\sqrt{\xi^2-1})q_0+2\xi(q_0-\lambda)+\dot{q}_0]e^{(-\xi+\sqrt{\xi^2-1})\theta}-$$

$$[(-\xi-\sqrt{\xi^2-1})q_0+2\xi(q_0-\lambda_0)+\dot{q}_0]e^{(-\xi+\sqrt{\xi^2-1})\theta}\} \tag{3.64}$$

可得

$$q(\theta)=\int_0^{\theta}\frac{\lambda(\theta)}{\sqrt{\xi^2-1}}e^{-\xi(\theta-\alpha)}\{(1-2\xi^2)\sinh[\sqrt{1-\xi^2}(\theta-\alpha)]+$$

$$2\xi\sqrt{\xi^2-1}\cosh[\sqrt{1-\xi^2}(\theta-\alpha)]\}d\alpha+C(\theta) \tag{3.65}$$

式中

$$C(\theta)=\frac{e^{-\xi\theta}}{\sqrt{\xi^2-1}}\{[\xi(q_0-2\lambda_0)+\dot{q}_0]\frac{e^{\theta\sqrt{\xi^2-1}}-e^{-\theta\sqrt{\xi^2-1}}}{2}+$$

$$\sqrt{\xi^2-1}q_0\frac{e^{\theta\sqrt{\xi^2-1}}+e^{-\theta\sqrt{\xi^2-1}}}{2}\} \tag{3.66}$$

也可以表示为

$$C(\theta)=\frac{e^{-\xi\theta}}{2\sqrt{\xi^2-1}}\{e^{\sqrt{\xi^2-1}\theta}[\xi(q_0-2\lambda_0)+\dot{q}_0+\sqrt{\xi^2-1}q_0]+$$

$$e^{-\sqrt{\xi^2-1}\theta}[\sqrt{\xi^2-1}q_0-\xi(q_0-2\lambda_0)-\dot{q}_0]\} \tag{3.67}$$

$$C(\theta)=ae^{(-\xi+\sqrt{\xi^2-1})\theta}+be^{(-\xi-\sqrt{\xi^2-1})\theta} \tag{3.68}$$

式中

$$a = \frac{\xi(q_0 - 2\lambda_0) + \dot{q}_0 + \sqrt{\xi^2 - 1}\, q_0}{2\sqrt{\xi^2 - 1}} \tag{3.69}$$

$$b = \frac{\sqrt{\xi^2 - 1}\, q_0 - \xi(q_0 - 2\lambda_0) - \dot{q}_0}{2\sqrt{\xi^2 - 1}} \tag{3.70}$$

如果 $q(0) = \dot{q}(0) = \lambda_0 = 0$，则有

$$q(\theta) = \int_0^\theta \frac{\lambda(\alpha)}{2\sqrt{\xi^2 - 1}} e^{-\xi(\theta-\alpha)} \{ (1 - 2\xi^2) \sinh[\sqrt{\xi^2 - 1}(\theta - \alpha)] \times \tag{3.71}$$

$$2\xi\sqrt{\xi^2 - 1} \cosh[\sqrt{\xi^2 - 1}(\theta - \alpha)] \} \mathrm{d}\alpha$$

更进一步，如果 $\xi = 1$，则有

$$q(\theta) = \int_0^\theta \lambda(\alpha) \sinh(\theta - \alpha) \mathrm{d}\alpha \tag{3.72}$$

3.5.4 主要结果总结

零初始条件:
相对响应

$$q(\theta) = \frac{1}{\sqrt{1 - \xi^2}} \int_0^\theta \lambda(\alpha) e^{-\xi(\theta-\alpha)} \sin[\sqrt{1 - \xi^2}(\theta - \alpha)] \mathrm{d}\alpha \quad (0 \leqslant \xi < 1) \tag{3.73}$$

$$q(\theta) = \int_0^\theta \lambda(\alpha)(\theta - \alpha) e^{-(\theta-\alpha)} \mathrm{d}\alpha \quad (\xi = 1) \tag{3.74}$$

$$q(\theta) = \frac{1}{\sqrt{1 - \xi^2}} \int_0^\theta \lambda(\alpha) e^{-\xi(\theta-\alpha)} \sinh[\sqrt{\xi^2 - 1}(\theta - \alpha)] \mathrm{d}\alpha \quad (\xi > 1) \tag{3.75}$$

绝对响应

$$q(\theta) = \frac{1}{\sqrt{1 - \xi^2}} \int_0^\theta \lambda(\alpha) e^{-\xi(\theta-\alpha)} \{ 2\xi\cos[\sqrt{1 - \xi^2}(\theta - \alpha)] + \tag{3.76}$$

$$(1 - 2\xi^2) \sin[\sqrt{1 - \xi^2}(\theta - \alpha)] \} \mathrm{d}\alpha \quad (0 \leqslant \xi < 1)$$

$$q(\theta) = \int_0^\theta \lambda(\alpha)(2 - \theta + \alpha) e^{-(\theta-\alpha)} \mathrm{d}\alpha \quad (\xi = 1) \tag{3.77}$$

$$q(\theta) = \frac{1}{\sqrt{1 - \xi^2}} \int_0^\theta \lambda(\alpha) e^{-\xi(\theta-\alpha)} \{ (1 - 2\xi^2) \sinh[\sqrt{\xi^2 - 1}(\theta - \alpha)] + $$

$$2\xi\sqrt{\xi^2 - 1} \cosh[\sqrt{\xi^2 - 1}(\theta - \alpha)] \} \mathrm{d}\alpha \quad (\xi > 1)$$

$$\tag{3.78}$$

如果初始条件不是零,就需要根据阻尼比 ξ 的情况,在相对响应或绝对响应表达式中增加相应的 $C(\theta)$ 部分。

对于 $0 \leqslant \xi < 1$,有

相对响应

$$C(\theta) = \mathrm{e}^{-\xi\theta}\left[q_0\cos(\sqrt{1-\xi^2}\,\theta) + \frac{q_0\xi+\dot{q}_0}{\sqrt{1-\xi^2}}\sin(\sqrt{1-\xi^2}\,\theta)\right] \tag{3.79}$$

绝对响应

$$C(\theta) = \mathrm{e}^{-\xi\theta}\left[q_0\cos(\sqrt{1-\xi^2}\,\theta) + \frac{\dot{q}_0+\xi(q_0-2\lambda_0)}{\sqrt{1-\xi^2}}\sin(\sqrt{1-\xi^2}\,\theta)\right] \tag{3.80}$$

对于 $\xi = 1$,有

相对响应

$$C(\theta) = \left[q_0 + \theta(q_0+\dot{q}_0)\right]\mathrm{e}^{-\theta} \tag{3.81}$$

绝对响应

$$C(\theta) = \left[q_0 + (q_0+\dot{q}_0-2\lambda_0)\theta\right]\mathrm{e}^{-\theta} \tag{3.82}$$

对于 $\xi > 1$,有

相对响应

$$C(\theta) = \mathrm{e}^{-\xi\theta}\left[\frac{\xi q_0+\dot{q}_0}{\sqrt{\xi^2-1}}\sinh(\sqrt{\xi^2-1}\,\theta) + q_0\cosh(\sqrt{1-\xi^2}\,\theta)\right] \tag{3.83}$$

绝对响应

$$C(\theta) = \mathrm{e}^{-\xi\theta}\left[\frac{\xi q_0+\dot{q}_0-2\xi\lambda_0}{\sqrt{\xi^2-1}}\sinh(\sqrt{\xi^2-1}\,\theta) + q_0\cosh(\sqrt{\xi^2-1}\,\theta)\right] \tag{3.84}$$

所有这些关系中,$0 \leqslant \xi < 1$ 和 $\xi > 1$ 之间的区别是由正弦函数和余弦函数的特性决定(当 $\xi > 1$ 时为双曲函数)。

3.6 单自由度线性系统的自由振荡

由上面可知,可以将非零初始条件的响应 $q(\theta)$ 写为

$$q_{\mathrm{IC}}(\theta) = q(\theta) + C(\theta) \tag{3.85}$$

由式(3.85)可见,响应 $q_{\mathrm{IC}}(\theta)$ 等于由零初始状态得到的响应 $q(\theta)$ 与由非零初始状态产生的衰减振荡响应 $C(\theta)$ 之和。在式(3.21)的微分方程中设 $\lambda(\theta) = 0$,可得

$$\ddot{q}(\theta) + 2\xi\dot{q}(\theta) + q(\theta) = 0$$

经过拉普拉斯变换,可得

$$Q(p) = \frac{\dot{q}_0 + 2\xi q_0 + p q_0}{p^2 + 2\xi p + 1} \quad (0 \leqslant \xi < 1) \tag{3.86}$$

根据求得的根的性质,会有不同的情况:

$$p^2 + 2\xi p + 1 = 0 \tag{3.87}$$

下面进行讨论。

3.6.1 非振荡衰减模式

如果 $\xi > 1$,两个根均为实数。假设响应以绝对运动来定义,否则,通过将本节的关系式中设 $\lambda_0 = 0$ 就可以了。系统围绕其平衡位置的响应 $q(\theta)$ 可写为

$$q(\theta) = e^{-\xi\theta}\left[\frac{\dot{q}_0 + \xi(q_0 - 2\lambda_0)}{\sqrt{\xi^2-1}}\sinh(\sqrt{\xi^2-1}\,\theta) + q_0\cosh(\sqrt{\xi^2-1}\,\theta)\right] \tag{3.88}$$

$q(\theta)$ 还可写为

$$q(\theta) = a e^{(-\xi+\sqrt{\xi^2-1})\theta} + b e^{(-\xi-\sqrt{\xi^2-1})\theta} \tag{3.89}$$

式中

$$a = \frac{\xi(q_0 - 2\lambda_0) + \dot{q}_0 + \sqrt{\xi^2-1}\,q_0}{2\sqrt{\xi^2-1}} \tag{3.90}$$

$$b = \frac{q_0\sqrt{\xi^2-1} - \xi(q_0 - 2\lambda_0) - \dot{q}_0}{2\sqrt{\xi^2-1}} \tag{3.91}$$

应注意方程 $p^2 + 2\xi p + 1 = 0$ 的两个根 $-\xi+\sqrt{\xi^2-1}$ 和 $-\xi-\sqrt{\xi^2-1}$ 均为负数,它们之和为负数,乘积为正数。因而,两个指数部分是时间的减函数,与 $q(\theta)$ 一样。

速度为

$$\frac{dq}{d\theta} = a(-\xi+\sqrt{\xi^2-1})e^{(-\xi+\sqrt{\xi^2-1})\theta} - b(\xi+\sqrt{\xi^2-1})e^{-(\xi+\sqrt{\xi^2-1})\theta} \tag{3.92}$$

同样道理,是时间的减函数。因此,运动不可能是振荡的,而是衰减指数运动。$q(\theta)$ 还可写为

$$q(\theta) = a e^{(-\xi+\sqrt{\xi^2-1})\theta}\left[1 + \frac{b}{a}e^{(-\xi-\sqrt{\xi^2-1}+\xi-\sqrt{\xi^2-1})\theta}\right] \tag{3.93}$$

$$q(\theta) = a e^{(-\xi+\sqrt{\xi^2-1})\theta}\left[1 + \frac{b}{a}e^{(-2\sqrt{\xi^2-1})\theta}\right] \tag{3.94}$$

当 θ 趋近于无穷大时,$e^{-2\sqrt{\xi^2-1}}$ 趋近于 $0(\xi>1)$。经过一定时间后,第二项与第一项相比可忽略,因而

$$q(\theta) \approx a e^{(-\xi+\sqrt{\xi^2-1})\theta} \tag{3.95}$$

由于 $-\xi+\sqrt{\xi^2-1}$ 总是负数,因此 $q(\theta)$ 会随着时间不断减小。

如果系统偏离其平衡位置,以零初速度 $\dot{q}_0$ 和变形量 q_0 在 $t=0$ 时刻释放,当 $\lambda_0=0$ 时,系数 a 变为

$$a=q_0\frac{\xi+\sqrt{\xi^2-1}}{2\sqrt{\xi^2-1}} \tag{3.96}$$

假设 q_0 为正值,a 也是正值,则 $q(\theta)$ 恒为正值,系统将返回平衡位置但不会穿越它,如图 3.8 所示。

速度也可写为

$$\frac{\mathrm{d}q}{\mathrm{d}\theta}=a(-\xi+\sqrt{\xi^2-1})\,\mathrm{e}^{(-\xi+\sqrt{\xi^2-1})\theta}\left[1-\frac{b}{a}\frac{\xi+\sqrt{\xi^2-1}}{-\xi+\sqrt{\xi^2-1}}\mathrm{e}^{-2\sqrt{\xi^2-1}\theta}\right] \tag{3.97}$$

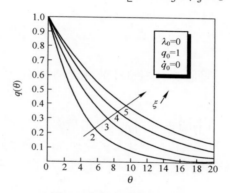

图 3.8　非振荡衰减响应

当 θ 足够大时,则有

$$\frac{\mathrm{d}q}{\mathrm{d}\theta}\approx a(-\xi+\sqrt{\xi^2-1})\,\mathrm{e}^{(-\xi+\sqrt{\xi^2-1})\theta} \tag{3.98}$$

而速度恒为负值。

根 p_1 和 p_2 随着 ξ 的变化

方程 $p^2+2\xi p+1=0$ 是一条抛物线(图 3.9),渐近线方向为

$$p^2+2\xi p=0$$

即

$$\begin{cases}p=0\\p+2\xi=0\end{cases} \tag{3.99}$$

可由方程 $2p+2\xi=0$ 即 $p=-\xi$ 画出与 $0p$ 轴平行的切线。

根据式(3.87)可以得出 $\xi=1$(由于 ξ 未非负),即

$$c=c_c=2\sqrt{km} \tag{3.100}$$

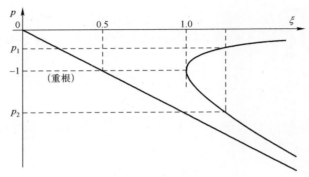

图 3.9　特征方程

当 $\xi > 1$ 时,任何平行于纵轴的直线将与曲线有两个交点,对应着两个根 p_1 和 p_2。

所以,$|p_1|$ 越大 $\left(\text{表达式 } q(\theta) = ae^{(-\xi + \sqrt{\xi^2 - 1})\theta} \text{中的时间常数} \left|\dfrac{1}{p_1}\right| \right.$ $\left. = \dfrac{1}{|-\xi + \sqrt{\xi^2 - 1}|} \right)$,相对阻尼 ξ(或能量耗散系数 c)越小,系统随着 $q(\theta)$ 快速减小,更快地回到平衡位置。

当方程 $p^2 + 2\xi p + 1 = 0$ 有重根时,$|p_1|$ 取得最大值,即 $\xi = 1$。

注:如果系统以零初速度从平衡位置被释放,后续的运动速度的符号只会一次变化,系统趋近于其平衡位置但永远无法到达。这称为"非周期衰减"($\xi > 1$),阻尼为超临界的。[①]

图 3.10、图 3.11 对应 $q_0 = 0$,$q_0 = 1$ 的示例。

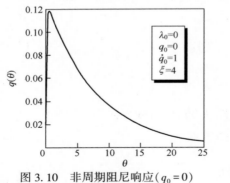

图 3.10　非周期阻尼响应($q_0 = 0$)

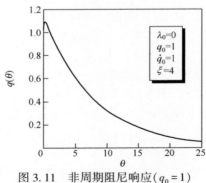

图 3.11　非周期阻尼响应($q_0 = 1$)

---

① 译者注:原文注中是 zero initial veloeity,翻译为零初始速度,但从理论上分析,零初始速度,平衡位置,无外界激励,系统应保持静止,因而不应是零初始速度,从图例上看,$\dot{q}_0 = 1$ 也对应着非零初始速度,因而原文可能有误,应为非零初始速度。

3.6.2 临界非周期模式

若设 $\xi = 1$，则 $p^2 + 2\xi p + 1 = 0$ 的两个根都等于 -1，根据定义

$$\xi = \frac{c}{2\sqrt{km}} = 1 \tag{3.101}$$

可知 $c = c_c = 2\sqrt{km}$。参数 c_c、临界阻尼系数是非振荡衰减运动情况下 c 的最小值。这是将 ξ 也称为临界阻尼系数或临界阻尼比的原因。

根据绝对响应和相对响应的不同情况，$q(\theta)$ 为

$$q(\theta) = [q_0 + (q_0 + \dot{q}_0)\theta] e^{-\theta} \tag{3.102}$$

或

$$q(\theta) = [q_0 + (q_0 + \dot{q}_0 - 2\lambda_0)\theta] e^{-\theta} \tag{3.103}$$

图 3.12~图 3.14 是对应于 $\lambda_0 = 0, q_0 = \dot{q}_0 = 1, q_0 = 0$ 和 $\dot{q}_0 = 1$ 以及 $q_0 = 1$ 和 $\dot{q}_0 = 0$ 的示例。

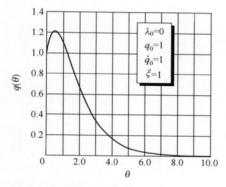

图 3.12 临界非周期响应 $(q_0 = 1, \dot{q}_0 = 1)$

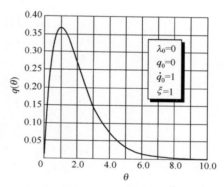

图 3.13 临界非周期响应 $(q_0 = 0, \dot{q}_0 = 1)$

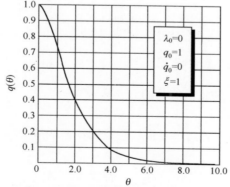

图 3.14 临界非周期响应 $(q_0 = 1, \dot{q}_0 = 0)$

$q(\theta)$ 可以写为

$$q(\theta) = \left[\frac{q_0}{\theta} + (q_0 + \dot{q}_0)\right]\theta e^{-\theta}$$

θ 很大时，$\dfrac{q_0}{\theta}$ 可忽略，$q(\theta)$ 可用 $(q_0 + \dot{q}_0)\theta e^{-\theta}$ 近似。因而，当 θ 趋近于无穷大时，$q(\theta)$ 趋近于 0。这种临界的模式是非振荡的，对应的是系统以最快的指数衰减运动形式返回其平衡位置。

如果 $q_c(\theta)$ 用 $q(\theta)$ 的表达式来写出时，这种说法可以通过下列计算得到验证：

$$\frac{q_c(\theta)}{q_{\xi>1}(\theta)}$$

如果将 $\xi>1$ 时式(3.89)中的 $q(\theta)$ 用和的形式来看待，指数部分最终变为

$$q(\theta) \approx a e^{(-\xi + \sqrt{\xi^2-1})\theta} \tag{3.104}$$

式中

$$a = \frac{\xi(q_0 - 2\lambda_0) + \dot{q}_0 + q_0\sqrt{\xi^2-1}}{2\sqrt{\xi^2-1}} \tag{3.105}$$

而

$$q_c(\theta) \approx (q_0 + \dot{q}_0)\theta e^{-\theta} \tag{3.106}$$

可得

$$\frac{q_c(\theta)}{q(\theta)} \approx \frac{q_0 + \dot{q}_0}{a}\theta e^{-(1-\xi+\sqrt{\xi^2-1})\theta} \tag{3.107}$$

对于所有 $\xi>1$，系数 $1-\xi+\sqrt{\xi^2-1}$ 恒为正。这意味着，当 θ 趋于无穷大时，指数部分趋于 0，即

$$\frac{q_c(\theta)}{q(\theta)} \longrightarrow 0$$

说明在临界模式下，系统与其他指数衰减模式相比会更快地回到 0。

3.6.3　振荡衰减模式

当 $0 \leqslant \xi < 1$ 时，系统将以振荡的方式衰减。

3.6.3.1　自由响应

方程 $p^2 + 2\xi p + 1 = 0$ 有两个复根。假设用绝对响应来定义响应(对于相对响应，$\lambda_0 = 0$)。响应

$$q(\theta) = e^{-\xi\theta}\left[q_0\cos(\sqrt{1-\xi^2}\,\theta) + \frac{\dot{q}_0 + \xi(q_0 - 2\lambda_0)}{\sqrt{1-\xi^2}}\sin(\sqrt{1-\xi^2}\,\theta)\right] \tag{3.108}$$

也可以写为

$$q(\theta) = q_m e^{-\xi\theta} \sin(\sqrt{1-\xi^2}\,\theta + \phi) \qquad (3.109)$$

式中

$$q_m = \sqrt{q_0^2 + \frac{\left[\dot{q}_0 + \xi(q_0 - 2\lambda_0)\right]^2}{1-\xi^2}} \qquad (3.110)$$

$$\tan\phi = \frac{q_0\sqrt{1-\xi^2}}{\dot{q}_0 + \xi(q_0 - 2\lambda_0)} \qquad (3.111)$$

响应是衰减振荡（图 3.15），圆频率 $P = \sqrt{1-\xi^2}$，对应的周期 $\Theta = \dfrac{2\pi}{P}$。这种响应称为衰减正弦或伪正弦。伪圆频率 P 总是小于 1。对于大多数 ξ 的取值，初始估算时可以认为 P 等于 1（$\xi < 0.1$）。

衰减正弦的包络方程为

$$q = q_m e^{-\xi\theta} \qquad (3.112)$$

和

$$q = -q_m e^{-\xi\theta} \qquad (3.113)$$

力学系统围绕其平衡位置的自由响应称为简单谐波运动。

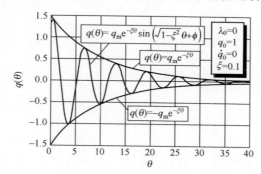

图 3.15　衰减振荡响应

指数部分的指数项可以写为

$$\xi\theta = \xi\omega_0 t = \frac{t}{t_0}$$

式中：t_0 为系统的时间常数，且有

$$t_0 = \frac{1}{\xi\omega_0} = \frac{\omega_0}{2Q} = \frac{c}{2m} \qquad (3.114)$$

应用

如果回到非简化变量，则式（3.108）可以用相对位移的方式写为

$$u(t) = \mathrm{e}^{-\xi\omega_0 t}\left[u_0\cos(\omega_0\sqrt{1-\xi^2}\,t) + \frac{\dot{u}_0/\omega_0 + u_0\xi}{\sqrt{1-\xi^2}}\sin(\omega_0\sqrt{1-\xi^2}\,t)\right] \quad (3.115)$$

相对速度通过对 $u(t)$ 进行微分,得到

$$\dot{u}(t) = \mathrm{e}^{-\xi\omega_0 t}\left[\dot{u}_0\cos(\omega_0\sqrt{1-\xi^2}\,t) - \frac{\dot{u}_0\xi + u_0\omega_0}{\sqrt{1-\xi^2}}\sin(\omega_0\sqrt{1-\xi^2}\,t)\right] \quad (3.116)$$

伪圆频率为

$$\omega = \omega_0\sqrt{1-\xi^2} \quad (3.117)$$

式中:ω 总是小于或等于 ω_0。

图 3.16 给出了 $\dfrac{\omega}{\omega_0}$ 随 ξ 的变化。

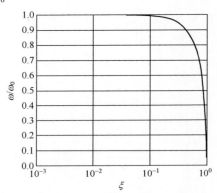

图 3.16　阻尼对伪圆频率的影响

伪周期为

$$T = \frac{2\pi}{\omega} \quad (3.118)$$

伪周期是信号相邻的,以相同方向穿过时间轴的时间间隔,总比无阻尼运动的固有周期要长一些。

图 3.17~图 3.19 分别给出了不同初始条件下的相对响应与 θ 的关系,图 3.20 给出的是绝对响应。

3.6.3.2　响应曲线与包络线的交点

从响应公式

$$q(\theta) = q_{\mathrm{m}}\mathrm{e}^{-\xi\theta}\sin(\sqrt{1-\xi^2}\,\theta + \phi)$$

可以发现,它与包络线的交点位置 θ(图 3.21)可以通过求解 $\sin(\sqrt{1-\xi^2}\,\theta + \phi) = 1$ 得到。交点间的时间间隔等于 $\dfrac{\Theta}{2}$。

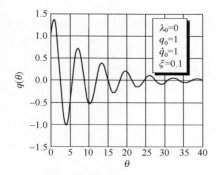

图 3.17　相对响应示例($q_0 = 1, \dot{q}_0 = 1$)

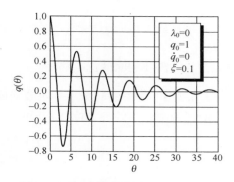

图 3.18　相对响应示例($q_0 = 1, \dot{q}_0 = 0$)

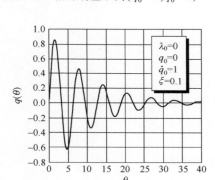

图 3.19　相对响应示例($q_0 = 0, \dot{q}_0 = 1$)

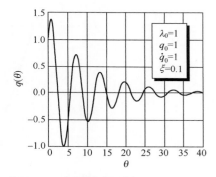

图 3.20　相对响应示例($q_0 = 1, \dot{q}_0 = 1$)

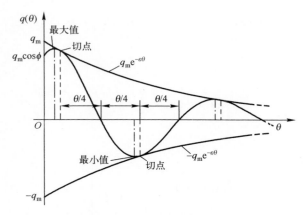

图 3.21　与包络线的交点

曲线与时间轴的交点为 $\sin(p\theta + \phi) = 0$。

最大响应的位置要比与包络线交点的位置稍微提前一些。

系统从最大值回到平衡位置需要的时间比 $\dfrac{\Theta}{4}$ 略长,从平衡位置到达下一个

最大位移点需要的时间比 $\dfrac{\Theta}{4}$ 略短。

3.6.3.3 幅值的衰减——对数降低

对于两个相邻的最大位移 q_{1_M} 和 q_{2_M}(图 3.22):

$$q_{1_M} = q_m e^{-\xi\theta_1} \sin(P\theta_1 + \phi)$$

$$q_{2_M} = q_m e^{-\xi\theta_2} \sin(P\theta_2 + \phi)$$

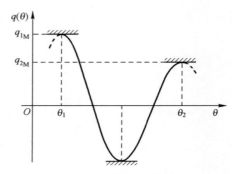

图 3.22　响应的最大值

时间 θ_1 和 θ_2 满足 $\dfrac{\mathrm{d}q}{\mathrm{d}\theta} = 0$,有

$$\frac{\mathrm{d}q}{\mathrm{d}\theta} = q_m(-\xi)\,e^{-\xi\theta}\sin(P\theta+\phi) + q_m P e^{-\xi\theta}\cos(P\theta+\phi) \tag{3.119}$$

当 $\dfrac{\mathrm{d}q}{\mathrm{d}\theta} = 0$ 时,有

$$\tan(P\theta+\phi) = \frac{P}{\xi} = \frac{\sqrt{1-\xi^2}}{\xi} \tag{3.120}$$

也就是,如果

$$\sin(P\theta+\phi) = \pm\left(\frac{\dfrac{1-\xi^2}{\xi^2}}{1+\dfrac{1-\xi^2}{\xi^2}}\right)^{\frac{1}{2}} \tag{3.121}$$

$$\sin(P\theta+\phi) = \pm\sqrt{1-\xi^2} \tag{3.122}$$

当然,根据 $\pm\sin(P\theta_1+\phi) = \pm\sin(P\theta_2+\phi)$(尽管它们有两个最大值和最小值,正号负号应保持对应)可得

$$\frac{q_{1_M}}{q_{2_M}} = e^{-\xi(\theta_1 - \theta_2)} \tag{3.123}$$

θ_2 与 θ_1 的差值就是伪周期 $\varTheta$。

$$\frac{q_{1_M}}{q_{2_M}} = e^{\xi\varTheta} \tag{3.124}$$

由于 $\dfrac{q_{1_M}}{q_{2_M}} = e^{\delta}$，则可以将相对阻尼 ξ 与对数衰减 δ 关联起来，即

$$\xi\varTheta = \delta \tag{3.125}$$

式中

$$\delta = \ln \frac{q_{1_M}}{q_{2_M}} \tag{3.126}$$

这是一个可以通过实验方法得到的量值。实际上，如果阻尼较小，那么仅通过相邻的两个峰值得到的测量值往往不精确。更好的办法是通过 n 个伪周期进行测量，此时 δ 变为[HAB 68]

$$\delta = \frac{1}{n}\ln \frac{q_{1_M}}{q_{(n+1)_M}} \tag{3.127}$$

式中：n 为峰值的个数。

事实上，根据任意两个相邻峰值的幅值比（图 3.23）[HAL 78，LAZ 68]的关系

$$\frac{q_1}{q_2} = \frac{q_2}{q_3} = \frac{q_3}{q_4} = \cdots = \frac{q_n}{q_{n+1}} = e^{\delta} \tag{3.128}$$

就可以推导出①

$$\frac{q_1}{q_{n+1}} = \frac{q_1}{q_2} \times \frac{q_2}{q_3} \times \cdots \times \frac{q_n}{q_{n+1}} = e^{n\delta} \tag{3.129}$$

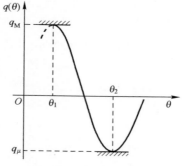

图 3.23　响应的相邻峰值

注：

（1）也可以通过前一个最大值和相邻的最小值来计算指数降低。这时的公式为

$$q_M = q_m e^{-\xi\theta_1}\sin(P\theta_1 + \phi)$$

$$q_\mu = q_m e^{-\xi\theta_2}\sin(P\theta_2 + \phi)$$

$$\sin(P\theta_1 + \phi) = -\sin(P\theta_2 + \phi)$$

---

① 译者注：原文为 $\dfrac{q_1}{q_{n+1}} = \dfrac{q_1}{q_2} = \dfrac{q_2}{q_3} = \cdots = \dfrac{q_n}{q_{n+1}} = e^{n\delta}$，译者认为有误，应为 $\dfrac{q_1}{q_{n+1}} = \dfrac{q_1}{q_2} \times \dfrac{q_2}{q_3} \times \cdots \times \dfrac{q_n}{q_{n+1}} = e^{n\delta}$。

$$\frac{q_M}{q_\mu} = e^{-\xi(\theta_1 - \theta_2)} = e^{\xi\frac{\Theta}{2}} = e^{\frac{\delta}{2}}$$

可得

$$\delta = 2\ln\left|\frac{q_M}{q_\mu}\right| \tag{3.130}$$

如果 n 是偶数(正或负的峰值),即对应着第一个是正峰值,最后一个是负峰值(也可以是相反的情况),则有

$$\delta = \frac{2}{n-1} = \ln\left|\frac{q_{1_M}}{q_\mu}\right| \tag{3.131①}$$

(2) 下降率 δ 也可以用两个连续峰值之差(图 3.24)来表示,即

$$\frac{q_{1_M} - q_{2_M}}{q_{1_M}} = 1 - \frac{q_{2_M}}{q_{1_M}} = 1 - e^{-\delta} \tag{3.132}$$

(更常见的是用 n 和 $n+1$ 作为下标,而不是 1 和 2)。

如果阻尼很弱,q_{1_M} 和 q_{2_M} 相差不大,设

$$\Delta q = q_{1_M} - q_{2_M} \tag{3.133}$$

可以认为 Δq 为无穷小,有

$$\delta = \ln\frac{q_{1_M}}{q_{2_M}} = \ln\left(1 + \frac{\Delta q}{q_{2_M}}\right)$$

$$\delta \approx \frac{\Delta q}{q_{2_M}}$$

对于多次振荡后峰值,有

$$\delta \approx \frac{\Delta q}{n q_{2_M}} \tag{3.134}$$

由文献[HAB 68]可知

$$\Theta = \frac{2\pi}{P} \tag{3.135}$$

$$\delta = \frac{2\pi\xi}{\sqrt{1-\xi^2}} \tag{3.136}$$

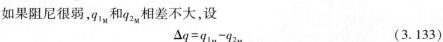

图 3.24 峰值差

① 译者注:原文如此,但应有误。应为 $\delta = \frac{2}{n-1}\ln\left|\frac{q_{1M}}{q_\mu}\right|$。

或

$$\xi = \frac{\delta}{\sqrt{\delta^2 + 4\pi^2}} \qquad (3.137)$$

例 3.1 [LAZ 50]

阻尼值递减的实例如表 3.3 所列。

表 3.3　阻尼值递减的实例

材　料	δ	ξ
混凝土	0.06	0.010
螺栓钢	0.05	0.008
焊接钢	0.03	0.005

注：如果 ξ 非常小，比如实际上小于 0.01，在初步估算时 ξ^2 可以忽略。那么

$$\delta \approx 2\pi\xi \qquad (3.138)$$

得到（对于相邻的两个峰值）

$$\xi \approx \frac{\Delta q}{2\pi q_{2_M}} \qquad (3.139)$$

和（对于 n 次振荡后的两个峰值）

$$\xi \approx \frac{\Delta q}{2\pi n q_{2_M}} \qquad (3.140)$$

图 3.25 给出了随着阻尼 ξ 的变化，用估算方法得到的 δ 比实际值减少量的变化情况，以及为什么在较小值附近进行初步估算时，可以用正切来近似曲线【THO 65a】。

根据式（3.128），即

$$\frac{q_{1_M}}{q_{(n+1)_M}} = e^{n\delta}$$

式（3.136）代入上式，可得

$$\frac{q_{1_M}}{q_{(n+1)_M}} = e^{n\frac{2\pi\xi}{\sqrt{1-\xi^2}}} \qquad (3.141)$$

即

$$\frac{q_{(n+1)_M}}{q_{1_M}} = e^{\frac{-2\pi n\xi}{\sqrt{1-\xi^2}}} \qquad (3.142)$$

图 3.26 给出了不同 n 情况下，$\dfrac{q_{(n+1)_M}}{q_{1_M}}$ 与 ξ 的关系。当 ξ 非常小时，可以用下

式进行初步估计：

$$\frac{q_{(n+1)_M}}{q_{1_M}} \approx e^{-2\pi n\xi} \tag{3.143}$$

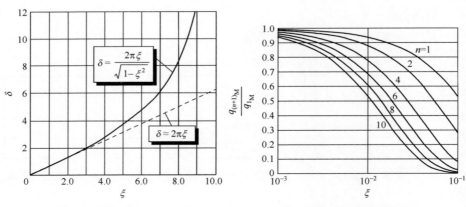

图 3.25　阻尼的衰减变化　　　　图 3.26　幅值随阻尼衰减

3.6.3.4　对于给定幅值衰减时的振荡次数

幅值衰减 50%

假设

$$q_{(n+1)_M} = \frac{q_{1_M}}{2}$$

式(3.126)变为

$$\delta = \frac{1}{n}\ln 2 = \frac{2\pi\xi}{\sqrt{1-\xi^2}} \tag{3.144}$$

如果 ξ 很小，则有

$$2\pi\xi \approx \frac{1}{n}\ln 2$$

$$n\xi \approx \frac{0.693}{2\pi} \approx 0.110$$

图 3.27 给出了 n 随 ξ 变化的情况，当然是在 $\delta \approx 2\pi\xi$ 近似成立的范围内 [THO 65a]。

幅值下降 90%

同样，有

$$q_{(n+1)_M} = \frac{q_{1_M}}{10}$$

$$\delta = \frac{1}{n}\ln 10$$

如果 ξ 很小,则有

$$n\xi \approx \frac{1}{2\pi}\ln 10$$

$$n\xi \approx 0.366$$

图 3.28 给出了幅值下降 90%,n 对 ξ 的变化情况。

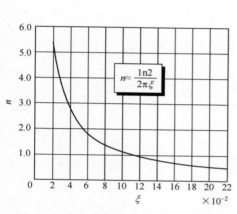

图 3.27　幅值下降 50% 对应的振荡次数　　　图 3.28　幅值下降 90% 对应的振荡次数

下降 $a\%$ 的情况

更一般的情况,如果 ξ 很小,则幅值下降 $a\%$ 对应的振荡次数 n 为

$$n\xi \approx \frac{1}{2\pi}\ln\left[\frac{1}{1-\dfrac{\alpha}{100}}\right] \tag{3.145}$$

3.6.3.5　阻尼对周期的影响

除非阻尼很大,否则一般对周期的影响很小。当 $\xi = 0$, $\Theta_0 = \dfrac{2\pi}{p_0}$。当 ξ 很小时,有

$$\frac{\Delta\Theta}{\Theta_0} = \frac{\Theta - \Theta_0}{\Theta_0} = \frac{\Theta}{\Theta_0} - 1 = \frac{\dfrac{2\pi}{P}}{\dfrac{2\pi}{P_0}} - 1 = \frac{P_0}{P} - 1 = \frac{1}{\sqrt{1-\xi^2}} - 1 \approx \frac{\delta^2}{8\pi^2} \tag{3.146}$$

现在大多数的计算中,可能将 Θ 和 Θ_0 混用。对于第一阶,圆频率和周期不受阻尼的影响,而第二阶的圆频率受一个总是负值的修正项影响,周期将

变小。

$$\Theta = \frac{\Theta_0}{\sqrt{1-\xi^2}} \approx \Theta_0 \left(1+\frac{\xi^2}{2}\right) \tag{3.147}$$

和

$$P = P_0 \sqrt{1-\xi^2} \approx P_0 \left(1-\frac{\xi^2}{2}\right) \tag{3.148}$$

$(P_0=1)$ 或

$$\omega = \omega_0 \sqrt{1-\xi^2} \approx \omega_0 \left(1-\frac{\xi^2}{2}\right) \tag{3.149}$$

注：对数衰减也表征了在一个振荡中能量衰减的变化。对于足够小的 ξ [LAZ 50],有

$$\delta = \frac{1}{2} \left(\frac{\text{Energy}(n-1)-(n)}{\text{Energy}(n-1)}\right) \tag{3.150}$$

式中：Energy$(n-1)$ 为第 $n-1$ 个循环的能量。

在实际情况中，ξ 介于 $0 \sim 1$ 之间，最初施加到系统中的能量以各种形式逐渐耗散到外部（固体间及与空气或其他液体的摩擦，弹性应变时的晶格滑移，辐射，电磁形式的能量耗散）。

因而，振荡的幅值随着时间而衰减。如果要保持恒定的幅值，则必须重新向系统注入能量来补充在每次振荡中损失的能量，这时系统就不是自由的了，即振荡是受力的或被把持的，将在第 6 章中讨论这种情况。

3.6.3.6 零阻尼的特例

$q(\theta)$ 变为

$$q(\theta) = q_0\cos\theta + \dot{q}_0\sin\theta \tag{3.151}$$

也可以写为

$$q(\theta) = q_m\sin(\theta+\varphi) \tag{3.152}$$

式中

$$q_m = \sqrt{q_0^2+\dot{q}_0^2} \tag{3.153}$$

$$\tan\varphi = \frac{\dot{q}_0}{q_0} \tag{3.154}$$

假设力学系统偏离其平衡位置，在 $t=0$ 的时刻外力消失后被释放，对于 $\xi=0$ 的情况，其响应就是无阻尼振荡。

这种情况（理想）下，固有圆频率 ω_0 的运动将永远持续，因为特性等式中没有一阶项，即没有阻尼。系统中势能和动能交替转换，称为保守系统。

总结一下，如果相对阻尼 ξ 连续变化，运动模式将连续地按下列模式进行

过渡(图 3.29 和图 3.30):

$\xi = 0$:无阻尼振荡模式。

$0 \leq \xi \leq 1$:衰减振荡模式,系统离开平衡位置,在静止前围绕平衡位置振荡。

$\xi = 1$:临界非周期模式,系统以最快速度回到平衡位置而不穿越它。

$\xi > 1$:非周期模式,系统无振荡地回到平衡位置,ξ 越接近于 1 越快。

在后面的章节中,将重点关注 $0 \leq \xi \leq 1$ 的情况,因为绝大多数结构属于这种情况。

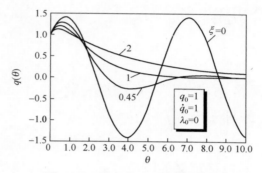

图 3.29　$q_0 = 1, \dot{q}_0 = 1$ 的不同模式

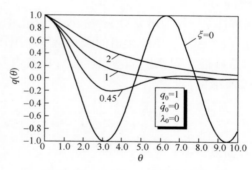

图 3.30　$q_0 = 1, \dot{q}_0 = 0$ 的不同模式

3.6.3.7　品质因子

振荡的品质因子 Q 定义如下:

$$\frac{1}{Q} = \frac{c}{2\omega_0} = \frac{c}{\sqrt{km}} = \frac{\omega_0 c}{k} = 2\xi \qquad (3.155)$$

在后面的章节中将对品质因子的特性进行更详细的讨论。

第 4 章
脉冲和阶跃响应

4.1 质量弹簧系统对单位步进函数（步进或阶跃响应）的响应

4.1.1 用相对位移定义的响应

4.1.1.1 响应的表示

以一个阻尼质量弹性系统作为研究对象。假设在初始时刻 $t=0$ 之前质量是静止的。从 $t=0$ 开始，一个稳定的单位幅值的激励持续作用在质量上[BRO 53, KAR 40]。从前面章节可以得到，对于零初始状态，单自由度系统响应的拉普拉斯变换可由式(3.29)给出，即

$$Q(p) = \frac{\Lambda(p)}{p^2 + 2\xi p + 1} \qquad (4.1)$$

式中：$\Lambda(p) = \dfrac{1}{p}$（单位阶跃变换）。

得到响应为

$$q(\theta) = L^{-1}\left[\frac{1}{p(p^2 + 2\xi p + 1)}\right] = L^{-1}\left[\frac{1}{p}\right] - L^{-1}\left[\frac{p}{p^2 + 2\xi p + 1}\right] - L^{-1}\left[\frac{2\xi}{p^2 + 2\xi p + 1}\right]$$

$$(4.2)$$

$$q(\theta) = 1 - \frac{e^{-\xi\theta}}{\sqrt{1-\xi^2}}\left[\sqrt{1-\xi^2}\cos\sqrt{1-\xi^2} - \xi\sin(\sqrt{1-\xi^2}\,\theta)\right] - 2\xi\frac{e^{-\xi\theta}}{\sqrt{1-\xi^2}}\sin(\sqrt{1-\xi^2}\,\theta) \quad (\xi \neq 1)$$

$$(4.3)$$

$$q(\theta) = 1 - e^{-\xi\theta}\left[\cos(\sqrt{1-\xi^2}\,\theta) + \frac{\xi}{\sqrt{1-\xi^2}}\sin(\sqrt{1-\xi^2}\,\theta)\right] \qquad (4.4)$$

即

$$u(t) = A(t) = \ell_m \left[1 - e^{-\xi\omega_0 t}\cos\left(\omega_0\sqrt{1-\xi^2}\,t\right) - \frac{\xi}{\sqrt{1-\xi^2}}e^{-\xi\omega_0 t}\sin\left(\omega_0\sqrt{1-\xi^2}\,t\right) \right] \quad (4.5)$$

式中：$\ell_m = 1$[HAB 68,KAR 40]。

注：这里的计算与获取矩形冲击的主响应谱用到的计算是相同的[LAR 75]。

图 4.1 为对单位阶跃激励的相对位移响应示例($\xi = 0.05$)，图 4.2 为 $\xi = 1$ 时单位阶跃激励的响应。

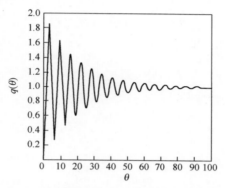

图 4.1　对单位阶跃激励的相对位移响应示例($\xi = 0.05$)

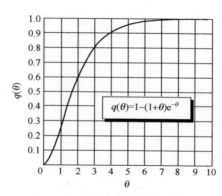

图 4.2　$\xi = 1$ 时单位阶跃激励的响应

特殊情况

（1）如果 $\xi = 1$，则有

$$Q(p) = \frac{1}{p\,(p+1)^2} \quad (4.6)$$

Sinusoidal Vibration

$$Q(p) = \frac{1}{p} - \frac{1}{p+1} - \frac{1}{(p+1)^2} \tag{4.7}$$

$$q(\theta) = 1 - (1+\theta)\,\mathrm{e}^{-\theta} \tag{4.8}$$

而且,对于 $\ell_m = 1$,有

$$u(t) = 1 - \mathrm{e}^{-\omega_0 t} - \omega_0 t\mathrm{e}^{-\omega_0 t} \tag{4.9}$$

(2)零阻尼。用前面章节规定的符号以简化形式给出运动方程如下:

$$\frac{\mathrm{d}^2 q(\theta)}{\mathrm{d}\theta^2} + q(\theta) = \lambda(\theta) \tag{4.10}$$

或

$$\ddot{u}(t) + \omega_0^2 u(t) = \omega_0^2 \ell(t) \tag{4.11}$$

如果初始状态是固定的,也就是 $\theta = 0$,则有,

$$q(0) = \left(\frac{\mathrm{d}q}{\mathrm{d}\theta}\right)_{\theta=0} = 0$$

或对于用 $t = 0$ 表示的情况,有

$$u(0) = \left(\frac{\mathrm{d}u}{\mathrm{d}t}\right)_{t=0} = 0$$

通过积分,可得

$$q(\theta) = 1 - \cos\theta \tag{4.12}$$

和

$$u(t) = \ell_m\left[1 - \cos(\omega_0 t)\right] \tag{4.13}$$

式中:ℓ_m 根据单位阶跃的定义等于 1。

$$u(t) = 1 - \cos(\omega_0 t) \tag{4.14}$$

例 4.1

如果激励用力的形式表述,运动方程就变为对于 $t \geq 0$,有

$$m\frac{\mathrm{d}^2 z}{\mathrm{d}t^2} + kz = 1$$

对于 $t = 0$ 的初始时刻,有

$$z(0) = \left(\frac{\mathrm{d}z}{\mathrm{d}t}\right)_{t=0} = 0$$

经过积分可得

$$z(t) = \frac{1}{k}\left[1 - \cos\left(\sqrt{\frac{k}{m}}\,t\right)\right] \tag{4.15}$$

一个无阻尼单自由度系统对单位阶跃力的响应(图 4.3)。

注:式(4.15)的量纲看起来似乎不正确。应注意激励是用幅值等于 1 的力

来表示的,因而对应着的量纲实际仍然是位移。

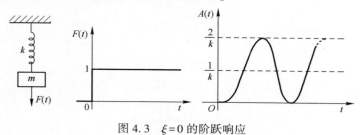

图 4.3 $\xi=0$ 的阶跃响应

通常称单位阶跃函数的响应 $z(t)$,为步进响应或阶跃响应,记作 $A(t)$ 。

从例中可以看出,如果根据前面的符号,设

$$Z_s = \frac{F_m}{k} = \frac{1}{k}$$

最大拉伸量 z_m 对应于施加静态力的静态变形 z_s 的比例达到 2。弹簧在动态情况下会产生静态情况下 2 倍的变形,因而会引发它可能会承受 2 倍的应力的担忧。

不过,材料耐受瞬态应力的能力通常比耐受静态应力的能力强。这种说法与初始时刻 $F(t)$ 是从 0 变为 1 的过渡态有关。在此例中, $F(t)$ 对于所有 $t>0$ 时保持为 1,而系统是无阻尼的,冲击效应后会跟随着疲劳效应。

4.1.1.2 响应的极值

响应的表达式为

$$q(\theta) = 1 - e^{-\xi\theta} \left[\cos(\sqrt{1-\xi^2}\,\theta) + \frac{\xi}{\sqrt{1-\xi^2}} \sin(\sqrt{1-\xi^2}\,\theta) \right] \qquad (4.16)$$

在 $\theta=\theta_m$ 时,导数 $\dfrac{\mathrm{d}q}{\mathrm{d}\theta}=0$,因而

$$-\xi e^{-\xi\theta_m} \left[\cos(\sqrt{1-\xi^2}\,\theta_m) + \frac{\xi}{\sqrt{1-\xi^2}} \sin(\sqrt{1-\xi^2}\,\theta_m) \right] +$$

$$e^{-\xi\theta_m} \left[-\sqrt{1-\xi^2} \sin(\sqrt{1-\xi^2}\,\theta_m) + \xi\cos(\sqrt{1-\xi^2}\,\theta_m) \right] = 0$$

$$\sin(\sqrt{1-\xi^2}\,\theta_m) = 0$$

$$\theta_m = \frac{k\pi}{\sqrt{1-\xi^2}} \qquad (4.17)$$

第一个极值(对应着正向主峰冲击响应谱在振荡系统的自然频率 f_0 处)出现在时间 $t_m = \dfrac{1}{2f_0\sqrt{1-\xi^2}}$,即 $\theta_m = \dfrac{\pi}{\sqrt{1-\xi^2}}$ (参见文献[HAL 78])。

从中可以推导出 $q(\theta)$ 的值(总是正值)。

$$q(\theta_m) = q_m = 1 - e^{-\frac{\xi\pi}{\sqrt{1-\xi^2}}} \left[\cos\pi + \frac{\xi}{\sqrt{1-\xi^2}}\sin\pi \right] \qquad (4.18)$$

$$q_m = 1 + e^{-\frac{\xi\pi}{\sqrt{1-\xi^2}}} \qquad (4.19)$$

当 ξ 趋近于 1 时,第一个最大峰值 q_m 趋近于 1(图 4.4)。

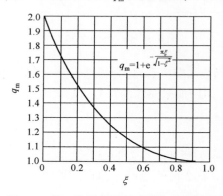

图 4.4   第一个峰值的最大值与 ξ 的关系

注:

(1) q_m 与振荡系统的自然频率无关。

(2) 当 $\xi = 0$ 时,$q_m = 2$。

当 $k = 2$ 时,有

$$\theta_m = \frac{2\pi}{\sqrt{1-\xi^2}} \qquad (4.20)$$

和

$$t_m = \frac{1}{f_0\sqrt{1-\xi^2}}$$

$$q(\theta_m) = q_m = 1 - e^{-\frac{2\xi\pi}{\sqrt{1-\xi^2}}} \qquad (4.21)$$

对于所有 $\xi \in [0,1]$,q_m 为反向,即第一个最小峰值的幅值(图 4.5)。

当 $\xi = 0$ 时,$q_m = 0$;当 $\xi = 1$ 时,$q_m = 1$。

4.1.1.3   响应首次上穿越单位值

用下面的方法得到 θ_1:

$$q(\theta) \equiv 1 = 1 - e^{-\xi\theta_1} \left[\cos(\sqrt{1-\xi^2}\,\theta_1) + \frac{\xi}{\sqrt{1-\xi^2}}\sin(\sqrt{1-\xi^2}\,\theta_1) \right] \qquad (4.22)$$

由于已经假设 $e^{-\xi\theta_1} \neq 0$,则有

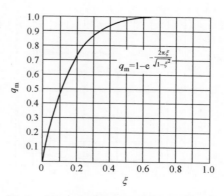

图 4.5 第一个峰值的最小值与 ξ 的关系

$$\cos(\sqrt{1-\xi^2}\,\theta_1) = -\frac{\xi}{\sqrt{1-\xi^2}}\sin(\sqrt{1-\xi^2}\,\theta_1)$$

即

$$\tan(\sqrt{1-\xi^2}\,\theta_1) = -\frac{\sqrt{1-\xi^2}}{\xi} \tag{4.23}$$

由于 $\tan(\sqrt{1-\xi^2}\,\theta_1) \leqslant 0$ 和 $\sqrt{1-\xi^2}\,\theta_1 \geqslant 0$ 必须同时满足,则可得

$$\sqrt{1-\xi^2}\,\theta_1 = \pi - \arctan\frac{\sqrt{1-\xi^2}}{\xi} \tag{4.24}$$

图 4.6 为式(4.23)的解析图,图 4.7 为响应首次穿越单位量值时间。

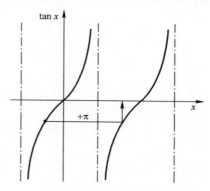

图 4.6 式(4.23)的解析图

$$\theta_1 = \frac{1}{\sqrt{1-\xi^2}}\left[\pi - \arctan\frac{\sqrt{1-\xi^2}}{\xi}\right] \tag{4.25}$$

如果 $\xi=0$,则有

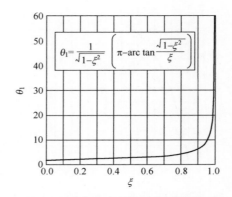

图 4.7 响应首次穿越单位量值时间

$$q(\theta) = 1 - \cos\theta \qquad (4.26)$$

欲使 $q(\theta) = 1$,则

$$\theta = \left(k + \frac{1}{2}\right)\pi \qquad (4.27)$$

如果 $\xi = 1$,则有

$$1 = 1 - e^{-\theta} - \theta e^{-\theta} \qquad (4.28)$$

唯一的正根仅在 θ 为无穷大时存在。

4.1.2 用绝对位移、速度和加速度定义的响应

4.1.2.1 响应表达式

在这种情况下,对于任意 ξ 和零初始条件,有

$$Q(p) = \frac{\Lambda(p)(1 + 2\xi p)}{p^2 + 2\xi p + 1} \qquad (4.29)$$

式中: $\Lambda(p) = \dfrac{1}{p}$。

如果 $\xi \neq 1$,则有

$$q(\theta) = L^{-1}\left[\frac{1 + 2\xi p}{p(p^2 + 2\xi p + 1)}\right] = L^{-1}\left(\frac{1}{p}\right) - L^{-1}\left[\frac{p}{p^2 + 2\xi p + 1}\right] \qquad (4.30)$$

$$q(\theta) = 1 - e^{-\xi\theta}\left[\cos\sqrt{1 - \xi^2}\,\theta - \frac{\xi}{\sqrt{1 - \xi^2}}\sin\sqrt{1 - \xi^2}\,\theta\right] = A(\theta) \qquad (4.31)$$

如果 $\xi = 0$,则有

$$q(\theta) = 1 - \cos\theta \qquad (4.32)$$

如果 $\xi = 1$,则

$$Q(p) = \frac{1}{p}\frac{1 + 2p}{(p + 1)^2} \qquad (4.33)$$

$$Q(p) = \frac{1}{p} - \frac{1}{p+1} + \frac{1}{(1+p)^2} \tag{4.34}$$

$$q(\theta) = 1 - e^{-\theta} + \theta e^{-\theta} = A(\theta) = 1 + (\theta - 1) e^{-\theta} \tag{4.35}$$

$$u(t) = 1 + (\omega_0 t - 1) e^{\omega_0 t} \tag{4.36}$$

$$(\ell_m = 1)$$

4.1.2.2 响应的极值

响应的极值 $q(\theta) = A(\theta)$ 出现在 $\theta = \theta_m$, 应满足 $\dfrac{dA}{d\theta} = 0$, 可得

$$-\xi e^{-\xi\theta_m} \left[\cos(\sqrt{1-\xi^2}\,\theta_m) - \frac{\xi}{\sqrt{1-\xi^2}} \sin(\sqrt{1-\xi^2}\,\theta_m) \right] +$$

$$e^{-\xi\theta_m} \left[-\sqrt{1-\xi^2} \sin(\sqrt{1-\xi^2}\,\theta_m) - \xi \cos(\sqrt{1-\xi^2}\,\theta_m) \right] = 0$$

即

$$\tan(\sqrt{1-\xi^2}\,\theta_m) = \frac{2\xi\sqrt{1-\xi^2}}{2\xi^2 - 1} \tag{4.37}$$

图 4.8 为绝对响应的示例图。

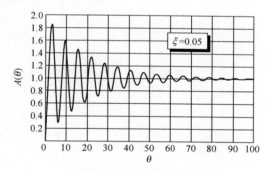

图 4.8　绝对响应的示例图

当 $2\xi^2 - 1 \geqslant 0$ (由于 θ_m 为正值) 时, 有

$$\theta_m = \frac{1}{\sqrt{1-\xi^2}} \arctan \frac{2\xi\sqrt{1-\xi^2}}{2\xi^2 - 1} \tag{4.38}$$

当 $2\xi^2 - 1 < 0$ 时, 有

$$\theta_m = \frac{1}{\sqrt{1-\xi^2}} \left[\pi + \arctan \frac{2\xi\sqrt{1-\xi^2}}{2\xi^2 - 1} \right] \tag{4.39}$$

图 4.9 为当 $\xi = 1$ 时绝对响应的幅值, 图 4.10 为极值的时间与 ξ 的关系。

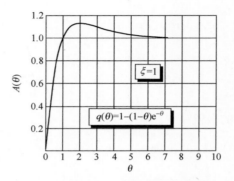

图 4.9　当 $\xi=1$ 时绝对响应的幅值

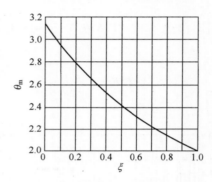

图 4.10　极值的时间与 ξ 的关系

对于 $\theta=\theta_m$，有

$$A(\theta_m) = 1 - e^{-\xi\theta_m}\left[\cos(\sqrt{1-\xi^2}\,\theta_m) - \frac{\xi}{\sqrt{1-\xi^2}}\sin(\sqrt{1-\xi^2}\,\theta_m)\right]$$

即

$$A(\theta_m) = 1 + e^{-\xi\theta_m} \tag{4.40}$$

如果 $\xi=1$，则有

$$q(\theta) = 1 - e^{-\theta} + \theta e^{-\theta} \tag{4.41}$$

那么

$$\frac{\mathrm{d}q}{\mathrm{d}\theta} = (2-\theta)\,e^{-\theta} = 0$$

如果 $\theta=2$ 或 $\theta\to\infty$，则有

$$q(\theta_m) = 1 + e^{-2}$$

或

$$q(\theta_m) = 1$$

如果 $\xi=\dfrac{1}{\sqrt{2}}$，$\theta_{\mathrm{m}}=\dfrac{\sqrt{2}}{2}\pi$，则有

$$q(\theta_{\mathrm{m}})=1+\mathrm{e}^{-\frac{\pi}{2}}$$
$$q(\theta)=1.20788\cdots$$

图 4.11 为绝对响应的幅值与 ξ 的关系。

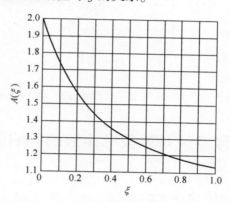

图 4.11　绝对响应的幅值与 ξ 的关系

4.1.2.3　响应首次上穿越单位值

首次上穿越单位值发生在满足下述条件的 θ_1 时刻：

$$A(\theta_1)=1-\mathrm{e}^{-\xi\theta_1}\left[\cos(\sqrt{1-\xi^2}\,\theta_1)-\frac{\xi}{\sqrt{1-\xi^2}}\sin(\sqrt{1-\xi^2}\,\theta_1)\right] \tag{4.42}$$

$$\tan(\sqrt{1-\xi^2}\,\theta_1)=\frac{\sqrt{1-\xi^2}}{\xi} \tag{4.43}$$

$$\theta_1=\frac{1}{\sqrt{1-\xi^2}}\arctan\frac{\sqrt{1-\xi^2}}{\xi} \tag{4.44}$$

如果 $\xi=0$，则有

$$\theta_1=\frac{\pi}{2}$$

如果 $\xi=1$，则有

$$q(\theta)=1=1-\mathrm{e}^{-\theta}+\theta\mathrm{e}^{-\theta} \tag{4.45}$$

得到 $\theta_1=1$ 或无穷大。

图 4.12 为首次上穿越单位值的时间与 ξ 的关系。

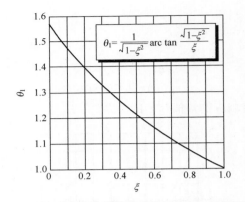

$$\theta_1 = \frac{1}{\sqrt{1-\xi^2}} \arctan \frac{\sqrt{1-\xi^2}}{\xi}$$

图 4.12　首次上穿越单位值的时间与 ξ 的关系

4.2　质量弹性系统对单位脉冲激励的响应

4.2.1　用相对位移定义的响应

4.2.1.1　响应的表达式

狄拉克函数 $\delta_g(\theta)$ 服从下列要求:

$$\left| \begin{array}{l} \delta_g(\theta) = 0 \quad (\theta \neq 0) \\ \delta_g(0) \text{ 为无穷大} \\ \int_{-\infty}^{+\infty} \delta_g(\theta) \mathrm{d}t = 1 \end{array} \right. \tag{4.46}$$

即 $\theta = 0, q = 0, m\dfrac{\mathrm{d}q}{\mathrm{d}t} = 1$。其中 $m\dfrac{\mathrm{d}q}{\mathrm{d}t} = 1$ 这个值是一个作用在非常短的时间 $\Delta\theta$ 里的力 [KAR 40] 传递给质量的脉冲。弹簧恢复力对于脉冲的作用在非常短的时间间隔 $\Delta\theta$ 里是可以忽略的。

如果激励是用力定义的,则可得

$$\frac{\mathrm{d}^2 z}{\mathrm{d}t^2} + 2\xi\omega_0 \frac{\mathrm{d}z}{\mathrm{d}t} + \omega_0^2 z = \omega_0^2 \frac{\delta_F}{k} \tag{4.47}$$

式中: $\delta_F = F\delta(t), F = 1(\text{力}), \delta(t)$ 为狄拉克函数。

如果激励是用加速度定义的,则可得

$$\frac{\mathrm{d}^2 z}{\mathrm{d}t^2} + 2\xi\omega_0 \frac{\mathrm{d}z}{\mathrm{d}t} + \omega_0^2 z = -\omega_0^2 \frac{\delta_{AC}}{\omega_0^2} \tag{4.48}$$

式中: $\delta_{AC} = \ddot{x}\delta(t), \ddot{x} = 1(\text{加速度})$。如果 $\delta_g(t)$ 规范化的脉冲函数根据不同情况

分别等于 $\dfrac{\delta_F}{k}$ 或 $-\dfrac{\delta_{AC}}{\omega_0^2}$，那么得到下列规范化的公式：

$$\frac{\mathrm{d}^2 u}{\mathrm{d}t^2}+2\xi\omega_0\frac{\mathrm{d}u}{\mathrm{d}t}+\omega_0^2 u=\omega_0^2\delta_g(t) \qquad (4.49)$$

那么

$$\Im=\int_0^{\Delta t}\delta_g(t)\,\mathrm{d}t=\begin{cases}\displaystyle\int_0^{\Delta t}\frac{\delta_F}{k}\mathrm{d}t=\frac{1}{k}I\\[2mm]\displaystyle\int_0^{\Delta t}\left(-\frac{\delta_{AC}}{\omega_0^2}\right)\mathrm{d}t=-\frac{1}{\omega_0^2}I=\left(-\frac{\delta V}{\omega_0^2}\right)\end{cases} \qquad (4.50)$$

式中：δV 为由于加速度脉冲引起的速度变化。

为了使得微分方程变为无量纲，每个分量都除以 $\Im\omega_0$（量纲为长度），并设 $q=\dfrac{u}{\Im\omega_0}$ 和 $\theta=\omega_0 t$，则方程变为

$$\frac{\mathrm{d}^2 q}{\mathrm{d}\theta^2}+2\xi\omega_0\frac{\mathrm{d}q}{\mathrm{d}\theta}+q(\theta)=\delta_g(\theta) \qquad (4.51)$$

狄拉克脉冲方程经过变换后就等于单位值[LAL 75]，此方程的拉普拉斯变换用前面定义的符号就可以写为

$$Q(p)(p^2+2\xi p+1)=1 \qquad (4.52)$$

可以引出脉冲响应 $h(\theta)$（见图 4.13）

$$q(\theta)=\frac{e^{-\xi\theta}}{\sqrt{1-\xi^2}}\sin(\sqrt{1-\xi^2}\,\theta)=h(\theta) \quad (\xi\neq 1) \qquad (4.53)$$

和

$$u(t)=\omega_0\Im\frac{e^{-\xi\omega_0 t}}{\sqrt{1-\xi^2}}\sin(\omega_0\sqrt{1-\xi^2}\,t) \qquad (4.54)$$

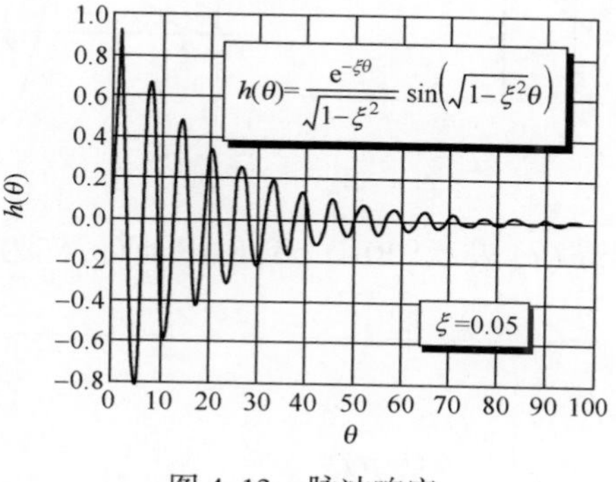

图 4.13 脉冲响应

如果 $\Im = 1$，则有

$$h(t) = \omega_0 \frac{e^{-\xi \omega_0 t}}{\sqrt{1-\xi^2}} \sin(\omega_0 \sqrt{1-\xi^2}\,t)$$

对于加速度狄拉克函数，有

$$u(t) = -\frac{\delta V}{\omega_0} \frac{e^{-\xi \omega_0 t}}{\sqrt{1-\xi^2}} \sin(\omega_0 \sqrt{1-\xi^2}\,t) \tag{4.55}$$

和

$$\omega_0^2 z(t) = -\omega_0 \delta V \frac{e^{-\xi \omega_0 t}}{\sqrt{1-\xi^2}} \sin(\omega_0 \sqrt{1-\xi^2}\,t) \tag{4.56}$$

特殊情况

（1）当 $\xi = 0$ 时，有

$$q(\theta) = h(\theta) = \sin\theta$$

和

$$u(t) = \omega_0 \Im \sin(\omega_0 t) \tag{4.57}$$

例 4.2

如果脉冲用力来定义，$\Im = \dfrac{1}{k}$，则

$$u(t) = z(t) = \frac{\omega_0}{k} \sin(\omega_0 t) = \frac{1}{\sqrt{km}} \sin(\omega_0 t) \tag{4.58}$$

式左右的量纲是一致的，数值"1"对应着脉冲 $\dfrac{1}{\sqrt{km}} = \dfrac{I}{\sqrt{km}}$，其量纲是位移。

图 4.14 为脉冲响应。

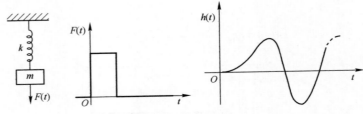

图 4.14　脉冲响应

单位脉冲响应用 $h(t)$ 表示[BRO 53, KAR 40]，称为脉冲响应或权函数 [GUI 63]。

（2）当 $\xi = 1$ 时，有

$$Q(p) = \frac{1}{(p+1)^2}$$

$$q(\theta) = h(\theta) = \theta e^{-\theta} \qquad (4.59)$$

$$u(t) = h(t) = \omega_0^2 t e^{-\omega_0 t} \qquad (4.60)$$

图 4.15 为脉冲响应与 ξ 关系的示例。

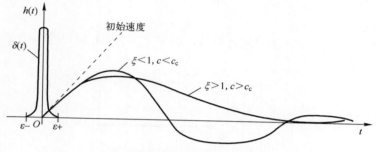

图 4.15　脉冲响应与 ξ 关系的示例

4.2.1.2　响应的极值

$q(\theta)$ 的峰值 q_m 出现在 $\dfrac{\mathrm{d}q}{\mathrm{d}\theta} = 0$ 处,即 $\theta = \theta_m$ 满足

$$-\xi e^{-\xi\theta_m}\sin(\sqrt{1-\xi^2}\,\theta_m) + e^{-\xi\theta_m}\sqrt{1-\xi^2}\cos(\sqrt{1-\xi^2}\,\theta_m) = 0$$

$$\tan(\sqrt{1-\xi^2}\,\theta_m) = \frac{\sqrt{1-\xi^2}}{\xi}$$

$$\theta_m = \frac{1}{\sqrt{1-\xi^2}}\arctan\frac{\sqrt{1-\xi^2}}{\xi} \qquad (4.61)$$

可得

$$q_m = \frac{e^{-\xi\theta_m}}{\sqrt{1-\xi^2}}\sin(\sqrt{1-\xi^2}\,\theta_m)$$

即

$$q_m = e^{-\frac{\xi}{\sqrt{1-\xi^2}}\arctan\frac{\sqrt{1-\xi^2}}{\xi}} \qquad (4.62)$$

当 $\xi = 1$ 时,有

$$q(\theta) = \theta e^{-\theta} \qquad (4.63)$$

当 $\theta = 1$ 时,$\dfrac{\mathrm{d}q}{\mathrm{d}\theta} = 0$,可得

$$q_m = \frac{1}{e} \qquad (4.64)$$

当 $\xi = 0$ 时,有

$$h(\theta) = \sin\theta \qquad (4.65)$$

Sinusoidal Vibration

当 $\theta=\left(k+\dfrac{1}{2}\right)\pi$ 时,有

$$\frac{\mathrm{d}h}{\mathrm{d}\theta}=\cos\theta=0$$

若 $k=0$,则 $h=1$。

图 4.16 为第一个峰值出现时间与 ξ 的关系图,图 4.17 为第一个峰值的幅值与 ξ 的关系。

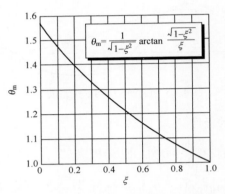

$$\theta_{\mathrm{m}}=\frac{1}{\sqrt{1-\xi^2}}\arctan\frac{\sqrt{1-\xi^2}}{\xi}$$

图 4.16　第一个峰值出现时间与 ξ 的关系

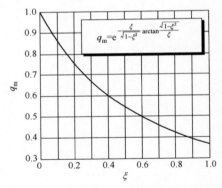

$$q_{\mathrm{m}}=\mathrm{e}^{-\frac{\xi}{\sqrt{1-\xi^2}}\arctan\frac{\sqrt{1-\xi^2}}{\xi}}$$

图 4.17　第一个峰值的幅值与 ξ 的关系

注:通过单位阶跃函数响应与单位脉冲响应拉普拉斯变换之间的比较

$$Q(p)=\frac{1}{p}\,\frac{1}{p^2+2\xi p+1} \tag{4.66}$$

$$Q(p)=\frac{1}{p^2+2\xi p+1} \tag{4.67}$$

可以看出这两个变换的区别在于因子 $\dfrac{1}{p}$,因此有[BRO 53,KAR 40]

$$h(t) = \frac{\mathrm{d}A(t)}{\mathrm{d}t} \qquad (4.68)$$

4.2.2 用绝对参数定义的响应

4.2.2.1 响应表达式

$$Q(p) = \frac{1 + 2\xi p}{p^2 + 2\xi p + 1} \qquad (4.69)$$

$$q(\theta) = h(\theta) = \frac{\mathrm{e}^{-\xi\theta}}{\sqrt{1-\xi^2}}\sin(\sqrt{1-\xi^2}\,\theta) + 2\xi\mathrm{e}^{-\xi\theta}\left[\cos(\sqrt{1-\xi^2}\,\theta) - \frac{\xi}{\sqrt{1-\xi^2}}\sin(\sqrt{1-\xi^2}\,\theta)\right] \quad (\xi \neq 1)$$

$$(4.70)$$

$$h(\theta) = \mathrm{e}^{-\xi\theta}\left[2\xi\cos(\sqrt{1-\xi^2}\,\theta) + \frac{1-2\xi^2}{\sqrt{1-\xi^2}}\sin(\sqrt{1-\xi^2}\,\theta)\right] \qquad (4.71)$$

即

$$h(\theta) = \frac{\mathrm{e}^{-\xi\theta}}{\sqrt{1-\xi^2}}\sin(\sqrt{1-\xi^2}\,\theta + \varphi)$$

以及

$$\tan\varphi = \frac{2\xi\sqrt{1-\xi^2}}{1-2\xi^2}$$

图 4.18 为绝对响应。

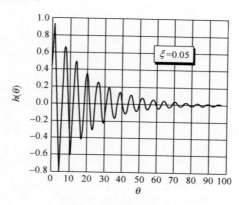

图 4.18 绝对响应

注:如果 $\theta = 0$,则有

$$h(0) = 2\xi = \frac{1}{Q} \qquad (4.72)$$

若 $\xi = 0$,就是前面的案例(式(4.65))

$$h(\theta) = \sin\theta \qquad (4.73)$$

在未简化坐标系下,脉冲响应可表示为

$$u(t) = \omega_0 \Im e^{-\xi\omega_0 t}\left[2\xi\cos(\omega_0\sqrt{1-\xi^2}\,t) + \frac{1-2\xi^2}{\sqrt{1-\xi^2}}\sin(\omega_0\sqrt{1-\xi^2}\,t)\right] \qquad (4.74)$$

若 $\Im = 1$,则有

$$h(t) = \omega_0 e^{-\xi\omega_0 t}\left[2\xi\cos(\omega_0\sqrt{1-\xi^2}\,t) + \frac{1-2\xi^2}{\sqrt{1-\xi^2}}\sin(\omega_0\sqrt{1-\xi^2}\,t)\right]$$

图 4.19 为 $\xi = 1$ 时的绝对响应。

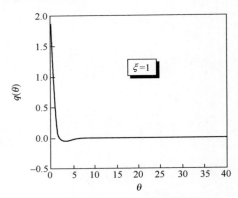

图 4.19 $\xi = 1$ 时的绝对响应

若 $\xi = 1$,则有

$$Q(p) = \frac{1+2p}{(p+1)^2} = \frac{2}{p+1} - \frac{1}{(p+1)^2} \qquad (4.75)$$

$$q(\theta) = 2e^{-\theta} - \theta e^{-\theta} = (2-\theta)e^{-\theta} \qquad (4.76)$$

$$u(t) = \Im\omega_0(2-\omega_0 t)e^{-\omega_0 t} \qquad (4.77)$$

图 4.19 为 $\xi = 1$ 时的绝对响应。

4.2.2.2　响应峰值

$h(\theta)$ 在出现峰值的条件是 $\dfrac{\mathrm{d}h}{\mathrm{d}\theta} = 0$ 处,也就是 $\theta = \theta_m$ 满足

$$-\xi e^{-\xi\theta_m}\left[2\xi\cos(\sqrt{1-\xi^2}\,\theta_m) + \frac{1-2\xi^2}{\sqrt{1-\xi^2}}\sin(\sqrt{1-\xi^2}\,\theta_m)\right] +$$

$$e^{-\xi\theta_m}\left[-2\xi\sqrt{1-\xi^2}\sin(\sqrt{1-\xi^2}\,\theta_m) + (1-2\xi^2)\cos(\sqrt{1-\xi^2}\,\theta_m)\right] = 0$$

简化后可得

$$\tan(\theta_m\sqrt{1-\xi^2}) = \frac{\sqrt{1-\xi^2}\,(1-4\xi^2)}{\xi(3-4\xi^2)} \qquad (4.78)$$

如果 $3-4\xi^2<0$，即 $\xi>\dfrac{\sqrt{3}}{2}$，则有

$$\theta_{\mathrm{m}}=\frac{1}{\sqrt{1-\xi^2}}\arctan\left(\frac{\sqrt{1-\xi^2}}{\xi}\frac{1-4\xi^2}{3-4\xi^2}\right) \qquad (4.79)$$

如果 $3-4\xi^2\geqslant0$，即 $\xi\leqslant\dfrac{\sqrt{3}}{2}$，则有

$$\theta_{\mathrm{m}}=\frac{1}{\sqrt{1-\xi^2}}\left[\pi+\arctan\left(\frac{\sqrt{1-\xi^2}}{\xi}\frac{1-4\xi^2}{3-4\xi^2}\right)\right] \qquad (4.80)$$

可得出

$$h(\theta_{\mathrm{m}})=h_{\mathrm{m}}=\mathrm{e}^{-\xi\theta_{\mathrm{m}}}\left[2\xi\cos\left(\sqrt{1-\xi^2}\,\theta_{\mathrm{m}}\right)+\frac{1-2\xi^2}{\sqrt{1-\xi^2}}\sin\left(\sqrt{1-\xi^2}\,\theta_{\mathrm{m}}\right)\right] \qquad (4.81)$$

即

$$h_{\mathrm{m}}=-\mathrm{e}^{-\xi\theta_{\mathrm{m}}} \qquad (4.82)$$

图 4.20 为绝对响应第一个峰值出现时间与 ξ 的关系，图 4.21 为绝对响应第一个峰值的幅值与 ξ 的关系。

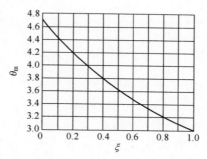

图 4.20　绝对响应第一个峰值出现时间与 ξ 的关系

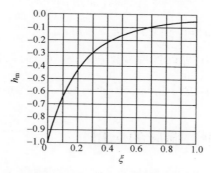

图 4.21　绝对响应第一个峰值的幅值与 ξ 的关系

如果 $\xi = 1$，则有

$$\frac{\mathrm{d}q}{\mathrm{d}\theta} = -2\mathrm{e}^{-\theta} - \mathrm{e}^{-\theta} + \theta\mathrm{e}^{-\theta} = 0 \qquad (4.83)$$

由于 $\mathrm{e}^{-\theta} \neq 0$，因此有 $\theta_\mathrm{m} = 3$，$h_\mathrm{m} = \mathrm{e}^{-3} \approx -0.049788\cdots$

如果 $\xi = 0$，则有

$$h(\theta) = \sin\theta \qquad (4.84)$$

如果 $\theta_\mathrm{m} = \pi\left(k + \dfrac{1}{2}\right)$，则

$$\frac{\mathrm{d}h}{\mathrm{d}\theta} = \cos\theta = 0$$

如果 $k = 0$，则

$$\theta_\mathrm{m} = \frac{\pi}{2}, h_\mathrm{m} = 1$$

注：

（1）式（3.37）可以表示为

$$u(t) = \frac{\omega_0}{\sqrt{1 - \xi^2}}\int_0^t \ell(\alpha)\mathrm{e}^{-\xi\omega_0(t-\alpha)}\sin\left[\omega_0\sqrt{1 - \xi^2}(t - \alpha)\right]\mathrm{d}\alpha$$

其实就是函数 $l(t)$ 和 $h(t)$ 的卷积积分，$h(t)$ 为脉冲响应或权函数

$$h(t) = \frac{\omega_0}{\sqrt{1-\xi^2}}\mathrm{e}^{-\xi\omega_0 t}\sin(\omega_0\sqrt{1-\xi^2}\,t) \qquad (4.85)$$

（2）两个函数 ℓ 和 H 卷积的傅里叶变换等于它们傅里叶变换的积[LAL 75]。如果 $u = \ell * h$，则有

$$U(\Omega) = \mathrm{FT}(U) = \mathrm{FT}(\ell * h) = L(\Omega) \cdot H(\Omega) \qquad (4.86)$$

脉冲响应的傅里叶变换函数 $H(\Omega)$ 就是系统的传递函数[LAL 75]。

（3）线性单自由度微分方程的拉普拉斯变换有相似的关系。

$$U(p) = A(p)L(p) \qquad (4.87)$$

式中：$A(p)$ 为导纳，$Z(p) = \dfrac{1}{A(p)}$ 为系统广义阻抗。

（4）同样，式（3.60）可以视作函数 $\ell(t)$ 与 $h(t)$ 的卷积，$h(t)$ 为

$$h(t) = \frac{\omega_0}{\sqrt{1-\xi^2}}\mathrm{e}^{-\xi\omega_0 t}\left[(1-2\xi^2)\sin(\omega_0\sqrt{1-\xi^2}\,t) + 2\xi\sqrt{1-\xi^2}\cos(\omega_0\sqrt{1-\xi^2}\,t)\right] \quad (4.88)$$

4.3　阶跃和冲击响应的应用

可以运用前面的结果来计算线性单自由度系统 (k, m) 对于任意激励 $\ell(t)$

的响应。可以用两种方式来考虑响应[BRO 53]:

(1)将响应看作系统对一系列持续时间非常短的冲击响应的和(冲击的包络与激励相对应),如图 4.22 所示;

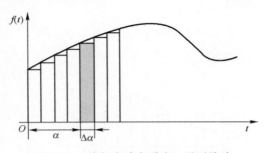

图 4.22 将任意冲击看成一系列脉冲

(2)将响应看作系统对一系列阶跃函数的和,如图 4.23 所示。

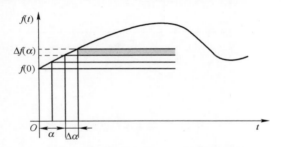

图 4.23 将任意冲击看成一系列阶跃函数

应用叠加原理的前提是系统为线性的,即可以用线性微分方程表述[KAR40,MUS68]。

先将激励 $\ell(t)$ 视为一系列持续时间 $\Delta\alpha$ 非常短的脉冲,并设 $\ell(\alpha)$ 为时刻 α 时脉冲的幅值。根据假设,对于 $\alpha<0, \ell(\alpha)=0$。

设 $h(t-\alpha)$ 为 t 时刻系统的响应,该响应是 $(0,t)$ 时间内对 α 时刻的脉冲的响应。系统对 $\alpha=0$ 到 $\alpha=t$ 期间发生的所有脉冲的响应 $z(t)$ 为

$$u(t) = \sum_{\alpha=0}^{\alpha=t} \ell(\alpha)h(t-\alpha)\Delta\alpha \qquad (4.89)$$

如果激励为连续函数,间隔 $\Delta\alpha$ 可以趋近于 0,公式就变为(**杜哈梅尔**方程):

$$u(t) = \int_0^t \ell(\alpha)h(t-\alpha)\,\mathrm{d}\alpha \qquad (4.90)$$

积分的计算需要知道激励函数 $\ell(t)$ 和系统在时刻 t 对单位脉冲的响应 $h(t-\alpha)$。

积分式(4-90)其实就是卷积积分[LAL 75],这样它就可以写成

$$\ell(t) * h(t) = \int_0^t \ell(\alpha) h(t - \alpha) d\alpha \qquad (4.91)$$

根据卷积的性质[LAL 75]:

$$\ell(t) * h(t) = \int_0^t \ell(t - \alpha) h(\alpha) d\alpha \qquad (4.92)$$

图 4.24 为脉冲响应的求和。

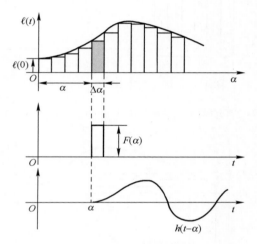

图 4.24　脉冲响应的求和

注:计算中假设系统对 α 时刻施加激励的响应在 t 时刻被观测到,因此响应只是时间间隔 $t-\alpha$ 的函数,而不是 t 或 α 各自的函数。如果系统微分方程的系数是常数,则这是成立的。如果这些系数是时变的,则这种假设通常不成立[KAR 40]。

再将激励视为用等时间步长进行分割后的一系列阶跃函数的和(图 4.25)。

每个阶跃函数的幅值为 $\Delta\ell(\alpha)$,即 $\dfrac{\Delta\ell(\alpha)}{\Delta\alpha}\Delta\alpha$。设 $A(t-\alpha)$ 是 t 时刻的阶跃响应,由在 α 时刻$(0<\alpha<t)$ 施加的单位阶跃响应函数引起。

设 $\ell(0)$ 是在 $\alpha=0$ 时刻的激励,$A(t)$ 是在 0 时刻作用在系统上的单位阶跃激励引起的系统在 t 时刻的响应。

系统对一个单位阶跃函数的响应为

$$\frac{\Delta\ell(\alpha)}{\Delta\alpha}\Delta\alpha A(t-\alpha)$$

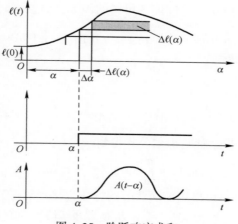

图 4.25 阶跃响应求和

系统对于 $\alpha=0$ 到 $\alpha=t$ 之间用 $\Delta\alpha$ 分割后的所有阶跃函数激励在时刻 t 的响应为

$$u(t) = \ell(0) \cdot A(t) + \sum_{\alpha=0}^{\alpha=t} \frac{\Delta\ell(\alpha)}{\Delta\alpha} \Delta\alpha A(t - \alpha) \qquad (4.93)$$

如果激励函数是连续的,则当 $\Delta\alpha$ 趋近于零时,系统响应趋近于下面的极限:

$$u(t) = \ell(0) \cdot A(t) + \int_0^t \dot{\ell}(\alpha) A(t - \alpha) \mathrm{d}\alpha \qquad (4.94)$$

式中

$$\dot{\ell}(\alpha) = \frac{\mathrm{d}\ell(\alpha)}{\mathrm{d}\alpha}$$

称为重叠积分或 Rocard 积分。在大多数实际情况下与我们的假设一致,即 $\ell(0)=0$,那么

$$u(t) = \int_0^t \dot{\ell}(0) A(t - \alpha) \mathrm{d}\alpha \qquad (4.95)$$

注:

(1) 有时式(4.95)称为杜哈梅尔积分,式(4.90)称为 Rocard 积分 [RID 69];

(2) 设 $U=A(t-\alpha)$ 和 $\mathrm{d}V=\dot{\ell}(\alpha)\mathrm{d}\alpha$,由于 $A(0)$ 在现实情况中一般都等于 0(而且已知 $h(t)=\dfrac{\mathrm{d}A(t)}{\mathrm{d}t}$),积分式(4.90)可以通过对式(4.94)的各个分项进行积分得到

$$u(t) = \ell(0) \cdot A(t) + \int_0^t \dot{\ell}(\alpha) A(t - \alpha) \mathrm{d}\alpha \qquad (4.96)$$

如果 u 是一个在 $(0,t)$ 区间连续可微的函数,则对各部分进行积分得到

$$\int_0^t \dot{\ell}(\alpha) A(t-\alpha) d\alpha = \left[\ell(\alpha) A(t-\alpha) \right]_0^t - \int_0^t \ell(\alpha) \frac{dA(t-a)}{d\alpha} d\alpha$$

(4.97)

如果 $\ell_0 = \ell(0)$,则有

$$u(t) = \ell_0 A(t) + \ell(t) A(0) - \ell_0 A(t) + \int_0^t \ell(\alpha) \dot{A}(t-\alpha) d\alpha \quad (4.98)$$

由于 $A(0) = 0$,因此根据杜哈梅尔公式得到

$$u(t) = \int_0^t \ell(\alpha) \dot{A}(t-\alpha) d\alpha \quad (4.99)$$

函数 $h(t)$ 和 $A(t)$ 可以用前面章节的方法直接计算。它们的表达式可以根据运动的通用方程简化型得到。下一步是发现 $h(t)$。单位脉冲可以通过积分方式以通用形式来定义:

$$\lim_{\theta \to 0} \int_0^\theta \lambda(\alpha) d\alpha = 1 \quad (4.100)$$

式中:α 为积分变量 $(\alpha \leqslant \theta)$。

这个关系定义的是持续时间无穷小,时域积分值等于 1 的激励。由于它对应着持续时间趋近于 0 的激励,因此可以把它作为求解运动方程的初始条件

$$\ddot{q}(\theta) + q(\theta) = \lambda(\theta) \quad (4.101)$$

假设 $\xi = 0$,即

$$q(\theta) = C_1 \cos\theta + C_2 \sin\theta \quad (4.102)$$

响应 $q(\theta)$ 的初始值等于 C_1,而系统初是静止的($C_1 = 0$),初始速度为 C_2。响应的幅值在 $\theta = 0$ 时为零,通过将运动方程式(4.101)中的 q 设为 0 得到初始速度变化,并让 θ 趋于 0 时对 $\ddot{q} = \dfrac{d\dot{q}}{d\theta}$ 在时间上进行积分并取极限[SUT68]。

$$\dot{q}(\theta \to 0) = \lim_{\theta \to 0} \left(\int_0^\theta \frac{d\dot{q}}{d\alpha} d\alpha \right) = \lim_{\theta \to 0} \left(\int_0^\theta \lambda(\alpha) d\alpha \right) \quad (4.103)$$

可得

$$C_2 = 1$$

这样就得到了无阻尼简单系统对广义单位阶跃脉冲的响应表达式,即

$$q(\theta) = \sin\theta \quad (4.104)$$

零阻尼系统对广义阶跃响应和脉冲响应分为可以写为

$$A(t) = 1 - \cos(\omega_0 t) \quad (4.105)$$

和

$$h(t) = \omega_0 \sin(\omega_0 t) \quad (4.106)$$

这样得到

$$u(t) = \int_0^t \ell(\alpha) h(t-\alpha) \, \mathrm{d}\alpha \qquad (4.107)$$

$$u(t) = \omega_0 \int_0^t \ell(\alpha) \sin[\omega_0(t-\alpha)] \, \mathrm{d}\alpha \qquad (4.108)$$

对于任意阻尼 ξ,有

$$A(t) = 1 - \mathrm{e}^{-\xi\omega_0 t} \cos[\omega_0 \sqrt{1-\xi^2}\, t] - \frac{\xi}{\sqrt{1-\xi^2}} \mathrm{e}^{-\xi\omega_0 t} \sin[\omega_0 \sqrt{1-\xi^2}\, t] \qquad (4.109)$$

和

$$h(t) = \frac{\omega_0}{\sqrt{1-\xi^2}} \mathrm{e}^{-\xi\omega_0 t} \sin[\omega_0 \sqrt{1-\xi^2}\, t] \qquad (4.110)$$

得到

$$u(t) = \frac{\omega_0}{\sqrt{1-\xi^2}} \int_0^t \ell(\alpha) \mathrm{e}^{-\xi\omega_0(t-\alpha)} \sin[\omega_0 \sqrt{1-\xi^2}\,(t-\alpha)] \, \mathrm{d}\alpha \qquad (4.111)$$

图 4.26 为脉冲的分解。

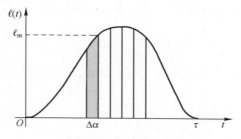

图 4.26　脉冲的分解

固有圆频率为 ω_0 的简单系统的响应就可以通过将激励 $\ell(t)$ 分解为一系列持续时间为 $\Delta\alpha$ 的脉冲后计算得到。对于给定形式的信号,位移 $u(t)$ 是 t、ω_0 和 ξ 的函数。

4.4　线性单自由度系统的传递函数

4.4.1　定义

从式(4.90)中可以看出,可以用权函数(系统对单位脉冲函数的响应)来描述线性系统的特性:

$$q(\theta) = \int_0^\theta \lambda(\alpha) h(\theta-\alpha) \, \mathrm{d}\alpha$$

对于相对响应,有

$$h(\theta) = \begin{cases} \dfrac{\mathrm{e}^{-\xi\theta}}{\sqrt{1-\xi^2}}\sin(\sqrt{1-\xi^2}\,\theta) & (\xi \neq 1) \\[2mm] \theta^{-\theta} & (\xi = 1) \end{cases} \tag{4.112}$$

对于绝对响应,有

$$h(\theta) = \begin{cases} \mathrm{e}^{-\xi\theta}\left[2\xi\cos(\sqrt{1-\xi^2}\,\theta) + \dfrac{1-2\xi^2}{\sqrt{1-\xi^2}}\sin(\sqrt{1-\xi^2}\,\theta)\right] & (\xi \neq 1) \\[2mm] (2-\theta)\mathrm{e}^{-\theta} & (\xi = 1) \end{cases} \tag{4.113}$$

$h(\ )$可以是时间函数。例如对于相对响应,有

$$h(t) = \frac{\omega_0}{\sqrt{1-\xi^2}}\mathrm{e}^{-\xi\omega_0 t}\sin(\sqrt{1-\xi^2}\,\omega_0 t) \tag{4.114}$$

系统传递函数 $H(\Omega)$ 是 $h(t)$ 的傅里叶变换[BEN 63]:

$$H(\Omega) = \int_0^\infty h(t)\mathrm{e}^{-\mathrm{i}\Omega t}\mathrm{d}t \tag{4.115}$$

设 $h = \dfrac{\Omega}{\omega_0}$,变量 h 为时间间隔。在简化坐标中,有

$$H(h) = \int_0^\infty h(\theta)\mathrm{e}^{-\mathrm{i}h\theta}\mathrm{d}\theta \tag{4.116}$$

注:严格地讲,$H(h)$ 是频域上的响应函数,传递函数是 $h(\theta)$ 的拉普拉斯变换[KIM 24]。

通常 $H(h)$ 也被称为传递函数。

函数 $H(h)$[①]
是复数,可表示为[BEN 63]

$$H(h) = |H(h)|\mathrm{e}^{-\mathrm{i}\phi(h)} \tag{4.117}$$

当 $h(\theta)$ 是相对响应函数时,模 $|H(h)|$ 也称为增益因子[KIM 24]或增益或放大倍数。当 $h(\theta)$ 是绝对响应函数时,称为传递率,而 $\phi(h)$ 则是对应的相位(相位因子)。

考虑实际物理系统的特性,$H(h)$ 满足下列特性:

(1) $$H(-h) = H^*(h) \tag{4.118}$$

式中:H^* 为 H 的复共轭。

(2) $$|H(-h)| = |H(h)| \tag{4.119}$$

(3) $$\phi(-h) = -\phi(h) \tag{4.120}$$

(4) 如果两个力学系统的传递函数分别为 $H_1(h)$ 和 $H_2(h)$,串联在一起且

---

① 在本章及后面的章节中经常用到无量纲的量 h,等效于频率比 f/f_0 或 ω/ω_0。

系统间无耦合,则整体传递函数为[BEN 63]

$$H(h) = H_1(h) H_2(h) \tag{4.121}$$

即

$$\begin{cases} |H(h)| = |H_1(h)| \cdot |H_2(h)| \\ \phi(h) = \phi_1(h) + \phi_2(h) \end{cases} \tag{4.122}$$

文献[LAL 75,LAL 82,LAL 95a]中有相应的介绍。运用这种传递函数来计算系统承受正弦、随机或冲击激励时,结构上某个点的响应的示例见下面的章节。

传递函数更常用的定义方法是结构(具有多个自由度)的响应与激励在频率上的比。根据这个定义,上面谈到的 $H(h)$ 的特性仍然可以保留。函数 $H(h)$ 仅取决于系统特性。

4.4.2 相对响应 $H(h)$ 的计算

根据定义可得

$$H(h) = \int_0^\infty \frac{e^{-\xi\theta}}{\sqrt{1-\xi^2}} \sin(\sqrt{1-\xi^2}\,\theta) e^{-ih\theta} d\theta \tag{4.123}$$

已知

$$\int e^{ax} \sin(bx) dx = \frac{e^{ax}}{a^2+b^2} [a\sin(bx) - b\cos(bx)] \tag{4.124}$$

可变为

$$H(h) = \frac{1}{\sqrt{1-\xi^2}} \left\{ \frac{e^{-(\xi+ih)}}{1-\xi^2+(\xi+ih)^2} [-(\xi+ih)\sin(\sqrt{1-\xi^2}\,\theta) - \sqrt{1-\xi^2}\cos(\sqrt{1-\xi^2}\,\theta)] \right\}_0^\infty \tag{4.125}$$

$$H(h) = \frac{1}{(1-h^2)+2ih\xi} \tag{4.126}$$

$$|H(h)| = \frac{1}{\sqrt{(1-h^2)^2+4\xi^2h^2}} \tag{4.127}$$

$$\tan\phi = \frac{2\xi h}{1-h^2} \tag{4.128}$$

如果 $0 \leqslant h < 1$,则有

$$\phi = \arctan\frac{2\xi h}{1-h^2} \tag{4.129}$$

如果 $h = 1$,则有

$$\phi = \frac{\pi}{2} \tag{4.130}$$

如果 $h>1$, 则有

$$\phi = \pi + \arctan \frac{2\xi h}{1-h^2} \tag{4.131}$$

4.4.3 绝对响应 $H(h)$ 的计算

这种情况下, 如果 $1-h^2+4 h^2\xi^2>0$, 即 $h^2<\dfrac{1}{1-4\xi^2}$, 则有

$$H(h) = \int_0^\infty e^{-\xi\theta} \left[2\xi\cos(\sqrt{1-\xi^2}\,\theta) + \frac{1-2\xi^2}{\sqrt{1-\xi^2}}\sin(\sqrt{1-\xi^2}\,\theta) \right] e^{-ih\theta}\,\mathrm{d}\theta \tag{4.132}$$

$$H(h) = \int_0^\infty 2\xi e^{-(\xi+ih)\theta}\cos(\sqrt{1-\xi^2}\,\theta)\,\mathrm{d}\theta + \frac{1-2\xi^2}{\sqrt{1-\xi^2}}\int_0^\infty e^{-(\xi+ih)\theta}\sin(\sqrt{1-\xi^2}\,\theta)\,\mathrm{d}\theta \tag{4.133}$$

$$H(h) = \left\{ 2\xi\frac{e^{-(\xi+ih)\theta}}{(\xi+ih)^2+1-\xi^2}\left[-(\xi+ih)\cos(\sqrt{1-\xi^2}\,\theta) + \sqrt{1-\xi^2}\sin(\sqrt{1-\xi^2}\,\theta)\,\mathrm{d}\theta \right] + \right.$$
$$\left. \frac{1-2\xi^2}{\sqrt{1-\xi^2}}\frac{e^{-(\xi+ih)\theta}}{(\xi+ih)^2+1-\xi^2}\left[-(\xi+ih)\sin(\sqrt{1-\xi^2}\,\theta) - \sqrt{1-\xi^2}\cos(\sqrt{1-\xi^2}\,\theta) \right] \right\}_0^\infty \tag{4.134}$$

$$H(h) = \frac{2\xi(\xi+ih)}{1-h^2+2i\xi h} + \frac{(1-2\xi^2)\sqrt{1-\xi^2}}{\sqrt{1-\xi^2}\,(1-h^2+2i\xi h)} \tag{4.135}$$

$$H(h) = \frac{1+2i\xi h}{1-h^2+2\xi ih} = \frac{1-h^2+4h^2\xi^2-2i\xi h^3}{(1-h^2)^2+4\xi^2 h^2} \tag{4.136}$$

$$|H(h)| = \frac{\sqrt{1+4h^2\xi^2}}{\sqrt{(1-h^2)+4\xi^2 h^2}} \tag{4.137}$$

$$\tan\phi = \frac{2\xi h^3}{1-h^2+4\xi^2 h^2} \tag{4.138}$$

$$\phi = \arctan\frac{2\xi h^3}{1-h^2+4\xi^2 h^2} \tag{4.139}$$

如果 $h^2 = \dfrac{1}{1-4\xi^2}$, 则有

$$\phi = \frac{\pi}{2} \tag{4.140}$$

如果 $h^2 > \dfrac{1}{1-4\xi^2}$,则有

$$\phi = \pi + \arctan \frac{2\xi h^3}{1-h^2+4\xi^2 h^2} \qquad (4.141)$$

如果 $\xi = \dfrac{1}{2}$,则 $\tan\phi = h^3$,即

$$\phi = \arctan h^3 \qquad (4.142)$$

复传递函数也可以通过其实部和虚部(图 4.27)进行研究(奈奎斯特图,见图 4.28):

$$H(f) = \frac{1+\mathrm{i}2\xi h}{1-h^2+\mathrm{i}2\xi h} = \mathrm{Re}\big[\,H(f)\,\big] + \mathrm{i}\,\mathrm{Im}\big[\,H(f)\,\big] \qquad (4.143)$$

$$\mathrm{Re}\big[\,H(f)\,\big] = \frac{1-h^2+(2\xi h)^2}{(1-h^2)^2+(2\xi h)^2} \qquad (4.144)$$

$$\mathrm{Im}\big[\,H(f)\,\big] = \frac{-2\xi h^3}{(1-h^2)^2+(2\xi h)^2} \qquad (4.145)$$

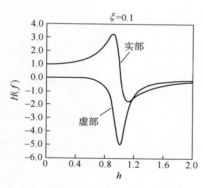

图 4.27 $H(h)$ 的实部和虚部

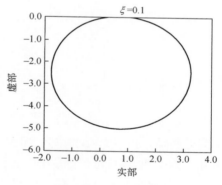

图 4.28 奈奎斯特图

4.4.4 传递函数的其他定义

4.4.4.1 符号

根据激励和响应参数的选择,可以用不同的方法定义传递函数。为了避免引起混淆,在字母 H 后面放置两个字母作为下标,第一个字母规定输入,第二个字母规定响应。字母 H 只有在简化坐标中才可以不用下标。对于阻抗 $\dfrac{1}{H} = Z$ 采用同样的规则。

4. 4. 4. 2　相对响应

$$H_\rho = |H| = \frac{1}{\sqrt{(1-h^2)^2 + (2\xi h)^2}} \qquad (4.146)$$

函数 $|H|$ 等于函数 $|H_{\ell,u}| = \dfrac{u}{\ell}$。为将它与绝对响应给出的传递函数区别开来,用 H_R 作为它的符号。

计算 $|H_{\ddot{x},z}|$:

$$|\ell(t)| = \frac{\ddot{x}(t)}{\omega_0^2} \qquad (4.147)$$

$$\frac{u}{\ell} = \frac{z}{\ddot{x}}\omega_0^2 \qquad (4.148)$$

$$|H_{x,z}| = |H_{\ell,u}|\frac{1}{\omega_0^2} \qquad (4.149)$$

计算 $|H_{F,z}|$:

$$\frac{u}{\ell} = \frac{z}{\dfrac{F}{k}} \qquad (4.150)$$

$$|H_{F,z}| = \frac{|H_{\ell,u}|}{k} \qquad (4.151)$$

用相对速度定义的响应:

$$|H_{\ell,\dot{u}}| = \frac{\dot{u}}{\ell} = \frac{\Omega u}{\ell} \qquad (4.152)$$

假设激励是频率为 Ω 的正弦,那么响应也是频率为 Ω 的正弦,或者激励可以展开为傅里叶级数,每个分量都是正弦,可得

$$|H_{\ell,\dot{u}}| = \Omega|H_{\ell,u}| = \Omega|H| \qquad (4.153)$$

如果 $|\ell(t)| = \dfrac{\ddot{x}(t)}{\omega_0^2}$,则有

$$\frac{\dot{u}}{\ell} = \frac{\dot{z}}{\dfrac{\ddot{x}}{\omega_0^2}} = \Omega|H| \qquad (4.154)$$

$$H_{\ddot{x},z} = \frac{\Omega}{\omega_0^2}|H| \qquad (4.155)$$

4. 4. 4. 3　绝对响应

用同样的方法,从式(4.137)开始

$$H_\alpha = |H| = \sqrt{\frac{1+4\xi^2 h^2}{(1-h^2)^2+(2\xi h)^2}}$$

用符号 H_A 代表绝对响应的响应常用传递函数表达式。

4.4.4.4 总结

表 4.1 给出了每个参数作为输入和响应参数的各种组合情况下 H_R 和 H_A 的表达式

表 4.1   激励与响应对应的传递函数

激励 \ 响应	z	$\dot{z}$	$\ddot{z}$	y	$\dot{y}$	$\ddot{y}$	基座的反作用力 F_T
施加在质量 m 上的力 F	$\dfrac{kz}{F}$	$\dfrac{k\dot{z}}{\Omega F}$	$\dfrac{k\ddot{z}}{\Omega^2 F}$	—	—	—	$\dfrac{F_T}{F}$
$\ddot{x}$	$\dfrac{\omega_0^2 z}{\ddot{x}}$	$\dfrac{\omega_0^2 \dot{z}}{\Omega \ddot{x}}$	$\dfrac{\omega_0^2 \ddot{z}}{\Omega^2 \ddot{x}}$	$\dfrac{\Omega^2 y}{\ddot{x}}$	$\dfrac{\Omega \dot{y}}{\ddot{x}}$	$\dfrac{\ddot{y}}{\ddot{x}}$	
$\dot{x}$	$\dfrac{\omega_0^2 z}{\Omega \dot{x}}$	$\dfrac{\omega_0^2 \dot{z}}{\Omega^2 \dot{x}}$	$\dfrac{\omega_0^2 \ddot{z}}{\Omega^3 \dot{x}}$	$\dfrac{\Omega y}{\dot{x}}$	$\dfrac{\dot{y}}{\dot{x}}$	$\dfrac{\ddot{y}}{\Omega \dot{x}}$	
x	$\dfrac{\omega_0^2 z}{\Omega^2 x}$	$\dfrac{\omega_0^2 \dot{z}}{\Omega^3 x}$	$\dfrac{\omega_0^2 \ddot{z}}{\Omega^4 x}$	$\dfrac{y}{x}$	$\dfrac{\dot{y}}{\Omega x}$	$\dfrac{\ddot{y}}{\Omega^2 x}$	
简化传递函数	H_R			H_A			

在表 4.2 中也给出了这些结果。

> **例 4.3**
>
> 假设激励和响应分别是速度 $\dot{x}$ 和 $\dot{z}$。根据表 4.1,传递函数可以通过下面关系式得到:
>
> $$H_R = \frac{\omega_0^2 \dot{z}}{\Omega^2 \dot{x}} \tag{4.156}$$
>
> 这样得到
>
> $$\frac{\dot{z}}{\dot{x}} = \frac{\Omega^2}{\omega_0^2} \frac{1}{\sqrt{(1-h^2)^2 + 4\xi^2 h^2}} \tag{4.157}$$
>
> 表 4.2 更直接地给出了这种关系。为了能继续使用简化参数,特别是简化传递函数(对于不是表 4.2 中传递函数的情况),这些函数可定义如下。

对于给定激励,可以通过把位移(绝对的或相对的均可)的传递函数分别乘以 h 和 h^2,得到速度和加速度的传递函数(见表 4.3)。

可用这种方法可以绘制四坐标表述法的传递函数,从中分别读取的位移、速度和加速度传递函数(仅从一条简化频率 h 曲线开始)(见 6.7 节)。

注:有时用分贝的形式表示传递函数,即

$$H(\text{dB}) = 20\lg H(h) \tag{4.158}$$

式中:$H(h)$为上面表4.1传递函数的幅值。传递函数变化10倍对应着幅值变化20dB。

表4.2　激励与响应的对应传递函数

激励 \ 响应		位移/m		速度/(m/s)		加速度/(m/s²)		基座的反作用力
		绝对 $y(t)$	相对 $z(t)$	绝对 $\dot{y}(t)$	相对 $\dot{z}(t)$	绝对 $\ddot{y}(t)$	相对 $\ddot{z}(t)$	—
基座位移	位移 $x(t)/m$	H_A	$\dfrac{\Omega^2}{\omega_0^2}H_R$	ΩH_A	$\dfrac{\Omega^3}{\omega_0^2}H_R$	$\Omega^2 H_A$	$\dfrac{\Omega^4}{\omega_0^2}H_A$ ①	—
	速度 $\dot{x}(t)/(m/s)$	$\dfrac{H_A}{\Omega}$	$\dfrac{\Omega}{\omega_0^2}H_R$	H_A	$\dfrac{\Omega^2}{\omega_0^2}H_R$	ΩH_A	$\dfrac{\Omega^3}{\omega_0^2}H_R$	—
	加速度 $\ddot{x}(t)/(m/s^2)$	$\dfrac{H_A}{\Omega^2}$	$\dfrac{H_R}{\omega_0^2}$	$\dfrac{H_A}{\Omega}$	$\dfrac{\Omega}{\omega_0^2}H_R$	H_A	$\dfrac{\Omega^2}{\omega_0^2}H_R$	—
施加在质量 m 上的力 F		$\dfrac{H_R}{k}$		$\dfrac{\Omega}{k}H_R$		$\dfrac{\Omega^2}{k}H_R$		H_A

$$H_\rho = \dfrac{1}{\sqrt{(1-h^2)^2+(2\xi h)^2}}$$

$$H_\alpha = \sqrt{\dfrac{1+4\xi^2 h^2}{(1-h^2)^2+(2\xi h)^2}}$$

表4.3　激励与响应的对应传递函数

激励 \ 响应		位移/m		速度/(m/s)		加速度/(m/s²)		基座的相互作用力 $F(t)$
		绝对 $y(t)$	相对 $z(t)$	绝对 $\dot{y}(t)$	相对 $\dot{z}(t)$	绝对 $\ddot{y}(t)$	相对 $\ddot{z}(t)$	
基座位移	位移 $x(t)/m$	$\dfrac{y}{x}=H_A$	$\dfrac{z}{x}=h^2 H_R$	$\dfrac{\dot{y}}{\omega_0 x}=h H_A$	$\dfrac{\dot{z}}{x}=h^3 H_R$	$\dfrac{\ddot{y}}{\omega_0^2 x}=h^2 H_A$	$\dfrac{\ddot{z}}{\omega_0^2 x}=h^4 H_R$	—
	速度 $\dot{x}(t)/(m/s)$	$\dfrac{\omega_0 y}{\dot{x}}=\dfrac{H_A}{h}$	$\dfrac{\omega_0 z}{\dot{x}}=h H_R$	$\dfrac{\dot{y}}{\dot{x}}=H_A$	$\dfrac{\dot{z}}{\dot{x}}=h^2 H_R$	$\dfrac{\ddot{y}}{\omega_0 \dot{x}}=h H_A$	$\dfrac{\ddot{z}}{\omega_0 \dot{x}}=h^3 H_R$	—
	加速度 $\ddot{x}(t)/(m/s^2)$	$\dfrac{\omega_0 y}{\ddot{x}}=\dfrac{H_A}{h^2}$	$\dfrac{\omega_0^2 z}{\ddot{x}}=H_R$	$\dfrac{\omega_0 \dot{y}}{\ddot{x}}=\dfrac{H_A}{h}$	$\dfrac{\omega_0 \dot{z}}{\ddot{x}}=h H_R$	$\dfrac{\ddot{y}}{\ddot{x}}=H_A$	$\dfrac{\ddot{z}}{\ddot{x}}=h^2 H_R$	—

---

① 译者注:应为 H_R,原文有误。

（续）

激励 \ 响应	位移/m		速度/(m/s)		加速度/(m/s²)		基座的相互作用力 $F(t)$
	绝对 $y(t)$	相对 $z(t)$	绝对 $\dot{y}(t)$	相对 $\dot{z}(t)$	绝对 $\ddot{y}(t)$	相对 $\ddot{z}(t)$	
施加在质量 m 上的力 $F(t)$	$\dfrac{kz}{F}=H_R$		$\dfrac{\sqrt{km}\,\dot{z}}{F}=hH_R$		$\dfrac{m\ddot{z}}{F}=h^2 H_R$		$\dfrac{F_T}{F}=H_A$

4.5 传递函数的测量

力学系统的传递函数可定义为

（1）对于稳态正弦模式,计算不同激励频率 f 下激励幅值与响应幅值的比值[TAY 77]。

（2）对于慢速正弦扫描模式,所选择扫描速率足够低,在通过共振频率时可以忽略瞬态效应。频率变化有步进和连续两种方式。在每个频率上停留的时间应足够长,使得系统的响应能达到频率固定时能达到的情况（即达到最高值）。

（3）快速正弦扫描模式（C. W. Skingle 制定的方法[SKI 66]）。

（4）随机振动模式（响应与激励的功率谱密度函数之比,或互谱密度 G_{xy} 与激励功率谱密度函数之比）（见第 3 卷）。

（5）冲击模式（响应与激励的傅里叶变换之比）（见第 2 卷）。在最后一种情况下,可使用锤头测量输入力,用传感器测量加速度响应,或者与前面几种方法一样用电动振动台。

大多数作者认可快速正弦扫描时测量系统传递函数的最佳方法。如果整个有效频率范围内傅里叶变换的幅值量级比零大得多,则用冲击激励可以得到很好的结果。而随机振动需要更长时间的试验[SMA 85,TAY 75]。

第 5 章
正弦振动

5.1 定义

5.1.1 正弦振动

正弦振动(图 5.1)是最简单的,也是最基本的周期振动形式。其运动可用下面的解析公式来描述:

$$\ell(t) = \ell_m \sin(\Omega t + \varphi) \tag{5.1}$$

式中:t 为时间的瞬时值(s);ℓ_m 为运动的幅值($\ell(t)$ 的最大值);$\ell(t)$ 用以定义运动的参数;Ω 为圆频率,与频率 f 的关系为 $\Omega = 2\pi f$。频率 f 用 Hz 或 周期/秒 (cps)来表示,与频率 f 相对的是周期 T。φ 为相位($t = 0$ 时 ℓ 的值),φ 用角度来表示,实际应用中,可能的话假定 $\varphi = 0$。

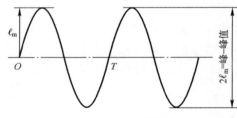

图 5.1　正弦振动

通常 $\ell(t)$ 是加速度,但也可以是速度、(线或角)位移或力。

位移是指位置上的变化,可以是物体离开某个特定点或参考轴的位置。位移的单位为 m 或 mm、μm。位移的幅值是指位移可能的取值范围,即在 0(静止系统的位置)和最大位移值(峰值)之间。位移的幅值也可以指最大值与最小值的间隔(峰–峰值),在这个间隔中包含了所有可能的位移值。

速度是指位移相对于时间的变化(位移的一阶导数)。速度单位为 m/s 或 cm/s、mm/s。与位移的情况相似,在谈论速度时可能有峰值和峰-峰值两种情况。

加速度是指速度相对于时间的变化,等于速度的一阶导数或位移的二阶导数。加速度单位为 m/s^2,但更常用的是 g,$1g = 9.81 m/s^2$。

上述三个参数可用它们之间的积分或微分来相互推导:

$$\begin{cases} \dot{\ell} = \dfrac{d\ell}{dt} = \ell_m \Omega \cos(\Omega t) = \dot{\ell}_m \cos(\Omega t) = \dot{\ell}_m \sin\left(\Omega t + \dfrac{\pi}{2}\right) \\ \ddot{\ell} = \dfrac{d^2\ell}{dt^2} = -\ell_m \Omega^2 \sin(\Omega t) = -\ddot{\ell}_m \sin(\Omega t) = \ddot{\ell}_m \sin(\Omega t + \pi) \end{cases} \tag{5.2}$$

从这些表达式中可以看出,加速度、速度和位移都是周期 T 的正弦函数,速度和位移之间的相位差是 $\dfrac{\pi}{2}$(图 5.2),速度和加速度的相位差也是一样。

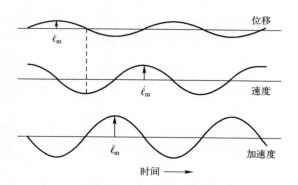

图 5.2　正弦位移、速度和加速度之间的相位差

假设 $\dot{\ell}_m$ 和 $\ddot{\ell}_m$ 是速度和加速度的最大值,注意当位移到达最大值时,速度值为零,加速度为最大值时,速度值为零。加速度以频率的平方进行变化。如果加速度恒定,那么位移的变化是频率平方的倒数。随着频率的增加,位移值迅速降低。相反的,随着频率的减小,位移迅速增加。

5.1.2　均值

$\ell(t)$ 在一个周期 T 内的均值用以下公式表示,其值等于零(在一个周期内,所有的点都有在时间轴上对称的点):

$$\overline{\ell} = \frac{1}{T} \int_0^T \ell(t) dt \tag{5.3}$$

正数部分下的面积(曲线与时间轴之间)等于负数部分的面积。信号的半周期均值更重要:

$$\overline{\ell} = \frac{2}{T} \int_0^{T/2} \ell(t)\,\mathrm{d}t \tag{5.4}$$

$$\overline{\ell} = \frac{2}{T} \ell_m \int_0^{T/2} \sin(\Omega t)\,\mathrm{d}t$$

由 $\Omega t = 2\pi$ 可得

$$\overline{\ell} = \frac{2\ell_m}{\pi} \approx 0.637\ell_m \tag{5.5}$$

5.1.3 均方根值

均方根值的定义如下:

$$\overline{\ell^2} = \frac{1}{T} \int_0^T \ell^2(t)\,\mathrm{d}t \tag{5.6}$$

$$\overline{\ell^2} = \frac{1}{T} \int_0^T \ell_m^2 \sin^2(\Omega t)\,\mathrm{d}t$$

$$\overline{\ell^2} = \frac{\ell_m^2}{2} \tag{5.7}$$

均方根值为

$$\ell_{\mathrm{rms}} = \sqrt{\overline{\ell^2}} = \frac{\ell_m}{\sqrt{2}} \approx 0.707\ell_m \tag{5.8}$$

因而

$$\ell_{\mathrm{rms}} = \frac{\pi}{2\sqrt{2}} \overline{\ell} \tag{5.9}$$

也可以采取更常用的形式来表示[BRO 84],即

$$\ell_{\mathrm{rms}} = F_f\, \overline{\ell} = \frac{1}{F_c} \ell_m \tag{5.10}$$

式中: F_f、F_c 分别为形状系数和峰值系数。

当实际情况中信号并不是纯粹的正弦时,这些参数可以给出一些关于信号形状以及它与正弦信号相似程度的信息。对于纯粹的正弦信号,均值幅值和均方根值示意如图 5.3 所示,相互关系如下:

$$F_f = \frac{\pi}{2\sqrt{2}} \approx 1.11 \tag{5.11}$$

和

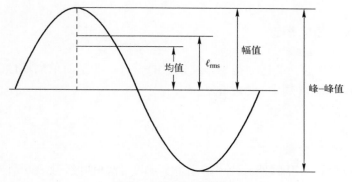

图 5.3 单频正弦的特性

$$F_c = \sqrt{2} \approx 1.414 \qquad (5.12)$$

这样的信号也称为单谐波。它的谱仅由一根在特定频率上线构成。
由多个正弦组成的信号的谱是离散的(谱线)[BEN 71]。
图 5.4 为正弦信号的谱(线谱)。

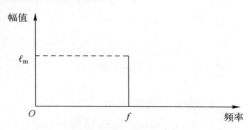

图 5.4 正弦信号的谱(线谱)

注:均方根值通常是一个振动信号中的静态分量和动态分量的合成。可以通过均值的计算对静态分量进行分离[BEN 63,PEN 65]:

$$\overline{\ell} = \frac{1}{T} \int_0^T \ell(t) \, \mathrm{d}t$$

对于一个完美的正弦,均值为 0,以时间轴为中心。动态部分的特征可以用计算其中心均方值(方差)的方式来描述:

$$s_\ell^2 = \frac{1}{T} \int_0^T \left[\ell(t) - \overline{\ell} \right]^2 \mathrm{d}t \qquad (5.13)$$

这样可以得到

$$\overline{\ell^2} = s_\ell^2 + (\overline{\ell})^2 \qquad (5.14)$$

如果均值为 0,方差等于均方值。

5.1.4 周期振动

实际环境中遇到的运动很少是纯正弦的。有一些是简单周期性的,信号在定期的时间间隔 T(周期)后会重复。

其瞬时幅值可写为

$$\ell(t) = \ell(t+nT_1) \tag{5.15}$$

式中:n 为正整数常量。

除了极少数情况例外,一个周期信号可以用傅里叶级数表示,即一系列纯正弦信号的和:

$$\ell(t) = \frac{a_0}{2} + \sum_{n=1}^{\infty} \left[a_n \cos(2\pi nf_1 t) + b_n \sin(2\pi nf_1 t) \right] \tag{5.16}$$

式中:$f_1 = \dfrac{1}{T_1}$,为基频。

$$\begin{cases} a_n = \dfrac{2}{T_1} \int_0^{T_1} \ell(t) \cos(2\pi nft) \, \mathrm{d}t \\[3mm] b_n = \dfrac{2}{T_1} \int_0^{T_1} \ell(t) \sin(2\pi nft) \, \mathrm{d}t \end{cases} \qquad (n = 0,1,2,3\cdots)$$

所有的频率 $f_n = nf_1$,是基频 f_1 的整数倍。

在大多数实际应用中,知道不同分量的幅值和频率就足够了,相位可以忽略。对于这种周期性信号,可以用图 5.5 中的离散谱线方式来表示,每条谱线是各分量频率相对应的幅值 ℓ_{m_n}。

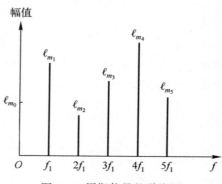

图 5.5 周期信号的谱线图

由于每个分量都是正弦信号,因而每个频率对应的均方根值 $\ell_{\mathrm{rmsn}} = \dfrac{\ell_{m_n}}{\sqrt{2}}$ 及

$|\ell_n(t)|$ 的平均值 $\ell_{n_{\mathrm{mean}}} = \dfrac{2}{\pi}\ell_{m_n}$ 也可以很容易作图得到。这些参数可以给出激励的严酷度,但只有它们还不足以描述振动,因为这些参数不包含任何频率信息。$\ell(t)$ 还可以写成 [PEN 65]

$$\ell(t) = \ell_{m0} + \sum_{n=1}^{\infty} \ell_{m_n}\sin(2\pi nf_1 t - \varphi_n) \qquad (5.17)$$

式中:ℓ_{m_n} 为第 n 个分量的幅值;φ_n 为第 n 个分量的相位;L_0 为连续分量。且有

$$\ell_n(t) = \ell_{m_n}\sin(2\pi nf_1 - \varphi_n)$$

$$\ell_{m0} = \frac{a_0}{2}$$

$$\ell_{m_n} = \sqrt{a_n^2 + b_n^2} \quad (n=1,2,3,\cdots)$$

$$\varphi = \arctan\frac{b_n}{a_n}$$

这样,一个周期信号 $\ell(t)$ 可以看成是一个常数分量和无穷多个(也许不是无穷多)正弦分量的和,称作谐波,它们的频率是 f 的整数倍。

傅里叶级数可完全用在 nf_1 频率上的系数 a_n 和 b_n 来描述,并在频域上用给定的 a_n 和 b_n 的谱线表示。如果不考虑相位 φ_n(在实际使用中通常也这么做),那么可以在频域上画出一条给定 ℓ_{m_n} 系数的谱线。

纵轴可以描述每个分量的幅值或其均方根值。可得 [FOU 64]

$$\overline{\ell} = \ell_{m0} \qquad (5.18)$$

$$\ell(t) = \sum_{n=1}^{\infty} \ell_{m_n}\sin(2\pi f_n t + \varphi_n)$$

$$\ell_{\mathrm{rms}}^2 = \frac{1}{T_1}\sum\int_0^{T_1}\ell_{m_n}^2\sin^2(2\pi nf_1 t + \varphi_n)\,\mathrm{d}t +$$

$$\frac{2}{T_1}\sum\int_0^{T_1}\ell_{m_p}\ell_{m_q}\sin(2\pi pf_1 t + \varphi_p)\sin(2\pi qf_1 t + \varphi_q)\,\mathrm{d}t$$

第二项是两个正弦函数的乘积在一个周期内积分,等于 0:

$$\ell_{\mathrm{rms}}^2 = \frac{1}{T_1}\sum\ell_{m_n}^2\int_0^{T_1}\frac{1}{2}\{1-\cos[2(2\pi nf_1 t + \varphi_n)]\}\,\mathrm{d}t = \frac{1}{T_1}\sum\ell_{m_n}^2\int_0^{T_1}\frac{\mathrm{d}t}{2}$$

如果均值为 0,则有

$$\ell_{\mathrm{rms}}^2 = \frac{1}{T_1}\sum_{n=1}^{\infty}\int_0^{T_1}\ell_{m_n}^2\frac{\mathrm{d}t}{2} = \sum_{n=1}^{\infty}\frac{\ell_{m_n}^2}{2} \qquad (5.19)$$

每个分量的均方值为

$$\overline{\ell_n^2} = \frac{1}{2}\ell_{m_n}^2 \tag{5.20}$$

如果均值不为 0,则有

$$\overline{\ell^2} = \ell_0^2 + \frac{1}{2}\sum_{n=1}^{\infty}\ell_{m_n}^2 \tag{5.21}$$

方差可以用下式得到:

$$s_\ell^2 = \overline{\ell^2} - (\overline{\ell})^2 = \frac{1}{2}\sum_{n=1}^{\infty}\ell_{m_n}^2 \tag{5.22}$$

根据式(5.2)从 $\ell(t)$ 直接给出 $\dot{\ell}(t)$ 和 $\ddot{\ell}(t)$ 的关系不再适用(有必要从和中对每个子项进行推导)。这些曲线中每一条的形状都是不同的。

$\ell(t)$ 的均值和均方根值可根据通用表达式通过计算得到 [BRO 84, KLE 71b]。

5.1.5　准周期信号

如果存在不同分量的频率之比是无理数的情况,那么由几个周期性信号组成的信号不一定是周期性信号。准周期信号可用下式表示:

$$\ell(t) = \sum_{n=1}^{\infty}\ell_{m_n}\sin(2\pi f_n t + \varphi_n) \tag{5.23}$$

图 5.6 为准周期信号的谱。

如果此时同样忽略相位 φ_n,那么仍然可以用谱线来图形化表征 $\ell(t)$。

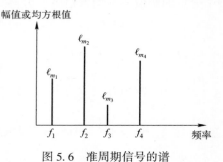

图 5.6　准周期信号的谱

5.2　实际环境中的周期振动和正弦振动

实际环境中很难遇到完美的正弦振动。不过在某些情况下,可以将某些信号以正弦信号的方式来处理,以便于分析。例如,在旋转机器中,在平衡不好的旋转部件上(不平衡的轴、减速器轴之间的缺陷(变速轴,电动机,齿轮))[RUB 64]。

针对可以分解为傅里叶级数的周期性振动,更常见的情况是如何简化为正弦振动问题,通过研究每个谐波分量的效应和应用叠加定理(在一些必要假设的基础上,特别是线性能够成立)。在会产生周期性撞击(挤压)的机械,在有多个活塞的内燃机上以及其他类型的场合可以观察到周期性振动[BEN 71,BRO 84,KLE 71b,TUS 72]。

可以用相同的方法去研究准周期振动,一个分量一个分量地进行,直到所有分量的特性都得以了解。如果多台发动机的同步做得不好,螺旋桨飞机的机体结构上就可以测量到准周期振动[BEN 71]。

5.3 正弦振动试验

用电磁振动台或液压振动机进行的正弦振动试验有以下目的:

(1)模拟具有相同特性的环境。

(2)搜寻共振频率(结构动力学特性辨识)。对一个结构施加随机激励、冲击或扫描正弦振动,并在结构的多个点上测量其响应,并对响应进行分析。对于正弦扫描的情况,频率一般以对数规律随时间变化,当然有时也以线性规律变化。如果扫描正弦试验使用的是模拟控制系统,则频率随时间变化是连续的。如果使用数字式控制器,则在某个时间内频率是在给定值上恒定的,然后变化到下一个给定值。变化量可以是恒定的,也可以不是恒定的,这取决于采用的扫描方式。

例 5.1

设在频率为 0.5Hz,振动幅值 $x_m = 10cm$,则

最大速度为

$$\dot{x}_m = 2\pi f x_m = 0.314(m/s)$$

最大加速度为

$$\ddot{x}_m = (2\pi f)^2 x_m = 0.987(m/s^2)$$

设频率为 3Hz,$x_m = 10cm$,则

最大速度为

$$\dot{x}_m = 1.885m/s$$

最大加速度为

$$\ddot{x}_{\mathrm{m}} = 35.53 \mathrm{m/s^2}$$

设频率为 $10\mathrm{Hz}$，$\ddot{x} = 5\mathrm{m/s^2}$，则

最大速度为

$$\dot{x}_{\mathrm{m}} = \frac{\ddot{x}_{\mathrm{m}}}{2\pi f} = 0.0796(\mathrm{m/s})$$

最大位移为

$$x_{\mathrm{m}} = \frac{\ddot{x}_{\mathrm{m}}}{(2\pi f)^2} = 1.27 \times 10^{-3}(\mathrm{m})$$

图 5.7 为加速度、速度、位移与频率的关系。

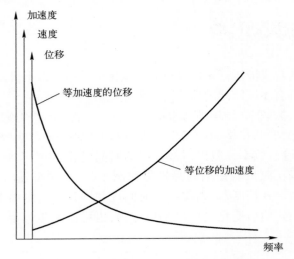

图 5.7　加速度、速度、位移与频率的关系

（3）疲劳试验，无论是对试棒还是直接在结构上，通常选择等于结构共振频率的正弦激励。对于这种情况，试验的目的往往在于对复杂的实际环境（通常是随机特性）的疲劳效应模拟，并假设疲劳在共振频率上会达到最大 [GAM 92]。要解决的问题往往是 [CUR 71]：

① 随机振动和正弦振动的等效性确定。选择严酷度和持续时间等效的正弦振动的原则见文献 [GAM 92]。

② 有必要了解材料的共振频率（通过预试验得到）。

③ 在多个共振频率中，必须选择试验频率的数目，一般少于共振频率的数目（这样做是为了每个频率上保持的时间能够在总试验时间中占足够大的比例），然后确定所选共振频率上的试验严酷度以及持续时间。频率的选择非常

重要,如有可能,选择最有可能导致裂纹发生的频率,即品质因数 Q 高于给定值(通常为 2)。这种选择有时并不令人信服,因为它依赖于预试验测量得到的传递函数,很大程度上与传感器的位置选择有关,可能会导致错误或偏差。

④ 共振频率的控制,在材料寿命的末期,共振频率可能会发生变化。

对于正弦试验,试验规范要明确正弦频率,持续时间和幅值。

激励的幅值通常用单峰加速度来定义(有时也用峰-峰值),对于非常低的频率(低于几赫),用位移来进行定义会更方便,因为此时加速度值非常小。在中间频率段,有时也会采用速度进行定义。

第6章
线性单自由度力学系统对正弦激励的响应

第3章探讨了力学系统偏离平衡位置从初始状态被释放后,在恢复力可能还有阻尼力的作用下,将进行有阻尼或无阻尼的简谐运动。

本章将研究系统在稳态激励作用下的运动,其幅值随时间以及在相同方向上的恢复力呈正弦变化。

可用两种方式来定义激励,一种是施加在系统质量上的力(图6.1),另一种是系统支撑平台的运动,这种运动本身是用随时间变化的位移、速度或加速度来定义的(图6.2)。本章将对这两种情况分别讨论。

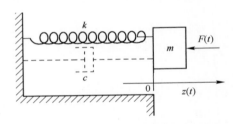

图 6.1　以力来定义的激励

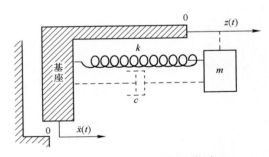

图 6.2　以加速度定义的激励

两种类型的激励都将重点关注：

（1）与实际接近的有阻尼力的情况；

（2）阻尼为零的理想情况。

6.1　运动的通用公式

6.1.1　相对响应

在第 3 章里给出了运动的微分方程，相对响应的拉普拉斯变换为

$$Q(p) = \frac{\Lambda(p)}{p^2 + 2\xi p + 1} + \frac{p q_0 + (\dot{q}_0 + 2\xi q_0)}{p^2 + 2\xi p + 1} \tag{6.1}$$

式中：q_0 和 $\dot{q}_0$ 是初始状态。

为简化计算，并考虑到本章的特点，假设 $q_0 = \dot{q}_0 = 0$。如果不是这种情况，可通过在 $q(\theta)$ 的最终表达式中加上项 $C(\theta)$ 来解决，计算方法在前面的章节讨论过。

正弦

$$\lambda(\theta) = \sin(h\theta) \tag{6.2}$$

的拉普拉斯变换为

$$\Lambda(p) = \frac{h}{p^2 + h^2} \tag{6.3}$$

式中

$$h = \frac{\Omega}{\omega_0}$$

其中：Ω 为正弦的圆频率；ω_0 为无阻尼单自由度力学系统的自然圆频率。

得到

$$Q(p) = \frac{h}{(p^2 + h^2)(p^2 + 2\xi p + 1)} \tag{6.4}$$

第一种情况：$0 \leq \xi < 1$（欠阻尼系统）

$$Q(p) = \frac{-h}{(1-h^2)^2 + 4\xi^2 h^2} \left(\frac{2\xi p + h^2 - 1}{p^2 + h^2} - \frac{2\xi p + 4\xi^2 + h^2 - 1}{p^2 + 2\xi p + 1} \right) \tag{6.5}$$

$$q(\theta) = \frac{(1-h^2)\sin(h\theta) - 2\xi h \cos(h\theta)}{(1-h^2)^2 + 4\xi^2 h^2} + h e^{-\xi\theta} \frac{2\xi\cos(\sqrt{1-\xi^2}\,\theta) + \frac{2\xi^2 + h^2 - 1}{\sqrt{1-\xi^2}}\sin(\sqrt{1-\xi^2}\,\theta)}{(1-h^2)^2 + 4\xi^2 h^2}$$

$$\tag{6.6}$$

对于非零初始条件,要在 $q(\theta)$ 中加上

$$C(\theta) = \mathrm{e}^{-\xi\theta}\left[q_0\cos(\sqrt{1-\xi^2}\,\theta) + \frac{\dot{q}_0+q_0\xi}{\sqrt{1-\xi^2}}\sin(\sqrt{1-\xi^2}\,\theta)\right] \qquad (6.7)$$

第二种情况: $\xi=1$(临界阻尼)

对于零初始状态,有

$$Q(p) = \frac{h}{(p^2+h^2)(p+1)^2} \qquad (6.8)$$

$$q(\theta) = L^{-1}\left\{\frac{-h}{(1+h^2)^2}\left[\frac{2p+h^2-1}{p^2+h^2} - \frac{2p+h^2+3}{(p+1)^2}\right]\right\} \qquad (6.9)$$

$$q(\theta) = -\frac{h}{(1+h^2)^2}\left\{2\cos(h\theta) + \frac{h^2-1}{h}\sin(h\theta) - \mathrm{e}^{-\theta}(2+\theta+h^2\theta)\right\} \qquad (6.10)$$

非零初始状态,在 $q(\theta)$ 上加

$$C(\theta) = \left[q_0+(q_0+\dot{q}_0)\theta\right]\mathrm{e}^{-\theta} \qquad (6.11)$$

第三种情况: $\xi>1$(过阻尼系统)

$$Q(p) = \frac{-h}{(1-h^2)^2+4\xi^2h^2}\left[\frac{2\xi p+h^2-1}{p^2+h^2} - \frac{2\xi p+4\xi^2+h^2-1}{p^2+2\xi p+1}\right] \qquad (6.12)$$

分母为 $p^2+2\xi p+1$,对于 $\xi>1$ 的情况,有

$$p^2+2\xi p+1 = (p+\xi+\sqrt{\xi^2-1})(p+\xi-\sqrt{\xi^2-1}) \qquad (6.13)$$

得到

$$q(\theta) = \frac{-h}{(1-h^2)^2+4\xi^2h^2}\left\{ 2\xi\cos(h\theta) + \frac{h^2-1}{h}\sin(h\theta) + \right.$$
$$2\xi\,\frac{(\xi-\sqrt{\xi^2-1})\mathrm{e}^{-(\xi-\sqrt{\xi^2-1})\theta} - (\xi+\sqrt{\xi^2-1})\mathrm{e}^{-(\xi-\sqrt{\xi^2-1})\theta}}{2\sqrt{\xi^2-1}} +$$
$$\left. (4\xi^2+h^2-1)\frac{\mathrm{e}^{-(\xi+\sqrt{\xi^2-1})\theta} - \mathrm{e}^{-(\xi-\sqrt{\xi^2-1})\theta}}{2\sqrt{\xi^2-1}} \right\}$$

$$q(\theta) = \frac{(1-h^2)\sin(h\theta) - 2\xi h\cos(h\theta)}{(1-h^2)^2+4\xi^2h^2} +$$
$$h\mathrm{e}^{-\xi\theta}\frac{2\xi\cosh(\sqrt{\xi^2-1}\,\theta) + \dfrac{h^2+2\xi^2-1}{\sqrt{\xi^2-1}}\sinh(\sqrt{\xi^2-1}\,\theta)}{(1-h^2)^2+4\xi^2h^2} \qquad (6.14)$$

对于非零初始状态,有

$$C(\theta) = \frac{\mathrm{e}^{-\xi\theta}}{\sqrt{\xi^2-1}}\left[(\xi q_0+\dot{q}_0)\sinh(\sqrt{\xi^2-1}\,\theta) + q_0\sqrt{\xi^2-1}\cosh(\sqrt{\xi^2-1}\,\theta)\right]$$

$$(6.15)$$

6.1.2 绝对响应

第一种情况:$0 \leqslant \xi < 1$
零初始状态:

$$Q(p) = \frac{h(1+2\xi p)}{(p^2+h^2)(p^2+2\xi p+1)} \tag{6.16}$$

$$Q(p) = \frac{h}{(1-h^2)^2+4\xi^2 h^2} \left\{ \frac{2\xi h^2 p+h^2-1}{p^2+2\xi p+1} + \frac{-2\xi h^2 p+4\xi^2 h^2+1-h^2}{p^2+h^2} \right\} \tag{6.17}$$

$$q(\theta) = \frac{(1-h^2+4\xi^2 h^2)\sin(h\theta)-2\xi h^3 \cos(h\theta)}{(1-h^2)^2+4\xi^2 h^2} -$$
$$he^{-\xi\theta} \frac{\dfrac{1-h^2+2\xi^2 h^2}{\sqrt{1-\xi^2}}\sin(\sqrt{1-\xi^2}\,\theta)-2\xi h^2 \cos(\sqrt{1-\xi^2}\,\theta)}{(1-h^2)^2+4\xi^2 h^2} \tag{6.18}$$

非零初使状态:在 $q(\theta)$ 上加

$$C(\theta) = e^{-\xi\theta}\left[q_0\cos(\sqrt{1-\xi^2}\,\theta)+\frac{\dot{q}_0+\xi(q_0-2\lambda_0)}{\sqrt{1-\xi^2}}\sin(\sqrt{1-\xi^2}\,\theta) \right] \tag{6.19}$$

第二种情况:$\xi = 1$

$$Q(p) = \frac{h(1+2p)}{(p^2+h^2)(p+1)^2} \tag{6.20}$$

$$Q(p) = \frac{h}{(1+h^2)^2}\left[\frac{2h^2}{p+1}-\frac{1+h^2}{(p+1)^2}-\frac{2h^2 p}{p^2+h^2}+\frac{3h^2+1}{p^2+h^2} \right] \tag{6.21}$$

$$q(\theta) = \frac{1}{(1+h^2)^2}\left\{ h[2h^2-(1+h^2)\theta]e^{-\theta}+(3h^2+1)\sin(h\theta)-2h^3\cos(h\theta) \right\}$$

$$\tag{6.22}$$

非零初始状态:

$$C(\theta) = [q_0+(q_0+\dot{q}_0-2\lambda_0)\theta]e^{-\theta} \tag{6.23}$$

第三种情况:$\xi > 1$
零初始状态:

$$Q(p) = \frac{h(1+2\xi p)}{(p^2+h^2)(p^2+2\xi p+1)} \tag{6.24}$$

$$Q(p) = \frac{h}{(1-h^2)^2+4\xi^2 h^2}\left\{ \frac{2\xi h^2 p+h^2-1}{p^2+2\xi p+1} + \frac{-2\xi h^2 p+4\xi^2 h^2+1-h^2}{p^2+h^2} \right\} \tag{6.25}$$

即

$$q(\theta) = \frac{he^{-\xi\theta}}{(1-h^2)^2+4\xi^2h^2}\left\{\frac{h^2-1-2\xi^2h^2}{\sqrt{\xi^2-1}}\sinh(\sqrt{\xi^2-1}\,\theta)+2\xi h^2\cosh(\sqrt{\xi^2-1}\,\theta)\right\}+$$

$$\frac{(4\xi^2h^2+1-h^2)\sin(h\theta)-2\xi h^3\cos(h\theta)}{(1-h^2)^2+4\xi^2h^2}$$

$$(6.26)$$

非零初始状态：在 $q(\theta)$ 上加

$$C(\theta)=\frac{e^{-\xi\theta}}{\sqrt{\xi^2-1}}\left\{\left[\xi(q_0-2\lambda_0)+\dot{q}_0\right]\sinh(\sqrt{\xi^2-1}\,\theta)+\sqrt{\xi^2-1}\,q_0\cosh(\sqrt{\xi^2-1}\,\theta)\right\}$$

$$(6.27)$$

6.1.3 小结

以下汇总了零初始状态的重要等式

相对响应

$$q(\theta)=\frac{(1-h^2)\sin(h\theta)-2\xi h\cos(h\theta)}{(1-h^2)^2+4\xi^2h^2}+$$

$$he^{-\xi\theta}\frac{2\xi\cos(\sqrt{\xi^2-1}\,\theta)+\dfrac{h^2+2\xi^2-1}{\sqrt{1-\xi^2}}\sin(\sqrt{\xi^2-1}\,\theta)}{(1-h^2)^2+4\xi^2h^2}\qquad(0\leqslant\xi<1)$$

$$q(\theta)=\frac{h}{(1+h^2)^2}\left\{\frac{1-h^2}{h}\sin(h\theta)-2\cos(h\theta)+(2+\theta+h^2\theta)e^{-\theta}\right\}\qquad(\xi=1)$$

$$q(\theta)=\frac{(1-h^2)\sin(h\theta)-2\xi h\cos(h\theta)}{(1-h^2)^2+4\xi^2h^2}+$$

$$he^{-\xi\theta}\frac{2\xi\cosh(\sqrt{\xi^2-1}\,\theta)+\dfrac{h^2+2\xi^2-1}{\sqrt{\xi^2-1}}\sinh(\sqrt{\xi^2-1}\,\theta)}{(1-h^2)^2+4\xi^2h^2}\qquad(\xi>1)$$

绝对响应

$$q(\theta)=\frac{(1-h^2+4\xi^2h^2)\sin(h\theta)-2\xi h^3\cos(h\theta)}{(1-h^2)^2+4\xi^2h^2}-$$

$$he^{-\xi\theta}\frac{\dfrac{1-h^2+2\xi^2h^2}{\sqrt{1-\xi^2}}\sin(\sqrt{1-\xi^2}\,\theta)-2\xi\,h^2\cos(\sqrt{1-\xi^2}\,\theta)}{(1-h^2)^2+4\xi^2h^2}\qquad(0\leqslant\xi<1)$$

$$q(\theta) = \frac{1}{(1+h^2)^2}\left\{h\left[2h^2-(1+h^2)\theta\right]e^{-\theta}+(3h^2+1)\sin(h\theta)-2h^3\cos(h\theta)\right\} \qquad (\xi=1)$$

$$q(\theta) = \frac{(1-h^2)\sin(h\theta)-2\xi h\cos(h\theta)}{(1-h^2)^2+4\xi^2h^2}+$$

$$he^{-\xi\theta}\frac{2\xi\cosh(\sqrt{\xi^2-1}\,\theta)+\dfrac{h^2+2\xi^2-1}{\sqrt{\xi^2-1}}\sinh(\sqrt{\xi^2-1}\,\theta)}{(1-h^2)^2+4\xi^2h^2} \qquad (\xi>1)$$

6.1.4　讨论

不论 ξ 取何值,响应 $q(\theta)$ 都由 3 个部分组成:

第一个是 $c(\theta)$,与非零初始状态有关,由于存在 $e^{-\xi\theta}$ 项,将随着 θ 的增加逐渐消失。

第二个对应着在 $\theta=0$ 时施加的正弦激励所引起的,简化频率为 $\sqrt{1-\xi^2}$ 的衰减瞬态运动。由于存在 $e^{-\xi\theta}$ 项,该振荡运动将随着时间逐渐减弱直至消失。对于相对响应的情况,以 $0\leqslant\xi<1$ 为例,此项为

$$he^{-\xi\theta}\frac{2\xi\cos(\sqrt{1-\xi^2}\,\theta)+\dfrac{h^2+2\xi^2-1}{\sqrt{1-\xi^2}}\sin(\sqrt{1-\xi^2}\,\theta)}{(1-h^2)^2+4\xi^2h^2}$$

第三项对应着简化圆频率为 h 的振荡,该频率是施加到系统的正弦激励的频率。系统的振动是受迫的,响应的频率等于施加到系统上激励的频率。在理论上,施加的正弦激励的持续时间可以是无限的,因此用第三项定义的响应是稳态的。简化响应表达见表 6.1。

表6.1　简化响应表达

激励 \ 响应		位　移		速　度		加　速　度		基座上的反作用力 $F_T(t)$
		绝对 $y(t)$	相对 $z(t)$	绝对 $\dot y(t)$	相对 $\dot z(t)$	绝对 $\ddot y(t)$	相对 $\ddot z(t)$	
基座的运动	位移 $x(t)$	$\dfrac{y}{x_m}$	$\dfrac{z}{h^2 x_m}$	$\dfrac{\dot y}{h\omega_0 x_m}$	$\dfrac{\dot z}{h^2\omega_0 x_m}$	$\dfrac{\ddot y}{h^2\omega_0^2 x_m}$	$\dfrac{\ddot z}{h^4\omega_0^2 x_m}$	—
	速度 $\dot x(t)$	$\dfrac{h\omega_0 y}{\dot x_m}$	$\dfrac{\omega_0 z}{h\dot x_m}$	$\dfrac{\dot y}{\dot x_m}$	$\dfrac{\dot z}{h^2\dot x_m}$	$\dfrac{\ddot y}{h\omega_0\dot x_m}$	$\dfrac{\ddot z}{h^3\omega_0\dot x_m}$	—
	加速度 $\ddot x(t)$	$\dfrac{h^2\omega_0 y}{\ddot x_m}$	$\dfrac{\dot\omega_0 z}{\ddot x_m}$	$\dfrac{h\omega_0\dot y}{\ddot x_m}$	$\dfrac{\omega_0\dot z}{h\ddot x_m}$	$\dfrac{\ddot y}{\ddot x_m}$	$\dfrac{\ddot z}{h^2\ddot x_m}$	—

（续）

激励 ＼ 响应	位 移		速 度		加 速 度		基座上的反作用力 $F_{\mathrm{T}}(t)$
	绝对 $y(t)$	相对 $z(t)$	绝对 $\dot{y}(t)$	相对 $\dot{z}(t)$	绝对 $\ddot{y}(t)$	相对 $\ddot{z}(t)$	
作用在质量 m 上的力 $(z \equiv y)$	$\dfrac{kz}{F_{\mathrm{m}}}$		$\dfrac{\sqrt{km}\,\dot{z}}{hF_{\mathrm{m}}}$		$\dfrac{m\ddot{z}}{h^2 F_{\mathrm{m}}}$		$\dfrac{F_{\mathrm{T}}}{F_{\mathrm{m}}}$

下面将对 $0 \leqslant \xi < 1$ 情况下的稳态响应进行详细讨论。用简化参数 $q(\theta)$ 来计算力学系统的响应。无论激励方式是如何定义的（力、支撑的加速度、速度、位移），都可以推导出 $q(\theta)$ 相对响应或绝对响应的表达式。

6.1.5　周期激励的响应

周期激励的响应可以通过激励的傅里叶级数展开来进行计算［HAB 68］

$$\ell(t) = \frac{a_0}{2} + \sum_{n=1}^{\infty} \left[a_n \cos(n\Omega t) + b_n \sin(n\Omega t) \right] \tag{6.28}$$

$$a_0 = \frac{2}{T} \int_0^T \ell(t)\,\mathrm{d}t \tag{6.29}$$

$$a_n = \frac{2}{T} \int_0^T \ell(t) \cos(n\Omega t)\,\mathrm{d}t \tag{6.30}$$

$$b_n = \frac{2}{T} \int_0^T \ell(t) \sin(n\Omega t)\,\mathrm{d}t \tag{6.31}$$

单自由度系统的响应服从微分方程

$$\ddot{u}(t) + 2\xi\omega_0 \dot{u}(t)\,\omega_0^2 u(t) = \omega_0^2 \ell(t) \tag{6.32}$$

$$\ddot{u}(t) + 2\xi\omega_0 \dot{u}(t)\,\omega_0^2 u(t) = \omega_0^2 \left[\frac{a_0}{2} + \sum_{n=1}^{\infty} \left[a_n \cos(n\Omega t) + a_n \sin(n\Omega t) \right] \right] \tag{6.33}$$

此方程是线性的，依次计算每一项的正弦和余弦项的解是可以叠加的。于是有

$$u(t) = \frac{a_0}{2} + \sum_{n=1}^{\infty} \frac{a_n \cos(n\Omega t - \phi_n) + b_n \cos(n\Omega t - \phi_n)}{\sqrt{\left(1 - n^2 \dfrac{\Omega^2}{\omega_0^2}\right)^2 + \left(n \dfrac{\Omega}{\omega_0}\right)^2}} \tag{6.34}$$

式中

$$\phi_n = \arctan \frac{n\dfrac{\varOmega}{\omega_0}}{1-n^2\dfrac{\varOmega^2}{\omega_0^2}} \qquad (6.35)$$

6.1.6 汽车悬挂系统响应计算的应用

设想一辆汽车在如图 6.3 所示的正弦路面上以速度 v 行驶。

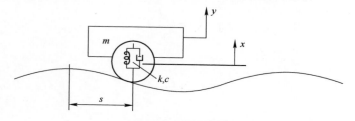

图 6.3　路面车辆示例

$$x = X\cos\frac{2\pi s}{L} \qquad (6.36)$$

式中：s 为正弦路面最高点与车辆之间的距离；L 为正弦波长。

假设[VOL 65]：

（1）车轮很小，因而每个轮轴与路面的距离是一致的、恒定的。

（2）轮胎的变形可以忽略。

根据前面可得

$$m\ddot{y} + c(\dot{y}-\dot{x}) + k(y-x) = 0 \qquad (6.37)$$

$$m\ddot{y} + c\dot{y} + ky = kx + c\dot{x} \qquad (6.38)$$

$$\ddot{y} + 2\xi\omega_0\dot{y} + \omega_0^2 y = \omega_0^2 x + 2\xi\omega_0 x \qquad (6.39)$$

距离与时间的关系是 $s = vt$，可得

$$x = X\cos\varOmega t \qquad (6.40)$$

其中

$$\varOmega = \frac{2\pi v}{L} \qquad (6.41)$$

$$\ddot{y} + 2\xi\omega_0\dot{y} + \omega_0^2 y = \omega_0^2 X\cos(\varOmega t) - 2\xi\omega_0\varOmega\sin(\varOmega t) \qquad (6.42)$$

$$\ddot{y} + 2\xi\omega_0\dot{y} + \omega_0^2 y = \omega_0^2 X\sqrt{1+(2\xi h)^2}\cos(\varOmega t + \theta) \qquad (6.43)$$

式中

$$\tan\theta = 2\xi h \qquad (6.44)$$

$$h = \frac{\varOmega}{\omega_0}$$

$$y = x\cos(\Omega t + \theta - \varphi) \tag{6.45}$$

$$y = x\sqrt{\frac{1 + (2\xi h)^2}{(1 - h^2) + (2\xi h)^2}} \tag{6.46}$$

$$\tan\varphi = \frac{2\xi h}{1 - h^2} \tag{6.47}$$

要使得悬挂有效,位移 y 应尽可能小。因此,使 h 或速度大。如果 ξ 趋于 0,当 h 趋于 1 时,y 将趋于无穷大。此时,临界速度为

$$v_{cr} = \frac{\omega_0 L}{2\pi} \tag{6.48}$$

如果 $\xi \neq 0$,当 $h = 1$ 时,则有

$$y = x\sqrt{1 + \frac{1}{(2\xi)^2}} \tag{6.49}$$

6.2 瞬态响应

6.2.1 相对响应

对于 $0 \leqslant \xi < 1$ 的情况,响应为

$$q(\theta) = he^{-\xi\theta} \frac{2\xi h\cos(\sqrt{1-\xi^2}\,\theta) + \dfrac{h^2 + 2\xi^2 - 1}{\sqrt{1-\xi^2}}\sin(\sqrt{1-\xi^2}\,\theta)}{(1 - h^2)^2 + 4\xi^2 h^2} \tag{6.50}$$

也可以写为

$$q(\theta) = e^{-\xi\theta} A(h)\sin(\sqrt{1-\xi^2}\,\theta - \alpha) \tag{6.51}$$

式中

$$A(h) = \frac{h}{\sqrt{1-\xi^2}\sqrt{(1-h^2)^2 + 4\xi^2 h^2}} \tag{6.52}$$

$$\tan\alpha = \frac{2\xi\sqrt{1-\xi^2}}{1 - h^2 - 2\xi^2} \tag{6.53}$$

所产生的运动是伪正弦运动。在 $\theta = 0$ 时,总位移 $q(\theta) = 0$,因为代表瞬态响应的项为

$$q_T(0) = \frac{2\xi h}{(1-h^2)^2 + 4\xi^2 h^2} \tag{6.54}$$

响应 q_T 从来不是独自存在的,它是叠加在稳态响应 $q_P(\theta)$ 上的,后面将对其进行研究。

当 $\dfrac{\mathrm{d}A(h)}{\mathrm{d}h}=0$ 时,幅值 $A(h)$ 达到最大,即

$$\frac{\mathrm{d}A(h)}{\mathrm{d}h}=\frac{1}{\sqrt{1-\xi^2}}\frac{1-h^4}{\left[(1-h^2)^2+4\xi^2h^2\right]^{3/2}}=0 \qquad (6.55)$$

当 $h=1(h\geqslant0)$ 时,有

$$\frac{\mathrm{d}A(h)}{\mathrm{d}h}=0$$

此时

$$A_{\mathrm{m}}(h)=\frac{1}{2\xi\sqrt{1-\xi^2}} \qquad (6.56)$$

运动的对数衰减率为[KIM 29]

$$\delta=\frac{2\pi\xi}{\sqrt{1-\xi^2}} \qquad (6.57)$$

简化伪周期为 $\dfrac{2\pi}{\sqrt{1-\xi^2}}$。

瞬态响应 q_{T} 的幅值在 n 个循环后等于第一个峰值的 $\dfrac{1}{N}$,有

$$\frac{2\pi\xi}{\sqrt{1-\xi^2}}=\frac{1}{n}\ln N$$

即

$$n=\frac{\sqrt{1-\xi^2}}{2\pi\xi}\ln N \qquad (6.58)$$

当 ξ 比较小时,式(6.58)可变为

$$n\approx\frac{\ln N}{2\pi\xi}=\frac{Q}{\pi}\ln N$$

即

$$n\approx\frac{Q\ln N}{\pi} \qquad (6.59)$$

瞬态相对响应衰减倍数 N 与循环数 n 之间的关系见图6.4。

如果 $N\approx23$,可得 $n\approx Q$。当系统受到一个正弦波激励时,响应的幅值在过渡阶段逐渐稳定到一个正比于激励的幅值,与稳态响应相对应。在6.5.2.1节中可以看到,如果 $h=\sqrt{1-\xi^2}$ 稳态情况下的响应趋近于

$$H_{\mathrm{m}}=\frac{1}{2\xi\sqrt{1-\xi^2}}$$

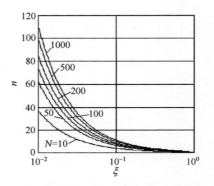

图 6.4　瞬态相对响应衰减倍数 N 与循环数 n 之间的关系

　　需要达到这个稳态响应的循环数与 h 无关。当 ξ 比较小时,此数大致正比于系统的品质因数 Q。

　　不同 ξ 情况下相对响应的建立过程及瞬态响应与稳态响应比的变化过程如图 6.5～图 6.7 所示。

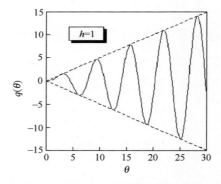

图 6.5　当 $\xi=0$ 时相对响应的建立

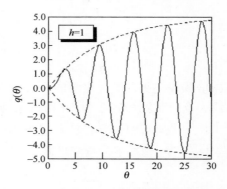

图 6.6　当 $\xi=0.1$ 时相对响应的建立

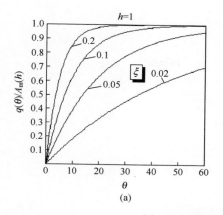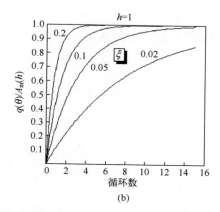

图 6.7   瞬态响应与稳态响应比

对于 $\xi=1$ 的情况，有

$$q_{\mathrm{T}}(\theta)=\frac{h}{(1+h^2)^2}(2+\theta+h^2\theta)\,\mathrm{e}^{-\theta} \tag{6.60}$$

6.2.2   绝对响应

对于 $0\leqslant\xi<1$ 的情况，响应为

$$q(\theta)=\frac{2\xi h^2\cos(\sqrt{1-\xi^2}\,\theta)+\dfrac{h^2-1-2\xi^2 h^2}{\sqrt{1-\xi^2}}\sin(\sqrt{1-\xi^2}\,\theta)}{(1-h^2)^2+4\xi^2 h^2} \tag{6.61}$$

或

$$q(\theta)=\mathrm{e}^{-\xi\theta}B(h)\sin(\sqrt{1-\xi^2}\,\theta-\beta) \tag{6.62}$$

式中

$$B(h)=\frac{h}{\sqrt{1-\xi^2}\sqrt{(1-h^2)^2+4\xi^2 h^2}}=A(h) \tag{6.63}$$

$$\tan\beta=\frac{2\xi\sqrt{1-\xi^2}\,h^2}{h^2-1-2\xi^2 h^2} \tag{6.64}$$

如果 $\xi=1$，那么

$$q_{\mathrm{T}}(\theta)=\frac{h}{(1+h^2)^2}\left[2h^2-(1+h^2)\theta\right]\mathrm{e}^{-\theta} \tag{6.65}$$

6.3 稳态响应

6.3.1 相对响应

对于 $0 \leqslant \xi < 1$ 的情况,稳态相对响应为

$$q(\theta) = \frac{(1-h^2)\sin(h\theta) - 2\xi h\cos(h\theta)}{(1-h^2)^2 + 4\xi^2 h^2} \tag{6.66}$$

上式还可以写为

$$q(\theta) = H(h)\sin(h\theta - \varphi) \tag{6.67}$$

用 H_{RD} 代表此响应的幅值,请注意第一个下标 R 表示相对,第二个下标 D 表示位移。因此

$$H(h) = \frac{1}{\sqrt{(1-h^2)^2 + 4\xi^2 h^2}} = H_{RD}(h) \tag{6.68}$$

相位为

$$\tan\varphi = \frac{2\xi h}{1-h^2} \tag{6.69}$$

6.3.2 绝对响应

对于 $0 \leqslant \xi < 1$ 的情况,稳态绝对响应为

$$q(\theta) = \frac{(1-h^2+4\xi^2 h^2)\sin(h\theta) - 2\xi h^3\cos(h\theta)}{(1-h^2)^2 + 4\xi^2 h^2} \tag{6.70}$$

上式还可以写为

$$q(\theta) = \frac{\sqrt{1+4\xi^2 h^2}\sin(h\theta - \phi)}{\sqrt{(1-h^2)^2 + 4\xi^2 h^2}} = H_{AD}\sin(h\theta - \phi) \tag{6.71}$$

式中

$$H_{AD} = \sqrt{\frac{1+4\xi^2 h^2}{(1-h^2)^2 + 4\xi^2 h^2}} \tag{6.72}$$

$$\tan\varphi = \frac{2\xi h^3}{1-h^2+4\xi^2 h^2} \tag{6.73}$$

H_{AD} 称为传递率因子、传递率或传递比。

6.4 $\left|\dfrac{\omega_0\dot{z}}{\ddot{x}_m}\right|$、$\left|\dfrac{\omega_0 z}{\dot{x}_m}\right|$ 和 $\dfrac{\sqrt{km}\,\dot{z}}{F_m}$ 响应

6.4.1 幅值和相位

从对 $\left|\dfrac{\omega_0\dot{z}}{\ddot{x}_m}\right|$、$\left|\dfrac{\omega_0 z}{\dot{x}_m}\right|$ 和 $\dfrac{\sqrt{km}\,\dot{z}}{F_m}$ 响应的研究入手,引入一些重要的定义。这些响应为

$$\dot{q}(\theta)=\frac{h}{\sqrt{(1-h^2)^2+4\xi^2 h^2}}\sin(h\theta-\Psi)=H_{RV}\sin(h\theta-\Psi) \tag{6.74}$$

式中

$$H_{RV}=\frac{h}{\sqrt{(1-h^2)^2+4\xi^2 h^2}} \tag{6.75}$$

对于输入是加速度 $\ddot{X}_m$ 的情况,简化响应 $q(\theta)$ 给出相对位移 $z(t)$,得到

$$|\dot{q}(\theta)|=\left|\frac{\omega_0\dot{z}}{\ddot{x}_m}\right|=H_{RD}h\cos(h\theta-\Psi) \tag{6.76}$$

$$|\dot{q}(\theta)|=H_{RV}h\sin(h\theta-\Psi) \tag{6.77}$$

式中

$$H_{RV}=hH_{RD} \tag{6.78}$$

$$\Psi=\varphi-\frac{\pi}{2} \tag{6.79}$$

6.4.2 速度幅值的变化

6.4.2.1 品质因子

速度 H_{RV} 的幅值在其微分 $\dfrac{\mathrm{d}H_{RV}}{\mathrm{d}h}$ 等于 0 时达到最大值。

$$\frac{\mathrm{d}H_{RV}}{\mathrm{d}h}=\frac{1-h^4}{[(1-h^2)^2+4\xi^2 h^2]^{3/2}} \tag{6.80}$$

当 $h=1(h\geqslant 0)$ 时,函数值等于 0。当 $h=1$ 时,响应达到最大值(无论 ξ 为何值),即是速度共振,并有

$$H_{RV_{max}}=\frac{1}{2\xi}=Q \tag{6.81}$$

在共振时,受迫振动的幅值 $\dot{q}(\theta)$ 是激励的 Q 倍(在此可以看出品质因数 Q

的重要物理意义)。值得注意的是,此种共振对应的频率是无阻尼系统的固有频率,而不等于有阻尼系统的自由振荡频率。当 h 趋近于 0 时,函数值趋近于 1。因此,曲线从起始点开始的斜率等于 1(无论 ξ 为何值)。当 $h = 0$ 时,$H_{RV} = 0$。

当 $h \to \infty$ 时,斜率趋向于 0,类似于 H_{RV}。把 h 用 $\dfrac{1}{h}$ 来替代,H_{RV} 的表达式并不发生变化,因此如果横坐标为对数坐标,曲线 $H_{RV}(h)$ 是以 $h = 1$ 这条线为对称的。

当 $\xi = 0$,有

$$H_{RV} = \frac{h}{|1 - h^2|} \tag{6.82}$$

当 $h \to 1$ 时,$H_{RV} \to \infty$。

由于

$$\tan \Psi = \tan\left(\varphi - \frac{\pi}{2}\right) = \cot\varphi = \frac{h^2 - 1}{2\xi h}$$

因此 H_{RV} 可以写为

$$H_{RV} = \frac{1}{2\xi \sqrt{1 + \tan^2 \Psi}} \tag{6.83}$$

设 $y = 2\xi H_{RV}$,$x = \tan \Psi$,则曲线

$$\begin{cases} y = \dfrac{1}{\sqrt{1 + x^2}} \\ \Psi = \arctan x \end{cases}$$

对于所有系统的 m、k 和 c 都有效,是通用的(图 6.8)。

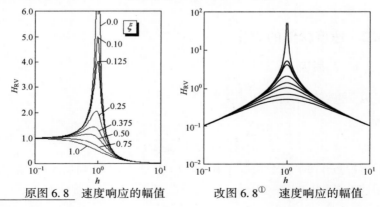

原图 6.8　速度响应的幅值　　　改图 6.8[①]　速度响应的幅值

① 译者注:根据正文,图 6.8 对应式(6.75)。但原图 6.8 与式(6.75)不一致,当 $h \to 0$ 时,$H_{RV} \to 0$,似乎将加速度响应与速度搞混了。译者重新提供了改图 6.8。

对于激励用力来表达的情况,量 $2\xi H_{RV}$ 等于

$$x\,\frac{c}{2\sqrt{km}}\,\frac{\sqrt{km}\,\dot{z}}{F_m}=\frac{c\dot{z}}{F_m}$$

6.4.2.2 迟滞回线

在此之前一直假设阻尼是黏性的,阻尼力与阻尼装置两端的相对速度成正比,其形式为 $F_d=-c\dot{z}$(c 为阻尼常数),阻尼力的作用方向与运动方向相反(图 6.9)。此类阻尼产生的运动是线性的,可用线性微分方程描述。如果相对位移

$$z=z_m\sin(\Omega t-\varphi)$$

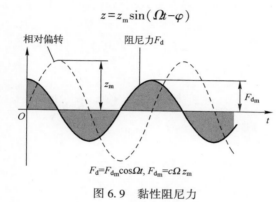

图 6.9 黏性阻尼力

那么阻尼力为

$$F_d(t)=cz_m\Omega\cos(\Omega t-\varphi)=F_{d_m}\cos(\Omega t-\varphi)\qquad(6.84)$$

式中

$$F_{d_m}=c\Omega z_m\qquad(6.85)$$

$F_d(z)$ 曲线(迟滞回线,如图 6.10 所示)用参数坐标表达为

$$\begin{cases}z=z_m\sin(\Omega t-\varphi)\\F_d=F_{d_m}\cos(\Omega t-\varphi)\end{cases}$$

消去变量 t 后,得到

$$\frac{F_d^2}{F_{d_m}^2}+\frac{z^2}{z_m^2}=1\qquad(6.86)$$

迟滞回线可以用椭圆图形的形式表示,其短半轴 $F_{DM}=c\Omega z_m$,长半轴为 z_m。

6.4.2.3 一个循环内的能量消耗

在一个循环内,能量消耗为

$$\Delta E_d=\int_{1个循环}|F_d|\,\mathrm{d}z=\int_0^T|F_d|\frac{\mathrm{d}z}{\mathrm{d}t}\mathrm{d}t$$

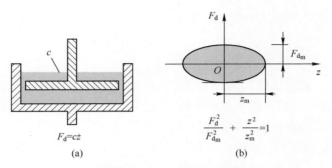

图 6.10　黏性阻尼的迟滞回线[RUZ 71]

$$\Delta E_{\mathrm d} = c\int_0^T \dot z^2\,\mathrm dt$$

已知 $z(t)=z_{\mathrm m}\sin(\Omega t-\varphi)$，则可得

$$\Delta E_{\mathrm d} = cz_{\mathrm m}^2\,\Omega^2\int_0^{2\pi/\Omega}\cos^2(\Omega t-\varphi)\,\mathrm dt$$

即由于 $\cos^2(\Omega t-\varphi)=\dfrac{1+\cos[2(\Omega t-\varphi)]}{2}$，因此

$$\Delta E_{\mathrm d}=\pi c\Omega z_{\mathrm m}^2 \tag{6.87}$$

或参考文献[CRE 65]

$$\Delta E_{\mathrm d}=\pi z_{\mathrm m}F_{\mathrm d_{\mathrm m}} \tag{6.88}$$

　　对于黏性阻尼系统，阻尼常数 c 与频率无关，相对阻尼 ξ 与频率成反比，即

$$\xi=\frac{c}{2\sqrt{km}}=\frac{c}{2\pi m f_0} \tag{6.89}$$

可以从中推导出单位时间内耗能 Δ。如果激励的周期 $T=\dfrac{2\pi}{\Omega}$，那么

$$\Delta=\frac{\Delta E_{\mathrm d}}{T}=\frac{\pi c\Omega}{T}z_{\mathrm m}^2=\frac{1}{2}c\Omega^2 z_{\mathrm m}^2=\frac{1}{2}c\dot z_{\mathrm m}^2$$

$$\Delta=\frac{1}{2}c\Omega^2 z_{\mathrm m}^2=\xi\omega_0 m\Omega^2 z_{\mathrm m}^2 \tag{6.90}$$

根据第 4 章的讨论，我们知道

$$z_{\mathrm m}=\frac{z_{\mathrm s}}{\sqrt{(1-h^2)^2+4\xi^2 h^2}}$$

因此有

$$\Delta=\xi\omega_0 m\Omega^2\frac{z_{\mathrm s}^2}{(1-h^2)^2+4\xi^2 h^2}$$

$$\Delta = \xi \omega_0^3 m z_s^2 \frac{h^2}{(1-h^2)^2 + 4\xi^2 h^2} \qquad (6.91)$$

当 $h=1$ 时，函数 $\dfrac{h^2}{(1-h^2)^2 + 4\xi^2 h^2}$，也就是 $H_{RV}^2(h)$ 取得其最大值，此时能量消

耗最大，等于

$$\Delta_m = \frac{\omega_0^2 m z_s^2}{4\xi} \qquad (6.92)$$

以及

$$\frac{\Delta}{\Delta_m} = \frac{4\xi^2 h^2}{(1-h^2)^2 + 4\xi^2 h^2} = H_{RV}^2(h) \qquad (6.93)$$

耗能反比于 ξ。当 ξ 减小时，共振曲线 $\Delta(h)$ 呈现出高而窄的峰[LAN 60]。
当然，众所周知曲线 $\Delta(h)$ 下方的面积保持不变。能量消耗与阻尼的关系如
图 6.11 和图 6.12 所示。

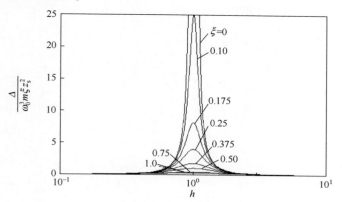

图 6.11　阻尼耗能

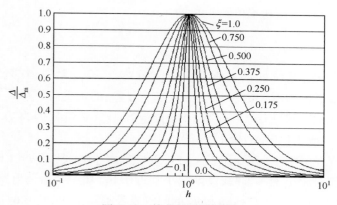

图 6.12　简化的阻尼耗能

面积为

$$S = \int_0^\infty \Delta(\Omega)\,\mathrm{d}\Omega = \int_0^\infty \xi\,\omega_0^3 m z_s^2 \frac{h^2}{(1-h^2)^2 + 4\xi^2 h^2}\mathrm{d}\Omega \tag{6.94}$$

$$S = \xi\omega_0^4 m z_s^2 \int_0^\infty \frac{h^2}{(1-h^2)^2 + 4\xi^2 h^2}\mathrm{d}h$$

积分等于 $\dfrac{\pi}{4\xi}$(见第 3 卷),可得

$$S = \pi m \omega_0^4 z_s^2 = \pi\omega_0^2 k z_s^2 \tag{6.95}$$

面积 S 与 ξ 无关,因此

$$\frac{S}{\Delta_m} = \pi\xi\omega_0 \tag{6.96}$$

6.4.2.4 半功率点

半功率点的定义为 h 的取值使得单位时间内消耗的能量等于 $\dfrac{\Delta_m}{2}$,得到

$$\frac{1}{2}\frac{\omega_0^2 m z_s^2}{4\xi} = \xi\omega_0^3 m z_s^2 \frac{h^2}{(1-h^2)^2 + 4\xi^2 h^2}$$

$$(1-h^2)^2 + 4\xi^2 h^2 = 8\xi^2 h^2$$

$$\frac{h^2-1}{2\xi h} = \pm 1$$

由于 h 和 ξ 都为正,因此

$$\begin{cases} h_1 = -\xi + \sqrt{1+\xi^2} \\ h_2 = -\xi + \sqrt{1+\xi^2} \end{cases} \tag{6.97}$$

有时用对数比例来表示传递率,其单位为贝尔(B),更常用的是其子单位分贝(dB)。功率 P_1 比功率 P_0 大 ndB,即

$$10\log\frac{P_1}{P_0} = n \tag{6.98}$$

如果 $P_1 > P_0$,系统的增益就是 ndB。如果 $P_1 < P_0$,系统就衰减 ndB[GUI 63]。如果要考虑的不是功率,而是力或速度,增益的定义(或衰减,可以看做负增益)非常相似,只是用数 20 代替 10($\log P = 2\log V_e +$ 常量),因为功率与速度均方根值的平方成正比[LAL 95a]。

$2\xi H_{RV}$ 或 H_{RV} 的曲线在 ξ 比较小时接近一条水平直线,当 $h=1$ 时达到最大值,随着 h 相对于 1 变大,曲线逐渐减小趋近于 0。用一个振荡电路做比方,一个力学系统可以用两个频率 h_1 和 h_2 的间隔来表示其特性(见图 6.13),h_1 和 h_2

的选定方法是 $2\xi H_{RV}$ 或者等于 $\dfrac{1}{\sqrt{2}}$,或 h 的取值如下:

$$H_{RV}(h) = \frac{Q}{\sqrt{2}} \tag{6.99}$$

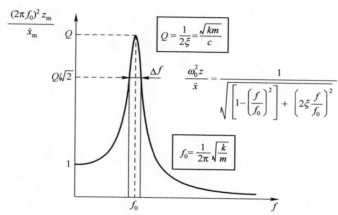

图 6.13   线性单自由度系统的传递函数

h_1 和 h_2 的值在横轴上对应着 N_1 和 N_2 两个点,称为半功率点。在一个给定频率的简谐运动周期中,冲击缓冲器耗能正比于 H_{RV} 幅值减少量的平方[MEI 67]。

6.4.2.5   带宽
如果

$$2\xi H_{RV} = \frac{1}{\sqrt{2}}, \sqrt{1+\tan^2 \Psi} = \sqrt{2}$$

即

$$\tan^2 \Psi = 1$$

则

$$\frac{h^2-1}{2\xi h} = Q\left(h-\frac{1}{h}\right) = \pm 1 \tag{6.100}$$

式中: $Q\left(h-\dfrac{1}{h}\right)$ 为失调。当发生共振时,它等于 0,在其附近大约等于 $Q(h-1)$ [GUI 63]。条件 $\tan\psi = \pm 1$,即 $\psi = \pm\pi/4$(对 π 的模),表明了 ψ 在 h 从 h_1 变到 h_2 的过程中,从 $-\pi/4$ 变为 $\pi/4$,即变化了 $\pi/2$。

h_1 和 h_2 的计算见式(6.100)。

$$\begin{cases} Q\left(h_2-\dfrac{1}{h_2}\right)=1 \\[2mm] Q\left(h_1-\dfrac{1}{h_1}\right)=1 \end{cases} \tag{6.101}$$

变化为

$$\begin{cases} (h_2-h_1)\left(1+\dfrac{1}{h_1 h_1}\right)=\dfrac{2}{Q} \\[2mm] h_1 h_2=\dfrac{1}{Q} \end{cases} \tag{6.102}$$

$$h_2-h_1=\frac{1}{Q} \tag{6.103}$$

系统带宽 $\Delta h = h_2 - h_1$ 还可以写成

$$\Omega_2-\Omega_1=\frac{\omega_0}{Q} \tag{6.104}$$

Q 越大,带宽越窄。

选择性

在通常情况下,系统对圆频率 ω_m 的响应最大,σ 选择性的定义如下:

$$\sigma=\frac{\omega_m}{\Delta\Omega}\left(=\frac{h_m}{\Delta h}\right) \tag{6.105}$$

式中:$\Delta\Omega$ 是前面定义的带宽。σ 代表系统滤波特性,它可以让某一频率通过,消除其周围的频率($\Delta\Omega$)。对于共振系统,$\omega_m=\omega_0$,$\sigma=Q$。

在电学中,$\Omega_2-\Omega_1$ 的间隔代表了系统的选择性。共振系统是一个简单的滤波模型,其选择的传递率使得它可以选择有用的频带(Ω_1,Ω_2),而把此频带之外的不期望的信号剔除。峰变得越陡峭,选择性越好。在力学系统中,这种特性可以用来针对振动进行保护(通过选择共振频率低于振动频率的方法以达到滤波的目的,如图 6.14 所示)。

同样可以看出[LAL 95a,LAL 95b]单自由度系统的响应也主要来自于这个频率段的激励。从这些关系中,也可以推导出 h_1 和 h_2:

$$h_1=-\xi+\sqrt{1+\xi^2}\approx 1-\xi,\xi\ 足够小 \tag{6.106}$$

$$h_2=+\xi+\sqrt{1+\xi^2}\approx 1-\xi,\xi\ 足够小 \tag{6.107}$$

带宽 $\Delta h = h_2 - h_1$ 也可写成

$$\Delta h=2\xi=\frac{1}{Q} \tag{6.108}$$

由于 $h=\dfrac{\Omega}{\omega_0}$,可得

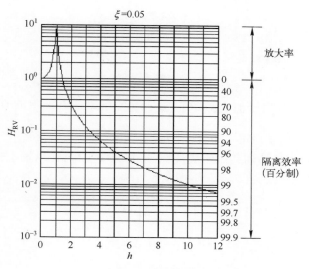

图 6.14　传递函数 H_{RV} 的域

$$Q = \frac{\omega_0}{\Delta\Omega} = \frac{f_0}{\Delta f} \qquad (6.109)$$

注：有时也会考虑 $\frac{\Omega-\omega_0}{\omega_0} = h-1$。在横轴上的 Ω_1 和 Ω_2 这两个半功率点，对于量值较小的 ξ，这个比值是相同的，相应的就是 $-\frac{1}{2Q}$ 和 $+\frac{1}{2Q}$，如图 6.15 所示。

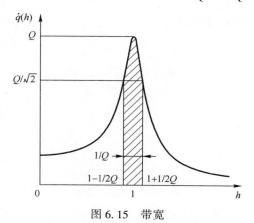

图 6.15　带宽

对于力学系统 Q 值一般不大于几十，对于电路 Q 值一般不大于几百。
由式(3.138)，即

$$\delta \approx 2\pi\xi$$

得到[GUR 59]

$$\delta \approx \frac{\pi}{Q} \qquad (6.110)$$

还可以用从最高量值衰减 $10\log 2 \approx 3.03\text{dB}\left(\text{衰减在量值的 }Q\text{ 和 }\dfrac{Q}{\sqrt{2}}\text{之间}\right)$ 的频率范围来定义带宽[DEN 56,THU 71]。

图 6.16 中为一系列共振曲线,以变量 h 为横坐标,在纵轴上是不同 Q 值所对应的 dB 值。

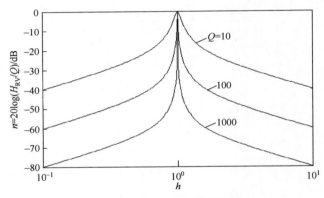

图 6.16　用 dB 表述的传递函数 H_{RV}

6.4.3　速度相位的变化

由式(6.77)可得

$$\dot{q}(\theta) = H_{RV}\sin(h\theta - \Psi)$$

式中

$$\Psi = \varphi - \frac{\pi}{2}$$

得到

$$\tan\Psi = -\frac{1}{\tan\varphi} = \frac{h^2 - 1}{2\xi h} \qquad (6.111)$$

要得到 $\Psi(h)$ 的曲线,只要将前面得到的 $\psi(h)$ 曲线平移 $\pi/2$ 即可,ξ 保持不变(图 6.17),由于 φ 的变化范围是 $0 \sim \pi$,因而 ψ 的变化范围是 $-\pi/2 \sim \pi/2$。当 $h = 1$,即系统的频率等于激励频率时,相位等于 0(无论 ξ 为何值)。

在这种情况下,质量的速度永远与激励是同相位的。

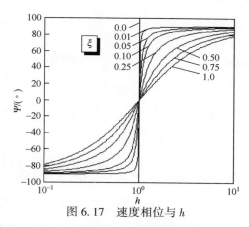

图 6.17　速度相位与 h

　　如果 $h<1$，则质量的速度在相位上超前于激励（$\Psi<0$）。如果 $h>1$，则质量的速度在相位上落后于激励。在通过共振频率时，表明 $\Psi(h)$ 曲线经过一个拐点。在这个拐点附近，相位的变化与 h 的变化基本呈线性关系（ξ 越小，变化越大）。

6.5　$\dfrac{kz}{F_{\mathrm{m}}}$ 和 $\dfrac{\omega_0^2}{\ddot{x}_{\mathrm{m}}}$ 响应

6.5.1　响应的表示

对于这些情况，有

$$q(\theta)=H_{\mathrm{RD}}(h)\sin(h\theta-\varphi) \tag{6.112}$$

当 $\sin(h\theta-\varphi)=1$，即 $h\theta-\varphi=(4k+1)\pi/2$ 时，响应 $q(\theta)$ 达到最大值。

6.5.2　响应幅值的变化

6.5.2.1　动态放大因子

在给定激励为施加到质量上的力或平台的运动加速度的情况下，通过简化的响应可以计算相对位移 z。响应相对位移幅值与等效静态位移之间的比例，即 H_{RD} 系数，通常称为动态放大系数。

　　注：一些作者 [RUZ 71] 称 $\dfrac{kz}{F_{\mathrm{m}}}$、$\dfrac{\sqrt{km}\,\dot{z}}{F_{\mathrm{m}}}$ 或 $\dfrac{m\ddot{z}}{F_{\mathrm{m}}}$ 为放大因子（相应的即是位移、速度和加速度的放大因子），称 $\dfrac{\ddot{z}}{\ddot{x}_{\mathrm{m}}}$、$\dfrac{\dot{z}}{\dot{x}_{\mathrm{m}}}$ 和 $\dfrac{z}{x_{\mathrm{m}}}$ 为相对传递率（加速度、速度和位移）。

　　$H_{\mathrm{RD}}(h)$ 函数与参数 ξ 有关。此函数恒为正，当分母的值达到最小值时，该函数得到最大值。

假设 $1-2\xi^2 \geqslant 0$，即 $\xi \leqslant \dfrac{1}{\sqrt{2}}$，当

$$h_m = \sqrt{1-2\xi^2} \tag{6.113}$$

时，$(1-h^2)^2 + 4\xi^2 h^2$ 的导数为零。当 $h \to 0$ 时，$H_{RD} \to 1$，无论 ξ 取何值。在 $h = h_m$ 时发生共振，$H_{RD}(h)$ 函数达到最大值，即

$$H_m = \frac{1}{2\xi\sqrt{1-\xi^2}} \tag{6.114}$$

当 $h \to \infty$ 时，$H_{RD}(h) \to 0$。H_{RD} 最大值与 ξ 的关系见图 6.18 和图 6.19。另外，当 $\xi \to 0$ 时，$H_m \to \infty$。此时，$h_m = 1$。相对阻尼 ξ 越小，共振时的峰就越陡峭。阻尼有两个效果：降低最大值并使得峰变缓。

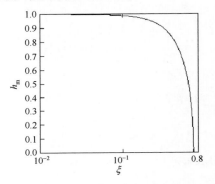

图 6.18　H_{RD} 最大值对应频率与 ξ 的关系

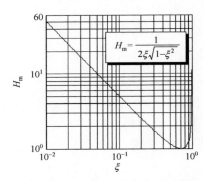

图 6.19　H_{RD} 最大值与 ξ 的关系

H_m 与 h 所对应的曲线非常有价值，根据 h_m 来计算 ξ 的式 (6.113) 我们可以得到 $\xi = \sqrt{\dfrac{1-h_m^2}{2}}$，

于是

$$H_m = \frac{1}{\sqrt{1-h_m^4}}$$

(6.115)

式中:h_m 只能取正值,这样人们的兴趣就集中在 $0 \leq h \leq 1$ 区间中的曲线族上。

只有当 $h \leq 1$ 时(激励频率小于固有频率 ω_0)才会有最大值,假定能满足条件 $\xi \leq \dfrac{1}{\sqrt{2}}$。

共振并不一定总发生在 $h=1$ 的时候,除非 $\xi=0$。如果 $\xi \neq 0$,共振发生在 $h < 1$ 的地方。H_{RD}峰值与峰值频率之间的关系见图 6.20。

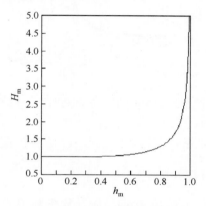

图 6.20　H_{RD}峰值与峰频率

$\xi=1$ 的条件对应着临界模式,如图 6.21 所示。

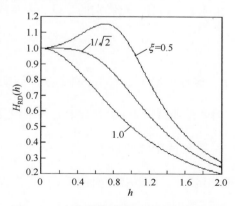

图 6.21　在临界模式附近的动态放大因子

$\xi=\dfrac{1}{\sqrt{2}}$所对应的曲线将所有曲线分为是否存在峰值的两个区,在垂直轴($h=0$)附近它与所有的$H(h)$曲线数值是一样(图 6.22)。

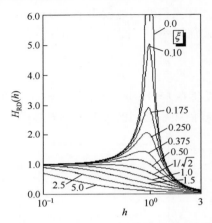

图 6.22   不同 ξ 值对应的动态放大系数

$\xi=\dfrac{1}{\sqrt{2}}$给出了最优阻尼。在这条曲线上 H_m 的变化受 h 的影响较小(在电-声领域这是一个非常有趣的特性)。

还可以看出,当 $\xi=\dfrac{1}{\sqrt{2}}$ 时,H_m 的前三阶导数在 $h=0$ 点均为 0。

应当注意,$\xi=\dfrac{1}{\sqrt{2}}$ 要比临界阻尼($\xi=1$)的值小。可以认为过渡状态的存在并不干扰系统的响应,尽管实际上还是有一点影响的。设 δ 为对数衰减率,表示为

$$\delta=\frac{2\pi\xi}{\sqrt{1-\xi^2}}$$

当 $\xi=\dfrac{1}{\sqrt{2}}$ 时,$\delta=2\pi$。这样的阻尼非常大;两个连续周期的最大值之比等于 $e^{\delta}=e^{2\pi}\approx560$。过渡态消失得非常快,对于下一个振荡来说几乎可以忽略。

6.5.2.2 $H_{RD}=\dfrac{H_{RD_{max}}}{\sqrt{2}}$时的带宽 $H(h)$

与 6.4.2.4 节中给出了 H_{RV} 半功率点的定义类似,可以计算出 H_{RD} 峰纵坐标上取值为 $H_{RD}=\dfrac{H_{RD_{max}}}{\sqrt{2}}$所对应的 Δh 宽度。由 $H_{RD_{max}}=\dfrac{Q}{\sqrt{1-\xi^2}}$可以得出

$$H_{\mathrm{RD}} \equiv \frac{1}{\sqrt{(1-h^2)^2 + \dfrac{h^2}{Q^2}}} = \frac{Q}{\sqrt{2}\sqrt{1-\xi^2}} \qquad (6.116)$$

和 $\qquad h^2 = 1 - \dfrac{1}{2Q^2} \pm \dfrac{1}{Q}\sqrt{1 - \dfrac{1}{4Q^2}} \qquad \left(Q \geqslant \dfrac{1}{2}, 即\ \xi \leqslant 1\right)$

$$h^2 = 1 - 2\xi^2 \pm 2\xi\sqrt{1-\xi^2}$$

h^2 必为正数, 这就要求第一个根满足 $1 + 2\xi\sqrt{1-\xi^2} \geqslant 2\xi^2$, 第二个根满足 $2\xi^2 + 2\xi\sqrt{1-\xi^2} \leqslant 1$。设 h_1 和 h_2 为这两个根, 可得

$$h_2^2 - h_1^2 = 1 - 2\xi^2 + 2\xi\sqrt{1-\xi^2} - 1 + 2\xi^2 + 2\xi\sqrt{1-\xi^2}$$

$$h_2^2 - h_1^2 = 4\xi\sqrt{1-\xi^2} \qquad (6.117)$$

如果 ξ 很小, 则

$$h^2 \approx 1 \pm 2\xi, h \approx \sqrt{1 \pm 2\xi} \approx 1 \pm \xi$$

$$h_2^2 - h_1^2 = 4\xi$$

$$h_2 - h_1 \approx 2\xi, h_2 + h_1 \approx 2$$

特殊情况

如果 ξ 与 1 相比较小, 初始近似时可以认为

$$h \approx \sqrt{1 \pm 2\xi} \quad (h \geqslant 0)$$

$$h \approx 1 \pm \xi \qquad (6.118)$$

当 ξ 较小时作为特例, 横轴上满足 $H_{\mathrm{RD}} = \dfrac{H_{\mathrm{RD max}}}{\sqrt{2}}$ 的点近似等于横轴上的半功率点(由 H_{RV} 定义)。带宽可以通过下式计算:

$$\Delta h = h_2 - h_1 \qquad (6.119)$$

6.5.3　相位的变化

相位公式如下:

$$\tan\varphi = \frac{2\xi h}{1-h^2} \qquad (6.120)$$

相位 φ 与 h 的关系如图 6.23 所示。

应当注意到:

(1) 用 $1/h$ 替换 h, $|\tan\varphi|$ 的值不变。

(2) 当 $h \to 1$ 时, $\tan\varphi \to \infty$, $\varphi \to \dfrac{\pi}{2}$。响应比激励超前四分之一个周期。

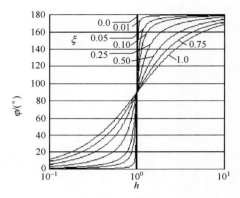

图 6.23 响应的相位

（3）当 $h=0$ 时，$\tan\varphi=0$，取 $\varphi=0$，其导数见下式

$$\frac{\mathrm{d}\varphi}{\mathrm{d}h}=\frac{2\xi(1+h^2)}{(1-h^2)^2+4\xi^2h^2}\tag{6.121}$$

（4）当 $h\to\infty$ 时，$\tan\varphi\to0$，取 $\varphi=\pi$，（此时不取 $\varphi=0$，因为函数 $\tan\varphi$ 无最大值，在 $h=0$ 处，φ 已经取值为零，所以在此时就不能再次取值为零，而要取值为另一个解，即 $\varphi=\pi$），响应与激励相位相反。

（5）对所有的 ξ，当 $h=1$ 时，$\varphi=\dfrac{\pi}{2}$；所有曲线都经过 $h=1$，$\varphi=\dfrac{\pi}{2}$ 这个点。

（6）当 $\xi<1$ 时，所有的曲线在 $h=1$，$\varphi=\dfrac{\pi}{2}$ 处存在拐点。ξ 越小，曲线在此点的斜率越大。

特殊情况

（1）当 $h=\sqrt{1-2\xi^2}$（共振）且 $\xi\leqslant\dfrac{1}{\sqrt{2}}$ 时，有

$$\tan\varphi=\frac{2\xi h}{1-h^2}=\frac{\sqrt{1-2\xi^2}}{\xi}\tag{6.122}$$

$$\varphi=\arctan\frac{\sqrt{1-2\xi^2}}{\xi}\tag{6.123}$$

共振相位如图 6.24 所示。

（2）当 h 值较小时，质量 m 的运动与激励同相位（$\varphi\approx0$）。此时，h 越小，q_{max} 越趋近于 1，质量跟随基座一起运动。

φ 的取值范围不可能在 $180°\sim360°$ 之间，如果这样的话，冲击减振器将向系统提供能量而不是耗散能量[RUB 64]。

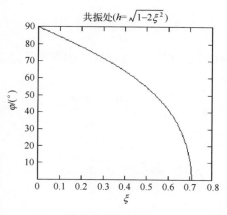

图 6.24　共振相位

当 h 值较小时，$H_{RD} \approx 1$，对于力作用于质量的激励情况，$\dfrac{kz}{F_m} \approx 1$，即 $z \approx \dfrac{F_m}{k}$。响应主要受系统刚度的控制。在 h 比 1 小的区域内进行结构设计计算时，可将静力计算结果乘以振动频率对应的 H_{RD}，这样可以兼顾静载及小幅值的动态放大。如果认为疲劳现象比较重要，后续应进行疲劳分析。

（3）对于 $h=1$，$q(\theta)$ 的最大值为

$$q_{max} = \frac{1}{2\xi\sqrt{1-\xi^2}} \approx Q \tag{6.124}$$

相位为

$$\varphi \rightarrow +\frac{\pi}{2} \tag{6.125}$$

$$q(\theta) = \frac{\sin\left(h\theta + \dfrac{\pi}{2}\right)}{2\xi\sqrt{1-\xi^2}} \tag{6.126}$$

$$q(\theta) = \frac{\cos(h\theta)}{2\xi\sqrt{1-\xi^2}} \tag{6.127}$$

响应幅值是阻尼 ξ 的函数。ξ 越小响应越大。响应运动相对于激励的相位差是 $\pi/2$。如果激励为力，共振时 $H_{RD} = \dfrac{1}{2\xi\sqrt{1-\xi^2}}$，即

$$z_m = \frac{-F_m}{2k\xi\sqrt{1-\xi^2}} \tag{6.128}$$

$$z_{\mathrm{m}} \approx \frac{-F_{\mathrm{m}}}{2k\xi} = \frac{-F_{\mathrm{m}}}{c\omega_0} \tag{6.129}$$

在这个区域必须用动态分析,因为响应可能达到静态激励时的数倍。

当 $h \gg 1$ 时,有

$$q(\theta) \approx \frac{\sin(h\theta - \varphi)}{h^2} \tag{6.130}$$

而 $\varphi = -\pi$,因而

$$q(\theta) \approx -\frac{\sin(h\theta)}{h^2} \tag{6.131}$$

如果激励是力,则有

$$H_{\mathrm{RD}} \approx \frac{1}{h^2} \tag{6.132}$$

即

$$z_{\mathrm{m}} \approx \frac{F_{\mathrm{m}}}{kh^2} \tag{6.133}$$

$$z_{\mathrm{m}} \approx \frac{F_{\mathrm{m}}}{m\Omega^2} \tag{6.134}$$

式中: Ω 为激励的圆频率。

此时响应主要是质量 m 的函数,比同样强度的静态激励的响应要小。

无论 h 处于 3 种情况的哪一种,刚度、阻尼和质量这 3 个因素总会有一个占主导地位来影响系统的响应运动[BLA 61,RUB 64],如图 6.25 所示。

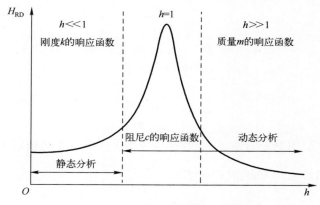

图 6.25　动态放大倍数分区

$\xi=0$ 的特殊情况

$$q(\theta)=\frac{\sin(h\theta-\varphi)}{1-h^2} \tag{6.135}$$

(对于 $h<1$,取正根以使得 $q(\theta)$ 符号与 $\xi=0$ 可以一致,而不采用当 ξ 很小时的式(6.66))。

$$q_{\max}=H_{\mathrm{RD}}=\frac{1}{1-h^2} \tag{6.136}$$

$q_{\max}$ 相对于 h 的关系如图 6.26 所示。应注意,当 h 趋向于 1 时,$q_{\max}$ 趋向于无穷。此时应回到当初的假设,并记得假设系统是线性的,即假设响应 q 的幅值变化不应很大。$q_{\max}(h)$ 在渐近线附近没有意义。

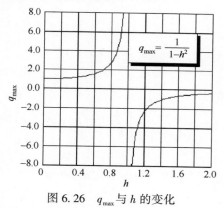

图 6.26　$q_{\max}$ 与 h 的变化

$\xi=0$ 是一种理想情况,实际上,在共振附近摩擦不可忽略(当远离共振时,进行估算时有时可以忽略摩擦,以便于计算)。

随着 h 的变化,$q_{\max}$ 穿过渐近线时改变符号。为保持简化幅值的正值特性(在时间轴上看起来对称),当 $h=1$ 时,引入相位跳变 π,(图 6.27)。

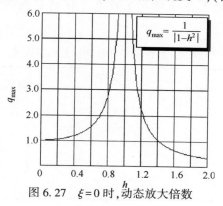

图 6.27　$\xi=0$ 时,动态放大倍数

当 $0 \leqslant h \leqslant 1$ 时,相位 $\varphi = 0$,当 $h > 1$ 时,等于 $\pm\pi$(符号的选取不重要)如图 6.28 所示。如果取 $-\pi$,则当 $0 \leqslant h \leqslant 1$ 时,有

$$q_{\max} = \frac{\sin(h\theta)}{1-h^2} \qquad (6.137)$$

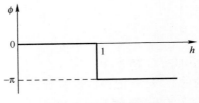

图 6.28　$\xi = 0$ 时的相位

当 $h > 1$ 时,有

$$q_{\max} = \frac{\sin(h\theta - \pi)}{1-h^2} \qquad (6.138)$$

对于 $\xi = 1$ 的特殊情况,有

$$q(\theta) = \frac{h}{(1-h^2)^2}\left[\frac{1-h^2}{h}\sin(h\theta) - 2\cos(h\theta)\right] \qquad (6.139)$$

或

$$q(\theta) = H_{\mathrm{RD}}(h)\sin(h\theta - \varphi) \qquad (6.140)$$

式中

$$H_{\mathrm{RD}}(h) = \frac{1}{1-h^2} \qquad (6.141)$$

$$\tan\varphi = \frac{2h}{1-h^2} \qquad (6.142)$$

　　注:共振频率的定义是响应在此频率上得到最大值,有表 6.2 所列几种形式。

表 6.2　共振频率和传递函数的最大值

响　应	共振频率	响应的相对幅值
位移	$h = \sqrt{1-2\xi^2}$	$\dfrac{1}{2\xi\sqrt{1-\xi^2}}$ [*]
速度	$h = 1$	$\dfrac{1}{2\xi}$
加速度	$h = \dfrac{1}{\sqrt{1-2\xi^2}}$	$\dfrac{1}{2\xi\sqrt{1-\xi^2}}$

（系统的自然频率 $h=\sqrt{1-\xi^{2}}$。对于大多数实际的物理系统，ξ 比较小，这几种频率的差别可以忽略。3 种响应的共振频率与 ξ 的关系如图 6.29 所示，ξ 引起的误差如图 6.30 所示。响应幅值及误差与 ξ 的关系如图 6.31 和图 6.32 所示。）

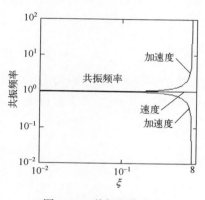

图 6.29 共振频率与 ξ

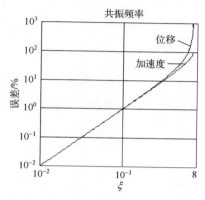

图 6.30 将 h 一直视为 1 所造成的误差

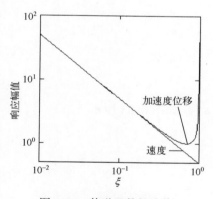

图 6.31 传递函数的峰值

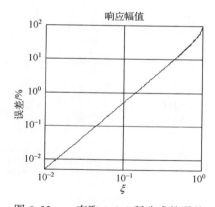

图 6.32 一直取 1/2 ξ 所造成的误差

6.6 $\dfrac{y}{x_{\mathrm{m}}}$、$\dfrac{\dot{y}}{\dot{x}_{\mathrm{m}}}$、$\dfrac{\ddot{y}}{\ddot{x}_{\mathrm{m}}}$ 和 $\dfrac{F_{\mathrm{T}}}{F_{\mathrm{m}}}$ 响应

6.6.1 运动传递率

$$q(\theta)=H_{\mathrm{AD}}\sin(h\theta-\varphi) \tag{6.143}$$

当 $\sin(h\theta-\varphi)=1$ 时,即 $h\theta-\varphi=(4k+1)\dfrac{\pi}{2}$,$q(\theta)$ 取得极值,为

$$H_{AD}=\sqrt{\frac{1+4\xi^2h^2}{(1-h^2)^2+4\xi^2h^2}} \tag{6.144}$$

如果激励是基础的绝对位移,响应是质量 m 的绝对位移,则运动传递率的定义是两个运动幅值之比,即

$$T_m=\left|\frac{y_m}{x_m}\right| \tag{6.145}$$

在某些场合,特别是进行隔振器或包装垫的计算时,更想得知力的幅值经过支撑传递到 m 上还剩下多少[BLA 62,HAB 68]。因而定义了力传递系数或力传递率,即

$$T_f=\left|\frac{F_T}{F_m}\right| \tag{6.146}$$

根据表 6.1,$T_f=T_m=H_{AD}$。

6.6.2　幅值的变化

由

$$\frac{dH_{AD}}{dh}=\frac{2h(1-h^2-2\xi^2h^4)}{\sqrt{1+4\xi^2h^2}\,[(1-h^2)^2+4\xi^2h^2]^{3/2}}$$

可得,

当 $\dfrac{dH_{AD}(h)}{dh}=0$ 时,幅值 $H_{AD}(h)$ 得到最大值,如图 6.33 所示。

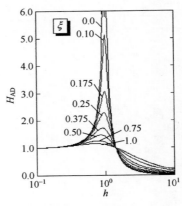

图 6.33　传递率

当 $h=0$，或

$$1-h^2-2\xi^2 h^4=0 \tag{6.147}$$

时，导数为 0，即当

$$h^2=\frac{-1+\sqrt{1+8\xi^2}}{4\xi^2}$$

或，由于 $h\geqslant 0$，有

$$h=\frac{\sqrt{-1+\sqrt{1+8\xi^2}}}{2\xi} \tag{6.148}$$

得到

$$H_{\mathrm{AD_{max}}}=\frac{4\xi^2}{\sqrt{16\xi^4-8\xi^2-2+2\sqrt{1+8\xi^2}}} \tag{6.149}$$

传递率最大值 $H_{\mathrm{AD_{max}}}$ 及其对应频率 h_{m} 与 ξ 的关系如图 6.34 和图 6.35 所示。

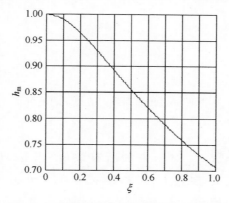

图 6.34 传递率最大值的频率与 ξ 的关系

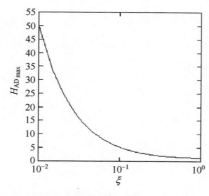

图 6.35 传递率最大值与 ξ 的关系

当 h 趋向于 0 时,幅值 H_{AD} 趋向于 1(无论 ξ 取何值)。当 h 趋向于 ∞ , H_{AD} 趋向于 0。由式(6.147)可得

$$\xi^2 = \frac{1-h^2}{h^4} \quad (h \leqslant 1) \tag{6.150}$$

因而

$$H_{AD} = \frac{1}{\sqrt{1-h^4}} \tag{6.151}$$

这里给出了与相对位移情况下得到的相同定律,见图6.36。

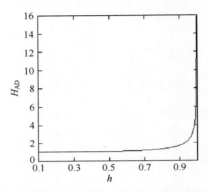

图6.36　传递率最大值与 h 的关系

$\xi=0$ 的情况

根据假设, $H_{AD} = H_{RD}$。对于 ξ 的所有取值,当 $h=0$ 和 $h=\sqrt{2}$ 所有的 $|H_{AD}(h)|$ 曲线均通过1。实际上,如果 $1+4\xi^2 h^2 = (1-h^2)^2 + 4\xi^2 h^2$,即 $h^2(h^2-2) = 0(h \geqslant 0)$,得 $H_{AD}(h) = 1$。

对于 $h<\sqrt{2}$,所有曲线均在 $H_{AD} = 1$ 的上方。条件 $1+4\xi^2 h^2 > (1-h^2)^2 + 4\xi^2 h^2$ 只有在 $1>(1-h^2)^2$,即 $h<\sqrt{2}$ 时才成立。

同样道理,对于 $h>\sqrt{2}$,所有曲线都低于 $H_{AD}=1$ 这条直线。

6.6.3　相位的变化

如果

$$H_{AD}(h) = |H_{AD}(h)| e^{-j\phi(h)} \tag{6.152}$$

$$\tan\phi = \frac{2\xi h^3}{1-h^2+4\xi^2 h^2} \tag{6.153}$$

$\xi=0$ 时, $\tan\phi=0$;

$\xi=0$ 且 $h=1$ 时, $\tan\phi$ 趋向于 ∞ (ϕ 趋向于 $\pi/2$);

$h = 0$ 时,$\tan\phi = 0$,如果 $h = 0$,即 $\phi = 0$;

h 趋向于 ∞ 时,$\tan\phi \approx -\dfrac{2\xi h}{1-4\xi^2}$。

相位 ϕ 随 h 变化如图 6.37 所示。

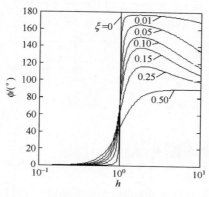

图 6.37　相位的变化

当 $1 - h^2 + 4\xi^2 h^2 = 0$,即 $h^2 = \dfrac{1}{1-4\xi^2}$ 时,分母为 0。由于 $h \geqslant 0$,因此

$$h = \frac{1}{\sqrt{1-4\xi^2}} \tag{6.154}$$

此时,$\tan\phi \to \infty$,得 $\phi \to \dfrac{\pi}{2}$。

对于 $\xi < 1$,所有曲线在 $h = 1$ 处为拐点。ξ 越小,曲线在此点的斜率越大。

对于 $\xi = 0.5$,有

$$\tan\phi = h^3 \quad (\text{当 } h \to \infty \text{ 时},\phi \to \frac{\pi}{2})$$

对于 $h = 1$,有

$$\tan\phi = \frac{1}{2\xi} \tag{6.155}$$

ξ 越大,ϕ 越小(图 6.38)。

对于 $h = \dfrac{\sqrt{-1+\sqrt{1+8\xi^2}}}{2\xi}$,有

$$\tan\phi = 2\xi \frac{\sqrt{1+8\xi^2}-1}{(2\xi-1)\sqrt{1+8\xi^2}+1} \tag{6.156}$$

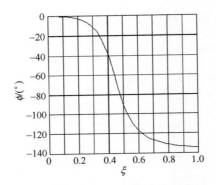

图 6.38　$h=1$ 时相位与 ξ 的关系

6.7　传递函数的图形表述

可以用传统的线性或对数坐标画出传递函数,也可以用四坐标列线网格直接推导位移、速度和加速度的传递函数(图 6.39)。在这个平面图中,有 4 个输入,频率总是作为横坐标。

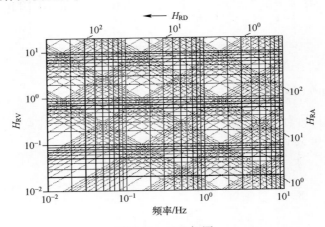

图 6.39　四坐标图

已知 $H_{RV}=\Omega H_{RD}$ 和 $H_{RA}=H_{RV}$,根据坐标,沿着垂直方向可以读出:

(1)速度。加速度相对于速度轴是负斜率($-45°$),而位移幅值相对于同一轴线则是 $45°$(图 6.40)。

$$\log H_{RA}=\log H_{RV}+\log f+\log 2\pi$$

当然,一条与垂直轴成 $45°$ 的线,

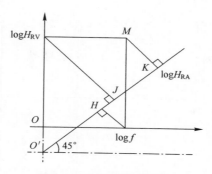

图 6.40　四输入图的结构

$$O'K = O'J + JK = (\log H_{RV} + \log 2\pi)\frac{\sqrt{2}}{2} + \frac{\sqrt{2}}{2}\log f$$

$$O'K = \frac{\sqrt{2}}{2}(\log H_{RV} + \log f + \log 2\pi) = \frac{\sqrt{2}}{2}\log H_{RA}$$

因此，$O'K$ 正比于 $\log H_{RA}$。

（2）位移幅值。通过类似计算可以看出，速度轴相对于水平方向成+45°夹角，加速度与速度轴成 90°夹角。

6.8　定义

6.8.1　屈服-刚度

复传递函数 $\frac{z}{F}$ 和 $\frac{F}{z}$ 称为屈服（或导纳）和动态刚度。

对于单自由度系统，这些函数可以从下式得到：

$$H(\omega) = \frac{1}{(k - m\omega^2) + jc\omega} \tag{6.157}$$

因而

$$H(f) = \frac{1}{k\left[\left(1 - \frac{f^2}{f_0^2} + j2\xi\frac{f}{f_0}\right)\right]} \tag{6.158}$$

图 6.41 和图 6.42 展示了 $\frac{z}{F}$ 和 $\frac{F}{z}$ 的模随着 $\frac{f}{f_0}$ 变化的情况，一般是对数坐标。从图中可以看出 3 个区域，在每个区域里，某个参数，刚度、阻尼或质量起主导作用。因而可以根据渐近线看出在低频刚度占主导，在高频质量占主导。

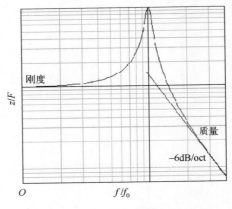

图 6.41　屈服

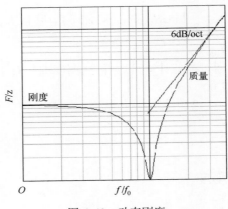

图 6.42　动态刚度

6.8.2　活动性–阻抗

同样道理,活动性或阻抗对应于传递函数$\dfrac{\dot{z}}{F}$和$\dfrac{F}{\dot{z}}$(图 6.43 和图 6.44),可用下式进行计算:

$$H(\omega)=\frac{j\omega}{(k-m\omega^2)+jc\omega} \tag{6.159}$$

$$H(f)=\frac{j\dfrac{f}{f_0}}{\sqrt{km}\left[\left(1-\dfrac{f^2}{f_0^2}\right)+j2\xi\dfrac{f}{f_0}\right]} \tag{6.160}$$

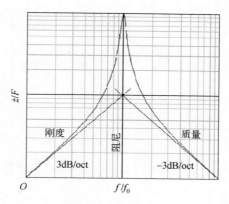

图 6.43　活动性

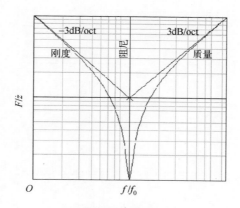

图 6.44　阻抗

6.8.3　惯性-质量

惯性和质量传递函数给出了加速度与力的传递函数和它的逆函数(图 6.45
和图 6.46)：

$$H(\omega) = \frac{-\omega^2}{(k-m\omega^2)+\mathrm{j}c\omega} \tag{6.161}$$

$$H(f) = \frac{-\dfrac{f^2}{f_0}}{m\left[\left(1-\dfrac{f^2}{f_0}\right)+\mathrm{j}2\xi\,\dfrac{f}{f_0}\right]} \tag{6.162}$$

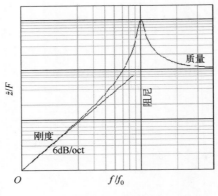

图 6.45 惯性

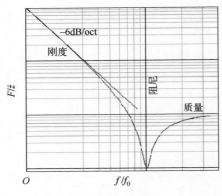

图 6.46 质量

第7章
非黏性阻尼

7.1 在实际结构中观察到的阻尼现象

在实际的结构中,阻尼并不单纯是黏性的,它是几种阻尼形式的组合。因此,运动方程变得更加复杂,但是阻尼比 ξ 的定义依然是 c/c_c,这里 c_c 是振型的临界阻尼。多种原因造成了 ξ 的精确解是无法得到的[LEV 60]:对确切的振动模态,系统的有效质量、刚度、连接处的摩擦,常数 c 以及诸如此类的知识了解不足。所以,当条件允许时,对这些参数的测量变得十分重要。

在实际中,非线性阻尼经常可以分为如下类型,在后面的章节还会提及:

(1)阻尼力与相对速度 $\dot{z}$ 的 b 次方成正比;

(2)恒定阻尼力(库仑阻尼或干摩擦阻尼),对应 $b=0$ 时的情况;

(3)阻尼力与速度的平方成正比($b=2$);

(4)阻尼力与相对运动位移的平方成正比;

(5)迟滞阻尼,力与相对速度成正比,与激励频率成反比。

这些阻尼产生的力与运动或速度方向相反。

7.2 非线性迟滞回线的线性化——等效黏性阻尼

一般而言,运动的微分方程可以写为如下形式[DEN 56]

$$m\frac{\mathrm{d}^2z}{\mathrm{d}t^2}+f(z,\dot{z})+kz=\begin{cases}F_{\mathrm{m}}\sin(\varOmega t)\\-m\ddot{x}(t)\end{cases} \tag{7.1}$$

对于黏性阻尼的情况,$f(z,\dot{z})=c\dot{z}$。因为这一项的存在,在多数情况下运动不是简谐的,运动方程也不是线性的。这种阻尼导致了非线性方程的出现,这使得计算变得复杂,难以求解验证。

除非在一些特例如库仑阻尼中,否则得不到精确解。微分方程的解必须用数值计算的方法得到。这个问题有时可以通过对阻尼力进行傅里叶级数展开来解决[LEV 60]。

幸运的是实际中阻尼通常相对较弱,因此响应可以使用正弦曲线进行近似。这使得问题能回归为线性问题,以便更容易用解析方法来处理,即用等效黏性阻尼力 $c_{eq}\dot{z}$ 代替 $f(z,\dot{z})$;并假设位移响应为正弦曲线,黏性阻尼系统的等效黏性阻尼系数 c_{eq} 的计算应使每个循环中耗散的能量与非线性阻尼中的相同。

因此,可行的方法是首先确定真实阻尼装置能量消耗的性质和幅度,然后用具有等效能量耗散的黏性阻尼装置的数学模型代替非黏性阻尼元件的数学模型[CRE 65]。这就相当于对滞环进行修改。

与黏性阻尼相比,非线性结构的迟滞回线 $F_d(z)$ 不是椭圆形的,如图 7.1 与图 7.2(虚线)所示。

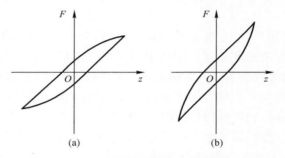

图 7.1   非线性系统的迟滞回线

线性化导致了真实迟滞回线变形为一个等效的椭圆(图 7.2)[CAU 59, CRE 65,KAY 77,LAZ 68]。

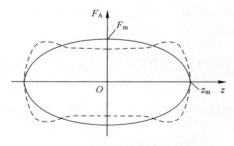

图 7.2   迟滞回线的线性化

等效即寻求黏性阻尼的特性,这些特性包括:

(1) 由迟滞回线限制出的面积(相同的能量损耗);

（2）位移的振幅 z_m。

这里获得的曲线只等效于特定的条件。比如，剩余变形和强迫力不会完全相同。当系统的非线性越小时等效所得到的结果越好（图 7.3）。

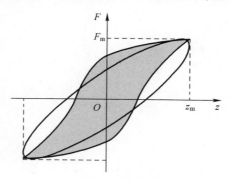

图 7.3　迟滞回线的线性化

这个理论由 L. S. Jacobsen[JAC 30]于 1930 年提出，在应用中非常普遍，该方法与精确解可求情况下（库仑阻尼）的结果吻合得很好，与实验结果也吻合[DEN 30a]。此外，这个方法还可以延伸到具有多个自由度的系统中。

如果响应可以写成

$$z(t) = z_m \sin(\Omega t - \varphi)$$

的形式，则每个循环中的能量损耗可以通过以下公式计算：

$$\Delta E_d = \int_{1次循环} F dz = \int_{1次循环} f(z, \dot{z}) \frac{dz}{dt} dt \tag{7.2}$$

$$\Delta E_d = z_m \Omega \int_0^{2\pi/\Omega} f(z, \dot{z}) \cos(\Omega t - \phi) dt \tag{7.3}$$

$$\Delta E_d = 4 z_m \Omega \int_0^{\pi/2\Omega} f(z, \dot{z}) \cos(\Omega t - \phi) dt \tag{7.4}$$

如果下式成立则耗散的能量 ΔE_d 等于等效黏性阻尼 c_{eq} 耗散的情况[HAB 68]：

$$\Delta E_d = c_{eq} \Omega \pi z_m^2 = 4 z_m \Omega \int_0^{\pi/2\Omega} f(z, \dot{z}) \cos(\Omega t - \phi) dt \tag{7.5}$$

即如果下式成立[BYE 67, DEN 56, LAZ 68, THO 65a]：

$$c_{eq} = \frac{4}{\pi z_m} \int_0^{\pi/2\Omega} f(z, \dot{z}) \cos(\Omega t - \phi) dt = \frac{\Delta E_d}{\Omega \pi z_m^2} \tag{7.6}$$

将一个单自由度系统的传递函数 $\dfrac{w_0^2 z_m}{\ddot{x}_m}$（或更一般的形式 $\dfrac{z_m}{F_m/k} = \dfrac{z_m}{\ell_m}$）中的 c_{eq} 用上面关系得到的值代入，则对于黏性阻尼的情况传递函数可以写为

$$\frac{z_{\mathrm{m}}}{\ell_{\mathrm{m}}} = \frac{1}{\sqrt{(1-h^2)^2 + \left(\dfrac{c_{\mathrm{eq}}\varOmega}{k}\right)^2}} \tag{7.7}$$

（因为 $\dfrac{4\xi^2}{\omega_0^2} = \dfrac{c^2}{k^2}$），而相位等于

$$\tan\phi = \frac{c_{\mathrm{eq}}\varOmega}{k(1-h^2)} \tag{7.8}$$

$$(h = \frac{\varOmega}{\omega_0})$$

此外，通过

$$c_{\mathrm{eq}}\frac{\varOmega}{k} = \frac{c_{\mathrm{eq}}}{k}\frac{\varOmega}{\omega_0}\omega_0 = \frac{c_{\mathrm{eq}}}{\sqrt{km}}h = 2\xi_{\mathrm{eq}}h$$

可以导出

$$\xi_{\mathrm{eq}} = \frac{c_{\mathrm{eq}}\varOmega}{2kh} = \frac{c_{\mathrm{eq}}\omega_0}{2k} \tag{7.9}$$

$$\xi_{\mathrm{eq}} = \frac{\Delta E_{\mathrm{d}}}{2\pi h k z_{\mathrm{m}}^2} \tag{7.10}$$

$$\frac{z_{\mathrm{m}}}{\ell_{\mathrm{m}}} = \frac{1}{\sqrt{(1-h^2)^2 + (2\xi_{\mathrm{eq}}h)^2}} \tag{7.11}$$

如果循环中的能量损耗为 ΔE_{d}，则施加力的等效幅值为[CLO 03]

$$F_{\mathrm{m}} = \frac{\Delta E_{\mathrm{d}}}{\pi z_{\mathrm{m}}} \tag{7.12}$$

7.3 阻尼的主要类型

7.3.1 阻尼力正比于相对速度的 b 次方

阻尼与相对速度的功率 b 成比例的表达式见表 7.1 所列。

表 7.1 阻尼与相对速度的 b 次方成比例的表达式

阻尼力	$F_{\mathrm{d}} = \beta\,\lvert\dot{z}\rvert^b\,\dfrac{\dot{z}}{\lvert\dot{z}\rvert}$ 或 $F_{\mathrm{d}} = \beta\,\lvert\dot{z}\rvert^b\,\mathrm{sgn}(\dot{z})$

（续）

迟滞回线方程	$\begin{cases} z = z_m \sin(\Omega t - \varphi) \\ F_d = \beta [\Omega z_m \cos(\Omega t - \varphi)]^b \operatorname{sgn}(\dot z) \end{cases}$ $\dfrac{F_d}{\beta \Omega^b z_m^b} = \operatorname{sgn}(\dot z)\left(1 - \dfrac{z^2}{z_m^2}\right)^{b/2}$
一个循环中的能量损耗	$\Delta E_d = \pi \beta \gamma_b \Omega^b z_m^{b+1}$ $\gamma_b = \dfrac{2}{\sqrt{\pi}} \dfrac{\Gamma\left(1 + \dfrac{b}{2}\right)}{\Gamma\left(1 + \dfrac{b+1}{2}\right)}$
等效黏性阻尼	$c_{eq} = \beta \gamma_b \Omega^{b-1} z_m^{b-1}$
等效阻尼比	$\xi_{eq} = \dfrac{\beta z_m^{b-1} \gamma_b h^{b-1} \omega_0^b}{2k}$
响应振幅	$z_m^{2b} + \dfrac{(1-h^2)^2 \ell_m^{2(b-1)}}{\rho_b^2 h^{2b}} z_m^2 - \dfrac{\ell_m^{2b}}{\rho_b^2 h^{2b}} = 0$ $\rho_b = \beta \gamma_b \omega_0^b k^{-1} \ell_m^{b-1}$
响应相位	$\tan\varphi = \dfrac{\rho_b h^b z_m^{b-1}}{\ell_m^{b-1}(1-h^2)}$
参见文献[DEN 30b, GAM 92, HAB 68, JAC 30, JAC 58, MOR 63a, PLU 59, VAN 57, BAN 58]	

b 和参数 *J* 的关系——B. J. Lzan 表达式

如果应力正比于相对位移 z_m（$\sigma = K z_m$），系数 *J* 的 B. J. Lazan 表达式（$D = J\sigma^n$）与参数 *b* 的关系可以表示[JAC 30, LAL 96]

$$J = \frac{\pi \gamma_b \beta \omega_0^b}{K} \tag{7.13}$$

J 取决于具体结构的动力学特性参数（K 与 ω_0）。

7.3.2 恒定阻尼力

如果与运动相反的阻尼力与位移、速度无关，则这种阻尼就是库仑阻尼或干摩擦阻尼。当两个表面间存在相互作用的法向力 *N*（通过力学组件）时，通过在两个表面间的摩擦（干摩擦）就可以观察到这种阻尼：

（1）是相互接触的材质及它们的表面质量（光滑度）的函数；

（2）正比于接触面的正压力；

（3）基本与两表面相对滑动速度无关；

（4）在相对运动开始前的值要大于在稳态运动模式中的值。

通常忽略静态摩擦系数与动态摩擦系数之间的差别，并假定法向力 *N* 恒定且与频率和位移无关。

具有干摩擦阻尼的单自由度系统如图 7.4 所示。

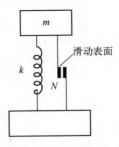

图 7.4　具有干摩擦的单自由度系统

恒定阻尼力的表达式如表 7.2 所列。

表 7.2　恒定阻尼力的表达式

阻尼力	$F_d = \mu N \mathrm{sgn}(\dot{z})$
迟滞回线方程	$F_d = \pm\mu N \; (\|z\| \leqslant z_m)$
一个循环中的能量损耗	$\Delta E_d = 4z_m\mu N$
等效黏性阻尼	$c_{eq} = \dfrac{4\mu N}{\pi z_m \Omega}$
等效阻尼比	$\xi_{eq} = \dfrac{2}{\pi}\dfrac{\mu N}{khz_m}$
响应振幅	$H = \dfrac{z_m}{\ell_m} = \dfrac{1}{\|1-h^2\|}\sqrt{1-\rho_0^2}$ $\rho_0 = \dfrac{4}{\pi}\dfrac{\mu N}{k\ell_m} = \begin{cases}\dfrac{4\mu N}{\pi F_m} \\[2mm] \dfrac{4\mu N}{\pi k \ddot{x}_m}\end{cases}$
响应相位	$\tan\varphi = \dfrac{\rho_0}{\sqrt{1-\rho_0^2}}$

注:参见文献[BEA 80,CRE 61,CRE 65,DEN 29,DEN 56,EAR 72,HAB 68,JAC 30,JAC 58,LEV 60, MOR 63b,PAI 59,PLU 59,ROO 82,RUZ 57,RUZ 71,UNG 73,VAN 58]

这种阻尼导致的单自由度系统自由振荡响应位移的衰减符合线性规律。振动周期保持为一个常量。干摩擦阻尼系统的振动频率与无阻尼系统的振动频率是一样的。停止位置可以不同于初始平衡位置。

7.3.3　阻尼力正比于速度的平方

当物体在流体中运动(应用流体力学,阻尼力可以表达为 $C_x\rho A \dfrac{\dot{z}^2}{2}$)或者流体通过孔产生的湍流中(该流体具有很高的速度,在 $2\sim200\mathrm{m/s}$ 之间,运动阻力不再与速度呈线性关系),这种情况下观察到的阻尼就属于此类阻尼。当运动变快时[BAN 77],流动变得混乱并且阻力变得不具有线性。阻力随着速度的平方变化[BAN 77,BYE 67,VOL 65]。二次阻尼的表达式如表 7.3 所列。

表 7.3　二次阻尼的表达式

阻尼力	$F_d=\beta\dot{z}\,\lvert\,\dot{z}\,\rvert$ 或 $F_d=\beta\dot{z}^2\mathrm{sgn}(\dot{z})$
迟滞回线方程	$\dfrac{z^2}{z_m^2}+\dfrac{F_d}{F_{dm}}=1$
一个循环中的能量损耗	$\Delta E_d=\dfrac{8}{3}\beta\Omega^2 z_m^3$
等效黏性阻尼	$c_{eq}=\dfrac{8\beta\Omega z_m}{3\pi}$
等效阻尼比	$\xi_{eq}=\rho_2\dfrac{hz_m}{2\ell_m}$
响应振幅	$Z_m=\pm\dfrac{\ell_m\sqrt{-(1-h^2)^2+\sqrt{(1-h^2)^4+4\rho_2^2 h^4}}}{\sqrt{2}\rho_2 h^2}$ $\rho_2=\beta\dfrac{8}{3\pi}\dfrac{\omega_0^2}{k}\ell_m$
响应相位	$\tan\varphi=\dfrac{\rho_2 h^2}{1-h^2}\sqrt{\dfrac{2}{\sqrt{(1-h^2)^4+4\rho_2^2 h^4}+(1-h^2)^2}}$

注:参见文献[CRE 65,HAB 68,JAC 30,RUZ 71,SNO 68,UNG 73]

常数 β 称为二次阻尼系数,其特性由阻尼装置的几何特性与流体性质决定[VOL 65]。

7.3.4　阻尼力正比于位移平方

阻尼力正比于位移平方的表达式见表 7.4 所列。

表 7.4　阻尼力正比于位移平方的表达式

阻尼力	$F_d=\gamma z^2\dfrac{\dot{z}}{\lvert\,\dot{z}\,\rvert}$ 或 $F_d=\gamma z^2\mathrm{sgn}(\dot{z})$

（续）

迟滞回线方程	$\begin{cases} z(t) = z_m \sin(\Omega t - \varphi) \\ F_d(t) = \gamma z^2 \operatorname{sgn}(\dot{z}) = \gamma z_m^2 \sin^2(\Omega t - \varphi) \operatorname{sgn}(\dot{z}) \end{cases}$
一个循环中的能量损耗	$\Delta E_d = \pi \Omega c_{eq} z_m^2 = \dfrac{4}{3} \gamma z_m^2$
等效黏性阻尼	$c_{eq} = \dfrac{4\gamma z_m}{3\pi \Omega}$
等效阻尼比	$\xi_{eq} = \dfrac{2\gamma z_m}{3\pi kh}$ $\xi_{eq} = \dfrac{4\gamma}{3\pi} \dfrac{\ell_m}{k} \dfrac{z_m}{2\ell_m h} = \dfrac{\theta z_m}{2\ell_m h}$
响应振幅	$z_m^2 = \dfrac{-(1-h^2)\left(\dfrac{3\pi}{4}\dfrac{k}{\gamma}\right)^2 + \sqrt{\left(\dfrac{3\pi}{4}\dfrac{k}{\gamma}\right)^4 (1-h^2)^4 + 4\ell_m^2\left(\dfrac{3\pi}{4}\dfrac{k}{\gamma}\right)^2}}{2}$
响应相位	$\tan\varphi = \dfrac{\theta}{1-h^2} \dfrac{\sqrt{2}}{\sqrt{(1-h^2)^2 + \sqrt{(1-h^2)^4 + 4\theta^2}}}$ $\beta = \dfrac{4\gamma}{3\pi k}, \theta = \beta \ell_m$

此类阻尼是典型的材料内部阻尼、与结构连接相关,阻尼能可表示为应力量级的函数与应力的形式,应力分布及材料体积无关[KIM 26, KIM 27]。

7.3.5 结构或迟滞阻尼

结构阻尼表达式如表 7.5 所列。

表 7.5 结构阻尼的表达式

	Ω 的阻尼系数函数	与位移成正比的阻尼力	复刚度
阻尼力	$F_d = \dfrac{a}{\Omega} \dot{z}$	$F_d = d\left\| \dfrac{z}{\dot{z}} \right\| \dot{z} = d\|z\|\operatorname{sgn}(\dot{z})$	$F = k^* z = (k+ia)z$ 或 $F = k^* z = k(1+i\eta)z$
迟滞回线方程	$\dfrac{z^2}{z_m^2} + \dfrac{F_d^2}{a^2 z_m^2} = 1$	$\dfrac{z^2}{z_m^2} + \dfrac{\pi^2 F_d^2}{4d^2 z_m^2} = 1$	$\|F^*\| = kz \pm a\sqrt{z_m^2 - z^2}$
一个循环中的能量损耗	$\Delta E_d = \pi a z_m^2$	$\Delta E_d = 2d z_m^2$	$\Delta E_d = \pi k \eta z_m^2 (= \pi a z_m^2)$
等效黏性阻尼	$c_{eq} = \dfrac{a}{\Omega}$	$c_{eq} = \dfrac{2d}{\pi \Omega}$	$c_{eq} = \dfrac{k\eta}{\Omega}\left(=\dfrac{a}{\Omega}\right)$

（续）

	Ω 的阻尼系数函数	与位移成正比的阻尼力	复刚度
等效阻尼比	$\xi_{eq} = \dfrac{a}{2m\omega_0^2}$	$\xi_{eq} = \dfrac{d}{\pi m\omega_0^2}$	$\xi_{eq} = \dfrac{a}{2kh} = \dfrac{\eta}{2h}$
响应振幅	$Z_m = \dfrac{F_m}{k\sqrt{(1-h^2)^2 + \dfrac{a^2}{k^2}}}$		
响应相位	$\varphi = \arctan\dfrac{2a/k}{1-h^2}$		

当弹性材料有缺陷时，当能量的耗损主要由于材料变形及系统连接部件的滑移或摩擦造成时，就会出现这种阻尼现象。在一个循环载荷下，材质的 σ,ε 曲线构成了一个封闭的迟滞回线，而不是一条单一的线【BAN77】。每个循环耗散的能量正比于封闭迟滞回线构成的面积。反复向弹性体施加循环应力时可以观察到这种机理，并会导致物体的温度上升。

这叫做内摩擦、迟滞阻尼、结构阻尼或者位移阻尼。用到了许多公式，参见文献［BER 76，BER 73，BIR 77，BIS 55，CLO 03，GAN 85，GUR 59，HAY 72，HOB 76，JEN 59，KIM 27，LAL 75，LAL 80，LAZ 50，LAZ 53，LAZ 68，MEI 67，MOR 63a，MYK 52，PLU 59，REE 67，REI 56，RUZ 71，SCA 63，SOR 49，WEG 35］。

7.3.6 多种阻尼形式的组合

如果同时存在多种阻尼（这是常有的情况）且刚度是线性的，则等效黏性阻尼可以通过计算每个阻尼装置消耗的能量 ΔE_{di} 和计算 c_{eq} 得到［JAC 30，JAC 58］：

$$c_{eq} = \frac{\sum\limits_i \Delta E_{di}}{\pi \Omega z_m^2} \tag{7.14}$$

例 7.1

黏性阻尼和库仑阻尼［JAC 30，JAC 58，LEV 60，RUZ 71］：

$z = z_m \sin(\Omega t - \varphi)$

$$z_m = \frac{\left\{ F_m^2\left[c^2\Omega^2 + (k-m\Omega^2)^2 \right] - \dfrac{16}{\pi^2}F^2(k-m\Omega^2)^2 \right\}^{1/2} - \dfrac{4}{\pi}cF\Omega}{c^2\Omega^2 + (k-m\Omega^2)^2} \tag{7.15}$$

$$\tan\varphi = \frac{\frac{4}{\pi}F z_{\mathrm{m}}^{-1}\Omega^{-1}+c}{k-m\Omega^2}\Omega \tag{7.16}$$

式中：F_{m} 为 $F(t)$ 最大值（激励力）；F 为摩擦力；c 为黏性阻尼比；Ω 为激励圆频率。

$$c_{\mathrm{eq}} = \frac{4}{\pi}F z_{\mathrm{m}}^{-1}\Omega^{-1}+c \tag{7.17}$$

7.3.7 通过等效黏性阻尼进行简化的合理性

上面所涉及的情况并不能覆盖所有的可能性，不过也代表了大多数情况。

黏性近似方法认为，尽管阻尼的非线性机制是存在的，但它们的影响相对来说也很小。如果黏性阻尼每个循环所消耗的能量与非线性阻尼所消耗的相同[BAN 77]，这个假设就是可行的。等效黏性阻尼倾向于低估循环中的能量消耗与稳态强迫振动的振幅：真实的响应会比通过这种假设所设想的要大。

等效黏性阻尼计算所得结果与库仑阻尼、阻尼力正比于位移平方或结构阻尼等不同情况下，实际观察得到结果进行比较，其瞬时响应降低的方式是不同的。如果响应中这种降低所持续的时间是应该重视的重要参数，那么这种差异就不应忽略。

用等效黏性阻尼得到的固有阻尼频率与非线性情况下的固有频率是不同的，不过一般差别很小，可以忽略不计。

当阻尼足够小（10%）时，等效黏性阻尼方法非常适合于非线性阻尼问题的近似解。

7.4 系统阻尼的测量

一切运动着的力学系统都耗散能量，这种耗散通常是不受欢迎的（如在发动机中），但是在一些特殊的例子中是非常必要的（如汽车悬架，震动与冲击的隔离等）。

通常来讲，质量和刚度参数可以非常轻松地计算。但是实际上很难通过计算去求阻尼的值，因为对有关现象所知甚少，并且很难对它们去建立模型。因此，希望通过实验来确定这些参数。

测量阻尼的方法通常要求被测物体处于振动状态，并去测量振动能量的损耗或一个与能量直接相关的参数。通常用单自由度质量弹簧阻尼系统响应特性来研究阻尼[BIR 77, CLO 80, PLU 59]。有多种方法可用来测量系统阻尼：

（1）响应振幅或放大系数；

（2）品质因子；

（3）对数衰减率；

（4）等效黏性阻尼；

（5）复数模量；

（6）带宽 $\dfrac{\Delta f}{f}$。

7.4.1　测量共振放大系数

受到正弦波激励的单自由度系统，其响应幅值由于阻尼的存在会趋向减小。如果系统不再受外力影响，短期激励所产生的振动响应会在几个循环后衰减并消失。为了保持一个恒定振幅的响应，必须用外部激励来等量补充系统由阻尼耗散的能量。

当激励频率与系统的固有频率 f_0 相同时，速度响应 $\dot{z}$ 的幅值最大。由于响应与系统阻尼有关，并假设单自由度系统是线性的，就可以通过测量幅值来推导出系统的阻尼：

$$Q = \frac{\omega_0 \, \dot{z}_{\mathrm{m}}}{\ddot{x}_{\mathrm{m}}} \qquad (7.18)$$

或

$$Q = \frac{\sqrt{km}\,\dot{z}}{F_{\mathrm{m}}} \qquad (7.19)$$

在 ξ 足够小的情况下，可认为放大因子（定义为 $H_{\mathrm{RD}} = \dfrac{\omega_0^2 z_{\mathrm{m}}}{\ddot{x}_{\mathrm{m}}}$）以很小的误差与 Q 相等。ξ 的实验测定法是通过绘制 H_{RD} 或 H_{RV} 曲线并根据函数的峰值计算出 ξ。如果激励的幅度是恒定的，则势能和动能之和也是恒定的。内量等于动能或势能的最大值，如 $U_{\mathrm{s}} = \dfrac{1}{2} k z_{\mathrm{m}}^2$。根据式（6.87），一个循环中耗散的能量 $\Delta E_{\mathrm{d}} = \pi c \Omega z_{\mathrm{m}}^2$，由于已经假设 $\Omega = \omega_0$，得到

$$\frac{U_{\mathrm{s}}}{\Delta E_{\mathrm{d}}} = \frac{1}{2}\,\frac{k z_{\mathrm{m}}^2}{\pi c \omega_0 z_{\mathrm{m}}^2} = \frac{k}{2\pi c \omega_0} = \frac{kQ\sqrt{m}}{2\pi\sqrt{km}\,\sqrt{k}} \qquad (7.20)$$

$$\frac{U_{\mathrm{s}}}{\Delta E_{\mathrm{d}}} = \frac{Q}{2\pi} \qquad (7.21)$$

即

$$Q = \frac{2\pi U_s}{\Delta E_d} \tag{7.22}$$

注:除了材料外,结构形状对响应激励比测量的影响也非常大。因此系统的特性并不仅取决于材料的基本性质。这种方法不适用于非线性系统,因为非线性系统中阻尼大小与激励量值有关。

7.4.2 带宽或$\sqrt{2}$方法

另一个评估方法(称为 Kennedy-Pancu 法[KEN 47])是测量传递函数峰值的半功率带宽,半功率点的高度等于H_{RD}或H_{RV}曲线峰值除以$\sqrt{2}$(图7.5)。

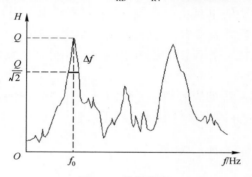

图7.5 共振带宽

根据H_{RV}曲线,h_1与h_2为半功率点曲线的左右两个横坐标,可得

$$Q = \frac{1}{2\xi} = \frac{f_0}{\Delta f} \tag{7.23}$$

式中:f_0为峰值频率。

$$h_1 = \frac{f_1}{f_0}, h_2 = \frac{f_2}{f_0}$$

以及

$$\xi = \frac{c}{c_c} = \frac{\Delta f}{2 f_0} \left(= \frac{1}{2}(h_2 - h_1) \right) \tag{7.24}$$

设T_0是固有周期,T_1与T_2是传递函数衰减$\sqrt{2}/2$所对应的周期,阻尼c可以由下式给出:

$$c = 2\pi m \left(\frac{1}{T_2} - \frac{1}{T_1} \right) \tag{7.25}$$

由于$c_c = 2\sqrt{km}$,$k = m\omega_0^2$,所以

$$\xi = \frac{T_0(T_2 - T_1)}{2T_1 T_2} \qquad (7.26)$$

也就是说,在近似 $f_0 \approx \dfrac{f_1 + f_2}{2}$ 的情况下,有

$$\xi = \frac{f_2 - f_1}{f_1 + f_2} \qquad (7.27)$$

根据 H_{RD} 曲线可知,只有当 ξ 值较小时,这些关系才是有效的。当 ξ 值较小时曲线 H_{AD} 也同样适用。

7.4.3 衰减率方法(对数衰减率)

带宽方法的精度经常受到材质的非线性或曲线读取的限制。有时使用对数衰减率的这种传统关系更有效果,它由激励力停止后系统的自由响应所确定(图 7.6)。

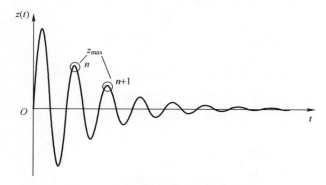

图 7.6 对数衰减率的测量[BUR 59]

对数衰减率 ξ 的计算可以通过两个连续峰的振幅比得到:

$$\frac{(z_m)_{n+1}}{(z_m)_n} = e^{-\delta} \qquad (7.28)$$

此外,衰减率与阻尼比的关系还有

$$\delta = \frac{2\pi\xi}{\sqrt{1 - \xi^2}} \qquad (7.29)$$

通过对受脉冲载荷作用的单自由度系统响应的测量,可以从曲线的峰值中计算出 δ 或 ξ[FOR 37,MAC 58]:

$$\xi = \frac{\delta}{\sqrt{\delta^2 + 4\pi^2}} \qquad (7.30)$$

可用图 7.7 中的曲线来 δ 确定 ξ。为了提高 δ 的精度,最好采用两个非相邻的峰值。那么关系式为

$$\delta = \frac{1}{n-1}\ln\frac{z_{m_1}}{z_{m_n}} \qquad (7.31)$$

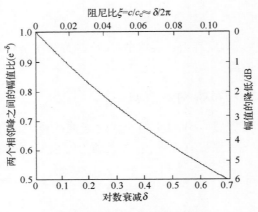

图 7.7 根据 δ 的阻尼计算

式中:z_{m_1} 与 z_{m_n} 分别是第 1 个和第 n 个响应(图 7.8)的峰值。

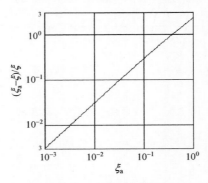

图 7.8 $\xi(\delta)$ 近似误差

对于 $\xi \ll 1$ 的特殊的情况,根据式(7.29)可得

$$\xi = \frac{\delta}{2\pi}$$

得到

$$\frac{\pi}{\delta} = Q$$

和

$$\frac{\pi}{\delta} \approx \frac{2\pi U_{ts}}{D} \tag{7.32}$$

其中

$$\delta = \ln \frac{z_{m_1}}{z_{m_2}} = \frac{1}{n} \ln \frac{z_{m_1}}{z_{m_{n+1}}} \tag{7.33}$$

如果 ξ 很小，那么

$$\frac{z_{m_1}}{z_{m_{n+1}}} \approx 1 + n\delta = 1 + 2\pi n \xi_a \tag{7.34}$$

得到 ξ_a 的近似值

$$\xi_a \approx \frac{z_1 - z_{m_{n+1}}}{2\pi n z_{m_{n+1}}} \tag{7.35}$$

这个近似关系带来的误差可以通过绘制$\frac{\xi_a - \xi}{\xi}$与 ξ 关系的曲线(图 7.8)或近似值 ξ_a 与准确值 ξ 关系的曲线(图 7.9)进行估计。

$$\xi_a \approx \frac{z_{m_1} - z_{m_2}}{2\pi z_{m_2}} = \frac{1}{2\pi} \left[\frac{z_{m_1}}{z_{m_2}} - 1 \right] \tag{7.36}$$

$$\xi = \frac{\delta}{\sqrt{\delta^2 + 4\pi^2}} = \frac{\ln \dfrac{z_{m_1}}{z_{m_2}}}{\sqrt{\ln^2 \dfrac{z_{m_1}}{z_{m_2}} + 4\pi^2}} \tag{7.37}$$

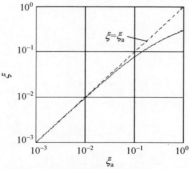

图 7.9 准确值 ξ 与近似值 ξ_a 的关系

得到

$$\xi = \frac{\ln(1 + 2\pi \xi_a)}{\sqrt{\ln^2(1 + 2\pi \xi_a) + 4\pi^2}} \tag{7.38}$$

和

$$\frac{\xi-\xi_{a}}{\xi}=1-\frac{\xi_{a}}{\xi}=1-\frac{1}{2\pi\xi}\Big[\,e^{2\pi\xi/\sqrt{1-\xi^{2}}}-1\,\Big] \tag{7.39}$$

比阻尼容量 p 为单位体积内阻尼所消耗的能量与弹性变形能量的比,即

$$p=100\times\frac{D}{U_{ts}}\approx 200\delta(\%) \tag{7.40}$$

以一种更为精确的方法,假设 U_{ts} 正比于振幅的平方,则 p 可以写为

$$p=100\times\frac{z_{m_1}^{2}-z_{m_{n+1}}^{2}}{nz_{m_1}^{2}}\% \tag{7.41}$$

比阻尼容量 p 与 ξ 和 δ 的关系如图 7.10 和图 7.11 所示。

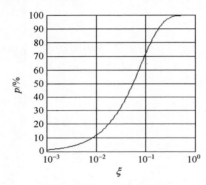

图 7.10 比阻尼容量与 ξ 的关系   图 7.11 比阻尼容量与 δ 的关系

对于一个圆柱形试棒,有

$$W=S\ell U_{ts}=\frac{1}{2}kz^{2}+\frac{1}{2}m\dot{z}^{2} \tag{7.42}$$

(势能+动能)

$$W=\frac{1}{2}m(\dot{z}^{2}+\Omega^{2}z^{2}) \tag{7.43}$$

即由于

$$z=z_{m}\sin(\Omega t-\varphi)$$

$$W=\frac{1}{2}m\Omega^{2}z_{m}^{2}=常数\times z_{m}^{2} \tag{7.44}$$

因此,U_{ts} 正比于 z_{m}^{2}。根据式(7.31)与式(7.41),对于两个相邻的峰,有

$$p=100(1-e^{-2\delta})(\%) \tag{7.45}$$

根据实验结果使用衰减率来计算 p 的前提是在 n 个周期中 δ 为常数。但在实际中并不总是这样。阻尼随着应力以幂次方增大,也就是变形的幂次方,因

此这种方法只适用于很低的应力水平。

对于小的 δ，可以将式（7.45）写成级数形式：

$$p = 100\left[\frac{2\delta}{1!} - \frac{(2\delta)^2}{2!} + \frac{(2\delta)^3}{3!} - \cdots\right](\%)\qquad(7.46)$$

如果 $\delta < 0.01$，则可以认为 $p \approx 200\delta$。

对数衰减方法不考虑非线性效应。对数衰减率 δ 同样可以根据共振峰幅值 H_{max} 及其在任意高度 H 的带宽 Δf 给出[BIR 77, LU 59]（见图 7.12）。F. Förster[FÖR 37]指出：

$$\delta = \pi\frac{\Delta f}{f_0}\sqrt{\frac{H^2}{H_{max}^2 - H^2}}\qquad(7.47)$$

$$\delta = \pi\frac{\Delta f}{f_0}\sqrt{\frac{H^2}{Q^2 - H^2}}\qquad(7.48)$$

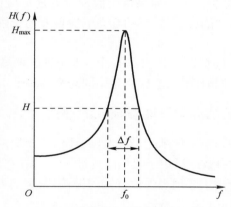

图 7.12　任意高度 H 的带宽

如果 $H = Q/2$，则有

$$\delta = \frac{\pi}{\sqrt{3}}\frac{\Delta f}{f_0}\qquad(7.49)$$

设 n_e 为幅值下降为 $\frac{1}{e}$（奈培数）所用的周期数，则 δ 可表示为

$$\delta = -\frac{1}{n_e - 1}\ln\frac{1}{e} = \frac{1}{n_e - 1} = \frac{1}{f_0 t_e}\qquad(7.50)$$

式中：t_e 为振幅达到 z_{m_1}/e 所用的时间。

如果考虑响应 $z(t)$ 的包络线 $Z(t)$（大概为衰减正弦），则可得

$$\delta = \frac{1}{f_0 Z}\frac{\mathrm{d}Z}{\mathrm{d}t} = -\frac{1}{f_0}\frac{\mathrm{d}\ln Z}{\mathrm{d}t} = -\frac{2.302}{f_0}\frac{\mathrm{d}\ln Z}{\mathrm{d}t}\qquad(7.51)$$

如果振动幅度用分贝表示,则变为

$$y_{dB} = 20 \log Z$$

$$\delta = -\frac{0.115}{f_0} \frac{dy}{dt} \qquad (7.52)$$

给定 H 值使得 $H^2 = \frac{Q^2}{2}$,有

$$\delta = \pi \frac{\Delta f}{f_0} \qquad (7.53)$$

如果,$\xi \le 0.1$,$\delta \approx \frac{\pi}{Q}$,就得到前面已经给出的关系 $Q = \frac{f_0}{\Delta f}$。如果阻尼是非黏性的,那么通过这个结果计算得到的 Q 与通过曲线 $H(f)$ 得到的 Q 会有一定的误差。

此外,假设阻尼是黏性的。如果这个假设没有进行验证,得到的 δ 受峰值位置选取的影响很大,尤其是所选择的峰在响应最开始位置和即将结束的地方[MAC 58]。

在多自由度系统的情况下还有另一个难题,即很难只激发系统的一种模态。如果多个模式被同时激发,响应将是不同频率的多个正弦信号的叠加。

7.4.4 恒定正弦振动下能量损耗的评估

另一种方法是使力学系统承受谐波激励,评估一个周期内被阻尼装置耗散的能量[CAP 82],此参数广泛用于阻尼的测量。

这个方法可以应用于非理想弹性特性的振荡器,但需要采用 k 和 c 为常数的简单振荡器进行等效(图7.13)。

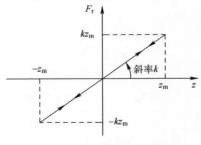

图7.13 弹簧中的力

可以看到,如果单自由度力学系统受到正弦力 $F(t) = F_m \sin\Omega t$,且振动圆频率等于系统的固有圆频率 ω_0,则振幅可以由下式给出:

$$z(t) = -z_m \cos(\Omega t)$$

式中

$$z_m = \frac{F_m}{2k\xi}$$

弹簧中的力 $F_s = kz(t)$，而阻尼装置中的力为

$$F_d = c\dot{z} = 2m\xi\Omega\dot{z} = 2k\xi z_m \sin(\Omega t)$$

得到 F_d 与 z 的关系（图 7.14）：

$$\frac{F_d^2}{(2k\xi z_m)^2} = \sin^2(\Omega t) = 1 - \frac{z^2}{z_m^2} \tag{7.54}$$

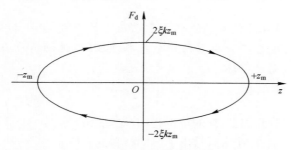

图 7.14　阻尼力与位移

这个函数的图形为椭圆。在一个完整的周期中，弹簧存贮的势能完全恢复。另外，能量 ΔE_d 在阻尼装置中消耗，它的值等于椭圆的面积：

$$\Delta E_d = 2\pi z_m^2 k\xi \tag{7.55}$$

将图 7.13 与图 7.14 叠加在一起就可以绘制出 $F = F_s + F_d$ 与 z 的曲线（图 7.15）。

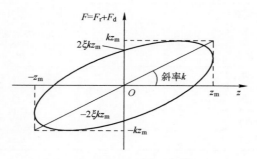

图 7.15　合力与伸长量

通过这些结果，阻尼常数 c 可以按下列方法测量：

（1）系统运动偏离静止状态后（施加 F 作用在物体上），通过绘制曲线

$F(z)$。

(2) 通过最大变形 z_m。

如果刚度 k 是线性的,则可以用一条通过椭圆中心的斜线的斜率计算出 k（图 7.15）。

椭圆的面积等于 ΔE_d,得到

$$\xi = \frac{\Delta E_d}{2\pi z_m^2 k} \tag{7.56}$$

注:

(1) 当 z_m 增加时,一般情况下,弹簧非线性特性将变强,并且 ξ 的值也会增加。

(2) 循环中消耗的能量 ΔE_d 取决于动应力的形式、大小和分布,因此最好用阻尼能量 D 来表述,D 是材质的一个基本特性(假设动态应力在体积 V 中均匀分布的情况下,每个循环单位体积的阻尼能量)[PLU 59]。

$$\Delta E_d = \int_V D dV \tag{7.57}$$

式中:ΔE_d 的单位是 J/周期;D 的单位是(J/周期)/m^3。

表 7.6[BLA 61, CAP 82]给出了不同材料的 ξ 值。

表 7.6　阻尼比的一些例子

材　　料	ξ
焊接金属框架	0.04
螺栓金属框架	0.07
混凝土	0.010
预应力混凝土	0.05
钢筋混凝土	0.07
高强度钢材(弹簧)	$(0.637\sim1.27)\times10^{-3}$
低碳钢	3.18×10^{-3}
木头	$(7.96\sim31.8)\times10^{-3}$
天然橡胶阻尼装置	$(1.59\sim12.7)\times10^{-3}$
螺栓钢	0.008
焊接钢	0.005

弱阻尼的橡胶类材料

氯丁橡胶的动态特性与频率关系不大。与天然橡胶相比,氯丁橡胶的阻尼比在高频率时增长更慢。

具有高阻尼的橡胶类材料

这种材料的动态模量随着频率的增加非常快。阻尼比很大，且可以随频率稍有变化。

7.4.5 其他方法

还有其他方法可用来估算结构的阻尼，例如用共振对应的频率上相位的导数（Kennedy-Pancu 的改进方法）[BEN 71]。

7.5 非线性刚度

在 7.3 节中讨论了单自由度系统的响应受非线性阻尼的影响，是阻尼导致了非线性。另一个可能性与非线性刚度有关，也会发生刚度随着相对位移的变化的情况。恢复力 $F = -kz$ 不再是线性的，服从类似 $F = kz + rz^3$ 的规律，这里 k 如前所述是常数，而非线性程度取决于 r。刚度可以随相对位移（硬弹簧）而增大（图 7.16）或减小（软弹簧）（图 7.17）[MIN 45]。

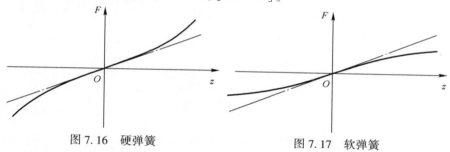

图 7.16 硬弹簧   图 7.17 软弹簧

例如，可以在传递函数中观察到，从 A 到 B 会有一个跳跃[BEN 62]。

当频率从零开始缓慢增大，传递比 1 开始增大经过点 D 至点 A 最后减弱到点 B，如图 7.18 所示[TIM 74]。

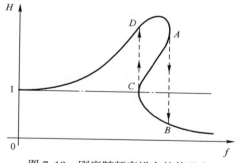

图 7.18 刚度随频率增大的传递率

如果系统以正弦扫描形式从高频率缓慢降低地经过共振频率,传递函数会增加,通过点 C 和共振点附近的点 D,然后当 f 趋向于 0 时降低至 1,如图 7.19 所示。

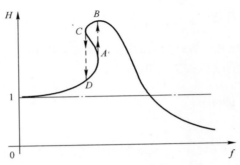

图 7.19　刚度随频率减小的传递率

应当注意到区域 CA 是不稳定的,所以不能代表一个物理系统的传递函数。

与共振频率一样,曲线的形状也与激励力的幅值有关(图 7.20)。有时即使激励频率非常大,质量也会在其固有频率上振动(称为 n 次谐振的现象)[DUB 59]。

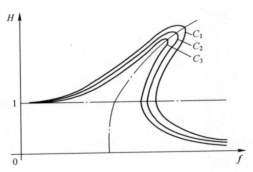

图 7.20　阻尼的影响($C_1 < C_2 < C_3$)

第 8 章
正弦扫描

8.1 定义

8.1.1 正弦扫描

正弦扫描是定频正弦振动在逻辑上的延伸(某种意义上这么表达有些多余,因为在定义正弦振动时就包括这种假设;该术语通常用来更好地区分两种振动类型。定频试验也称为驻留试验)。正弦扫描振动是指在某个给定时刻,振动频率根据一定规律进行变化的振动(图8.1)。

时间/s ——→

图 8.1 正弦扫描振动时间历程示例

正弦扫描振动可表示为如下函数:

$$\ell(t) = \ell_m \sin[E(t) + \phi] \tag{8.1}$$

式中:相位 ϕ 通常为 0;$E(t)$ 为扫描模式特征的时间函数;$\ell(t)$ 通常为加速度,有时也可以为位移、速度或力。

正弦信号的圆频率的定义可表示为正弦函数的导数[BRO 75,HAW 64,HOK 48,LEW 32,PIM 62,TUR 54,WHI 72],即

$$\Omega = 2\pi f = \frac{dE}{dt} \tag{8.2}$$

已知广泛的扫描模式有以下三种:

(1) 线性扫描,f 的表现形式为 $f = \alpha t + \beta$;

（2）对数扫描（称为指数扫描更合适），f 表现形式为 $f = f_1 e^{t/T_1}$；

（3）双曲扫描（也称为抛物线扫描或双对数扫描），$\dfrac{1}{f_1} - \dfrac{1}{f} = at$。

这些扫描可用于频率上升或下降的正弦振动中。

前两种模式是实验室试验中最常用的。不过也会遇到其他扫描模式，一些文献对此进行了专题研究[SUZ 78a, SUZ 79, WHI 72]。

在这种振动中，产品在某个时间间隔内（扫描速率的函数）承受某个频率的正弦振动，这个频率落在指定范围内。在指定的范围中必须包括产品的一个（或几个）先验共振频率。这样共振频率在试验中应当被激发出来（图8.2）。

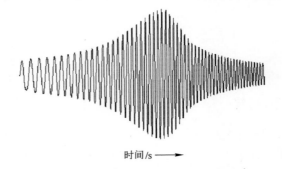

时间/s ——▶

图 8.2　扫描振动的响应时间历程示例

用一个无量纲的数即传递率来评估共振的重要程度。传递率最初被定义为产品上某一个点的响应加速度与在激振器（或夹具）上测得的系统输入加速度之间的比率。

当某个局部的传递率峰值超过了一个预定的值（通常为2），则将该频率作为共振频率来考虑（图8.3）。

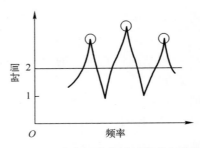

图 8.3　视为共振峰的局部传递率峰值

注：以往在确定共振频率后，接着进行的试验通常是在这些共振频率下向

产品施加给定时间的正弦振动。依据产品在未来面临的真实环境来确定振动的幅值。该试验的目的是为了确保材料在最严酷的条件下,即出现在共振频率时的最高应力,也能进行工作。试验持续时间变化范围很大,通常为 5min。

8.1.2 倍频程——频率区间 (f_1, f_2) 内的倍频程值

倍频程是比值为 2 的两个频率构成的区间。两个频率 f_1 与 f_2 之间的倍频程值如下:

$$\frac{f_2}{f_1} = 2^n \tag{8.3}$$

可变为

$$n = \frac{\ln \dfrac{f_2}{f_1}}{\ln 2} \tag{8.4}$$

(对两边同时取 e 或 10 的对数)。

8.1.3 10 倍频程

10 倍频程是比值为 10 的两个频率构成的区间。两个频率 f_1 与 f_2 之间的 10 倍频程值 n_d 如下:

$$\frac{f_2}{f_1} = 10^{n_d} \tag{8.5}$$

可变为

$$n_d = \log \frac{f_2}{f_1} = \frac{\ln f_2/f_1}{\ln 10} \tag{8.6}$$

($\ln 10 = 2.30258\cdots$)

10 倍频程与倍频程之间的关系为

$$\ln \frac{f_2}{f_1} = n \ln 2 = n_d \ln 10 \tag{8.7}$$

$$\frac{n}{n_d} = \frac{\ln 10}{\ln 2} = 3.3219\cdots \tag{8.8}$$

8.2 真实环境中的"正弦扫描"振动

类似正弦扫描这样的振动是相当罕见的,主要是当旋转机器启动、停止及变速时,安装在其附近的设备或结构上会测量到这种振动。对它们的研究更多

是为了评价产品在经过共振频率时的效应[HAW 64,HOK 48,KEV 71,LEW 32,SUZ 78b,SUZ 79]。

8.3 试验中的"正弦扫描"振动

过去乃至现在经常采用向产品施加正弦类型激励的试验方法,其目的是:

(1) 产品特性辨识:使产品承受一个振幅相当低(不破坏样本)且幅值恒定(大约 5m/s²)的扫描正弦试验,频率随时间的变化相对较小(接近于每分钟一个倍频程),以便研究样本不同位置处的响应,重点关注共振频率和测量放大因子。

(2) 实施一个在标准文件(MIL-STD-810C,AIR-7304,GAM-T-13 等)中规定的试验,用以验证产品是否具备标准规定的健壮性,与工作寿命中所经历的振动无关或者相关性不强。

(3) 实施一个相对灵活,能覆盖在未来真实振动环境的规范。

扫描正弦振动很难应用在随机振动的仿真中,因为随机振动的振幅和相位的变化都是随机的,且在所有频率内同时激励。

确定一个正弦扫描振动试验有很多必要的参数。

已经在本节中提到,与定频振动一样的用于实现控制试验的物理量除了加速度、位移或者速度外,还必须指定扫描的范围。

正弦扫描的幅值可以在整个频带上保持不变(图 8.4(a)),也可以由几个频率区间上不同的恒值组成(图 8.4(b))。

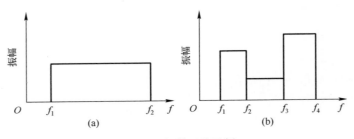

图 8.4　扫描正弦示例

在同一个试验中,每个频率范围可以用不同的量或幅值描述方法:在频率非常低时,有时用位移来规定幅值(该参数在该频段中比较容易测量),而一般情况下幅值为加速度,速度作为幅值比较罕见。

例如,在 5~500Hz 之间的正弦扫描可表示如下:

(1) 在 5~15Hz 之间,位移为 1mm;

（2）在 15~200Hz 之间,加速度为 $18m/s^2$；

（3）在 200~500Hz 之间,加速度为 $40m/s^2$；

扫描通常为对数形式。规范有时会规定扫描方向:上扫或下扫。

试验中要么指定扫描速率(每分钟的倍频程值),要么指定扫描时程(从最低频率到最高频率的时间或每个频带停留的时间)。

振幅水平用正弦振幅的峰值或峰峰值来规定。

通常将扫描速率设置得足够低,以便确保被试品的响应与其承受稳态纯正弦振动激励时达到的响应量值大致相当。

如果扫描很快,则当频率扫过的区间处于材料传递函数每个峰的半功率点之间,正弦扫描振动会以瞬态的方式将每个共振依次激发出来。可以从第 3 卷看到怎样用这种方法测量传递函数。

在该方法中,正弦扫描的振动效果可用来与冲击的效果进行比较[CUR 55](只是在一次冲击中,所有的振型会被同时激发出来)。

有几个关于怎样进行扫描的问题:

（1）从初始频率进行扫描时,怎样选择扫描方向(如按递增还是递减)？扫描是应从一个方向还是两个方向进行?

（2）频率怎样随时间变化(是线性,还是对数)?

（3）试验应该持续多长时间？必须有多少次单向的扫描?

因此,仍有几个参数需确定,应基于试验目的及限制条件进行选取。

8.4 主要扫描类型的产生及其性质

8.4.1 问题

如图 8.5 所示的线性单自由度力学系统的阻尼比为

$$\xi = \frac{c}{2\sqrt{km}} \tag{8.9}$$

品质因数 Q 为

$$Q = \frac{1}{2\xi} = \frac{\sqrt{km}}{c} = 2\pi f_0 \frac{m}{c} \tag{8.10}$$

共振频率为

$$f_0 = \frac{1}{2\pi}\sqrt{\frac{k}{m}}\left(=\frac{\omega_0}{2\pi}\right) \tag{8.11}$$

半功率点间的传递函数峰的带宽为

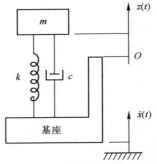

图 8.5 单自由度系统

$$\Delta f = \frac{f_0}{Q} \tag{8.12}$$

注：

传递函数最大值 $|H(f)| = \dfrac{\omega_0^2 z_{\max}}{\ddot{x}_{\max}}$ 实际为

$$H_m = \frac{1}{2\xi\sqrt{1-\xi^2}} = \frac{Q}{\sqrt{1-\xi^2}} \tag{8.13}$$

力学系统的阻尼通常较弱,从而可近似认为 $H_m = Q$（此处它实际上是加速度－速度传递函数最大值的结果,而非加速度－位移的传递函数）。需要记住的是,与机电产品类似,半功率点可由加速度－速度的传递函数来确定。

将

$$\dot{f} = \frac{\mathrm{d}f}{\mathrm{d}t} \tag{8.14}$$

记为共振频率 f_0 附近的扫描速率,在带宽 Δf 上所花的时间可粗略给出

$$\Delta t = \frac{\Delta f}{\dot{f}} \tag{8.15}$$

在该处循环的次数为

$$\Delta N = f_0 \Delta t = \frac{\Delta f}{\dot{f}} f_0 \tag{8.16}$$

当这样一个系统脱离平衡点并开始释放（或对它的激励忽然停止）时,质量块的位移响应可以写成

$$z(t) = z_m \mathrm{e}^{-t/T} \cos(2\pi f_0 \sqrt{1-\xi^2}\, t + \phi) \tag{8.17}$$

式中:T 为时间,且有

$$T = \frac{2m}{c} \tag{8.18}$$

将式(8.18)代入式(8.10)可得

$$T = \frac{Q}{\pi f_0} = \frac{1}{\omega_0 \xi} \qquad (8.19)$$

假设品质因数 Q 相对于固有频率是独立的,尤其是在黏性材料的情况下。造成 Q 随 f_0 变化的原因有很多,机理也不一样[BRO 75],因而在扫描时也会出现同样的情况。

正弦扫描试验的频率会随时间变化,所以力学系统的响应永远不会保持稳定。在给定的频率上扫描速度足够慢,系统的响应才会与恒定频率激励下的响应相近。为了在共振频率附近尽可能地接近真实值,必须让在频带 Δf 上的时间 Δt 相对于 T 而言足够长。该条件可描述为[MOR 76]

$$\Delta t = \mu T, \quad \mu \gg 1 \qquad (8.20)$$

从而①

$$|\dot{f}| = \frac{\Delta f}{\Delta t} = \Delta f \frac{\pi f_0}{\mu Q} = \frac{f_0}{Q} \frac{\pi f_0}{\mu Q} \qquad (8.21)$$

$$|\dot{f}| = \frac{\pi f_0}{\mu Q^2} \qquad (8.22)$$

固有频率 f_0 可能是 (f_1, f_2) 频带上的任意一点,然而无论它是多少,共振时响应一定接近于输入的 Q 倍。为了计算扫描函数 $f(t)$,对 f_0 统一写作 f:

$$\dot{f} = \pm \frac{\pi f^2}{\mu Q^2} \qquad (8.23)$$

可以看出扫描速率的要求取决于 $\frac{1}{Q^2}$。

注:当上扫描时,导函数 $\dot{f}$ 为正数;反之,为负数。

8.4.2 情况 1:对于所有的 f_0,在每个 Δf 区间上所用时间 Δt 保持恒定

由于

$$\Delta t = \mu T = \frac{\mu Q}{\pi f} \qquad (8.24)$$

必须使 $\mu = \gamma f$ 且常数 γ 的量纲为时间,则

$$\Delta t = \frac{\gamma Q}{\pi} \qquad (8.25)$$

---

① 假设 Δf 相当小(也就是说 ξ 很小),从而使相关区间 Δf 上的弦的斜率与曲线 $f(t)$ 切线的斜率误差相当小而变得近似。该近似在实际中确实是可接受的。

$$\dot{f} = \pm\frac{\pi f^2}{\mu Q^2} = \pm\frac{\pi f}{\gamma Q^2} = \pm\frac{f}{T_1} \qquad (8.26)$$

式中：$T_1 = \dfrac{\gamma Q^2}{\pi}$。

当 $[f_1, f_2]$ 区间上的扫描为递增时

由式(8.26)可推导出

$$f = f_1 e^{\frac{t}{T_1}} \qquad (8.27)$$

当 $t = t_s$（t_s 为扫描持续时间），$f = f_2$ 时，常数 T_1 为

$$T_1 = \frac{t_s}{\ln(f_2/f_1)} \qquad (8.28)$$

式中：T_1 为扫过边界频率之比为 e 的频率区间所需要的时间。

由式(8.24)和式(8.25)可得

$$T_1 = Q\Delta t \qquad (8.29)$$

注：式(8.27)也能写成

$$f = f_1\left(\frac{f_2}{f_1}\right)^{\frac{t}{t_s}} \qquad (8.30)$$

下扫时，有

$$f = f_2 e^{-\frac{t}{T_1}} \qquad (8.31)$$

式中：T_1 的定义与前面相同。

$E(t)$ 的表达式

上扫时，有

$$E(t) = 2\pi \int_0^t f_1 e^{t/T_1} dt \qquad (8.32)$$

例如[HAW 64, SUN 75]：

$$E(t) = 2\pi T_1 f_1(e^{t/T_1} - 1) = 2\pi T_1(f - f_1) \qquad (8.33)$$

下扫时，有

$$E(t) = 2\pi \int_0^t f_2 e^{-t/T_1} dt \qquad (8.34)$$

$$E(t) = -2\pi T_1 f_2(e^{-t/T_1} - 1) = -2\pi T_1(f - f_2) \qquad (8.35)$$

在之后的章节中，除了一种特殊情况外，我们只讨论上扫的情况，因为下扫时的关系式要么完全相同，要么非常容易重写。

假设无论从哪个方向扫描，f_1 永远是最低频率，f_2 永远是最高频率。在该假设下，关系式的选择只取决于扫描方向。对于相反的情况，只需简单假设 f_1 是扫描的初始频率，f_2 是最终的频率，无论哪个方向扫描，都能获得独立于方向的

相同关系式。另外,关系式与上述建立的关系式相同,且遵循上扫的情况。

时间 t 可表示为以下相对 f 的表达式:

$$t = T_1 \ln \frac{f}{f_1} \tag{8.36}$$

尽管式(8.27)和式(8.31)是指数形式,这种扫描模式也称为对数扫描(因为式(8.36)为对数形式)。

扫过频率 f_1 到频率 f_2 的时间如下:

$$t_s = T_1 \ln \frac{f_2}{f_1} \tag{8.37}$$

也可变为

$$t_s = Q \Delta t \ln \frac{f_2}{f_1} \tag{8.38}$$

在时间 t 内所完成的循环数如下:

$$N = \int_0^t f(t)\, \mathrm{d}t = \int_0^t f_1 \mathrm{e}^{\frac{t}{T_1}} \mathrm{d}t \tag{8.39}$$

$$N = f_1 T_1 (\mathrm{e}^{t/T_1} - 1) \tag{8.40}$$

由式(8.27)可得

$$N = T_1(f - f_1) \tag{8.41}$$

f_1 与 f_2 之间的循环数为

$$N_s = T_1(f_2 - f_1) \tag{8.42}$$

将式(8.42)代入式(8.37),可得

$$N_s = \frac{t_s(f_2 - f_1)}{\ln \dfrac{f_2}{f_1}} \tag{8.43}$$

频率均值(或平均频率或期望频率)为

$$f_m = \frac{N_s}{t_s} = \frac{f_2 - f_1}{\ln(f_2/f_1)} \tag{8.44}$$

在半功率点间的频带 Δf(在时间 Δt 期间)上的循环数为

$$\Delta N = T_1 \left[f_0 \left(1 + \frac{1}{2Q} \right) - f_0 \left(1 - \frac{1}{2Q} \right) \right]$$

即

$$\Delta N = f_0 \frac{T_1}{Q} \tag{8.45}$$

$$\Delta N = f_0 \Delta t$$

ΔN 随 f_0 变化,得到

$$t_s = \frac{Q \Delta N}{f_0} \ln \frac{f_2}{f_1} \qquad (8.46)$$

由式(8.42)可得

$$\Delta N = \frac{f_0 N_s}{Q(f_2 - f_1)} \qquad (8.47)$$

在区间 Δf 上花费的时间为

$$\Delta t = \frac{T_1}{Q}$$

时间 Δt 为常数,且与频率 f_0 无关。

例 8.1

如果 $Q = 5$,当 $f_0 = 100\text{Hz}$ 时区间宽度为 20Hz,当 $f_0 = 500\text{Hz}$ 时区间宽度为 100Hz(图 8.6)。

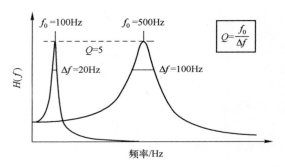

图 8.6   两个固有频率值下 $Q = 5$ 时的半功率区间宽度

$$\Delta t = \frac{t_s}{Q \ln \frac{f_2}{f_1}} \qquad (8.48)$$

ΔN 的另一种表达式:

$$\Delta N = f_0 \Delta t$$

$$\Delta N = \frac{f_0 t_s}{Q \ln \frac{f_2}{f_1}} \qquad (8.49)$$

从频率 f_1 到固有频率 f_0 所需的循环数为

$$N_1 = T_1 (f_0 - f_1) \qquad (8.50)$$

$$N_1 = Q \Delta t (f_0 - f_1) \qquad (8.51)$$

$$N_1 = \frac{Q\Delta N}{f_0}(f_0 - f_1) \tag{8.52}$$

或

$$N_1 = \frac{t_s(f_0 - f_1)}{\ln\dfrac{f_2}{f_1}} \tag{8.53}$$

完成此循环数所需的时间为

$$t_1 = T_1 \ln\frac{f_0}{f_1} \tag{8.54}$$

$$t_1 = \frac{Q\Delta N}{f_0}\ln\frac{f_0}{f_1} \tag{8.55}$$

或

$$t_1 = Q\Delta t\ln\frac{f_0}{f_1} = \frac{t_s\ln\dfrac{f_0}{f_1}}{\ln\dfrac{f_2}{f_1}} \tag{8.56}$$

若初始频率 $f_1 = 0$,则有 $N_1 = N_0$,如下式所示:

$$N_0 = f_0 T_1 \tag{8.57}$$

或

$$N_0 = Q\Delta t f_0 = Q\Delta N \tag{8.58}$$

在该情况下,无法计算从 0 到 f_0 所必需的时间 t_0。

扫描速率

根据扫描方向,有

$$\frac{\mathrm{d}f}{\mathrm{d}t} = \left\{ \begin{array}{l} \dfrac{f_1}{T_1}\mathrm{e}^{t/T_1} \\[2mm] \dfrac{f_2}{T_1}\mathrm{e}^{-t/T_1} \end{array} \right\} = \frac{f}{T_1} \tag{8.59}$$

扫描速率通常以每分钟的倍频程数表示。由式(8.4)可知,在频率 f_1 与 f_2 之间的倍频程数为

$$n = \frac{\ln(f_2/f_1)}{\ln 2}$$

而每秒的倍频程数为

$$R_{\mathrm{os}} = \frac{n}{t_s} = \frac{\ln(f_2/f_1)}{t_s\ln 2} \tag{8.60}$$

式中:t_s单位为 s。

每分钟的倍频程数为

$$R_{om} = \frac{60n}{t_s} = 60R_{os} \tag{8.61}$$

$$t_s = \frac{60}{R_{om}\ln 2}\ln\frac{f_2}{f_1}$$

设在式(8.36)中 $f=f_2$,对应 $t=t_s$,则可得

$$t_s = T_1\ln\frac{f_2}{f_1} = \frac{60}{R_{om}}\frac{\ln(f_2/f_1)}{\ln 2} \tag{8.62}$$

由式(8.60)和式(8.62)可得

$$\ln\frac{f_2}{f_1} = \frac{t_s}{T_1} = R_{os}t_s\ln 2$$

$$R_{os} = \frac{1}{T_1\ln 2} \tag{8.63}$$

根据 R 的定义得到扫描模式的另一个表达式为

$$f = f_1 2^{R_{os}t} \tag{8.64}$$

或

$$f = f_1 2^{R_{om}t/60} \tag{8.65}$$

图 8.7 给出了 R_{om} 为 0.1oct/min、0.2oct/min、0.3oct/min、0.5oct/min、1oct/min 及 2oct/min 时(式(8.61)),t_s 相对频率比 f_2/f_1 的变化情况。另外,可从式(8.59)和式(8.63)中推导出

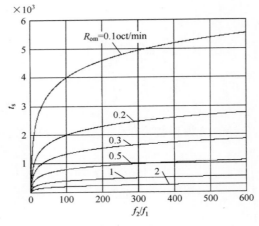

图 8.7 扫描时程

$$\frac{\mathrm{d}f}{\mathrm{d}t}=\frac{f}{T_1}=fR_{\mathrm{os}}\ln2 \tag{8.66}$$

扫描速率 R_{dm} 以 10 倍频程表示的情况

由定义与式(8.6)可知

$$R_{\mathrm{dm}}=\frac{n_{\mathrm{d}}}{t_{\mathrm{s}}/60}=\frac{60\ln(f_2/f_1)}{t_{\mathrm{s}}\ln10} \tag{8.67}$$

$$R_{\mathrm{dm}}=\frac{60\lg(f_2/f_1)}{t_{\mathrm{s}}} \tag{8.68}$$

或

$$R_{\mathrm{dm}}=R_{\mathrm{om}}\frac{\ln2}{\ln10}\approx\frac{R_{\mathrm{om}}}{3.3219\cdots} \tag{8.69}$$

在扫描区间 (f_1,f_2) 内,任意两个频率之间扫描所需要的时间

设 f_A 和 $f_B(>f_A)$ 作为 (f_1,f_2) 内的一个频率区间边界。扫描 (f_A,f_B) 所需要的时间 t_B-t_A 可直接计算得到,比如从式(8.36)和式(8.37)开始:

$$t_B-t_A=t_{\mathrm{s}}\frac{\ln(f_B/f_A)}{\ln\dfrac{f_2}{f_1}} \tag{8.70}$$

线性单自由度系统的半功率点之间扫描所需要的时间

利用 ξ 取较小值的关系式来计算半功率点间的扫描时间 Δt^*。

半功率点的横坐标分别为 $f_0-\dfrac{\Delta f}{2}$ 和 $f_0+\dfrac{\Delta f}{2}$,或 $f_0\left(1-\dfrac{1}{2Q}\right)$ 和 $f_0\left(1+\dfrac{1}{2Q}\right)$,依据式(8.70),在这些点上所需要的时间为

$$\Delta t^*=t_{\mathrm{s}}\frac{\ln\dfrac{1+1/2Q}{1-1/2Q}}{\ln(f_2/f_1)} \tag{8.71}$$

式(8.71)也可写为

$$\Delta t^*=T_1\ln\frac{1+\xi}{1-\xi}$$

即因为 $\Delta t=T_1/Q$,所以

$$\frac{\Delta t^*}{\Delta t}=\frac{1}{2\xi}\ln\frac{1+\xi}{1-\xi} \tag{8.72}$$

图8.8 给出了 $\dfrac{\Delta t^*}{\Delta t}$ 对 ξ 的变化。应该注意到,若 $\xi<0.2$, $\dfrac{\Delta t^*}{\Delta t}$ 非常接近于 1。

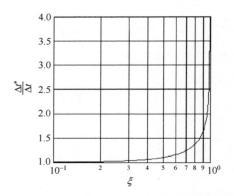

图 8.8 半功率点间扫描时程的近似表达式的有效性

$$\Delta t^* = \frac{60}{\ln 2} \frac{\ln\left(\dfrac{1+1/2Q}{1-1/2Q}\right)}{R_{om}}$$ (8.73)

式中：Δt^* 的单位为 s[SPE 61,SPE 62,STE 73]。

在该区间的循环数为

$$\Delta N^* = f_0 \Delta t^*$$

$$\Delta N^* = \frac{60}{\ln 2} \frac{f_0}{R_{om}} \ln\left(\frac{1+1/2Q}{1-1/2Q}\right)$$ (8.74)

应注意，当 Q 增大时，式（8.71）给出的 Δt^* 趋近于式（8.48）给出的值。图 8.9 给出了当 R_{om}（oct/min）分别为 4、2、1、1/2、1/3、1/4、1/6 及 1/8 时，Δt^* 对 Q 的变化情况。

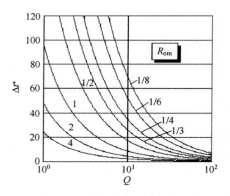

图 8.9 半功率点间的扫描时间

图 8.10 分别给出了 R_{om}（oct/min）为 4、2、1、1/2、1/3、1/4、1/6 及 1/8 时从

f_1 到 f_2 的扫描时间。

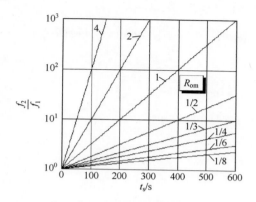

图 8.10 两频率间的扫描时程

每倍频的循环数

若 f_A 和 f_B 之间的间隔为一个倍频程：

$$f_B = 2f_A$$

该倍程的循环数从式(8.42)可得

$$N_2 = T_1 f_A \qquad (8.75)$$

即根据(8.43)可得

$$N_2 = \frac{t_s f_A}{\ln 2} \qquad (8.76)$$

$$N_2 = Q\Delta N \frac{f_A}{f_0} \qquad (8.77)$$

扫描一个倍程所需要的时间

设该时程为 t_2，则有

$$t_2 = T_1 \ln 2 \qquad (8.78)$$

$$t_2 = Q\Delta t \ln 2 \qquad (8.79)$$

$$t_2 = \frac{Q\Delta N}{f_0} \ln 2 \qquad (8.80)$$

扫描第 $1/n$ 个倍频程所需要的时间

$$t_n = T_1 \ln 2^{1/n} = \frac{T_1}{n} \ln 2 \qquad (8.81)$$

$$t_n = \frac{Q\Delta t}{n} \ln 2 \qquad (8.82)$$

$$t_n = \frac{Q\Delta N}{f_0 n} \ln 2 \qquad (8.83)$$

8.4.3 情况 2：恒定速率的扫描

若以恒定的速率扫描，则必须使 $\mathrm{d}f/\mathrm{d}t = $ 常量，即由于

$$\dot{f} = \pm\frac{\pi}{\mu Q^2}f^2$$

$$\mu = \delta f^2 \tag{8.84}$$

式中：δ 为常数，单位是时间的平方。

$$\Delta t = \delta f_0^2 \frac{Q}{f_0}$$

$$\Delta t = \frac{\delta f_0 Q}{\pi} \tag{8.85}$$

半功率点频带上所需要的时间的变化规律与固有频率 f_0 以同样的方式变化：

$$\frac{\mathrm{d}f}{\mathrm{d}t} = \pm\frac{\pi}{Q^2}\frac{f^2}{\delta f^2} = \pm\frac{\pi}{Q^2\delta} = \pm\alpha \tag{8.86}$$

式中：α 为常数。

递增扫描

$$f = \alpha t + f_1 \tag{8.87}$$

当 $t = t_s$，$f = f_2$ 时，常数 α 为 [BRO 75，HOK 48，LEW 32，PIM 62，TUR 54，WHI 72，WHI 82]

$$\alpha = \frac{f_2 - f_1}{t_s} \tag{8.88}$$

该扫描为线性的。

递减扫描

$$f = -\alpha t + f_2 \tag{8.89}$$

$$\alpha = \frac{\pi}{Q^2\delta} = \frac{f_2 - f_1}{t_s} \tag{8.90}$$

函数 $E(t)$ 的计算 [SUN 75]

上扫时：

$$E(t) = 2\pi \int_0^t (\alpha t + f_1) \mathrm{d}t \tag{8.91}$$

$$E(t) = 2\pi t\left(\frac{\alpha t}{2} + f_1\right) \tag{8.92}$$

下扫时：

$$E(t) = 2\pi \int_0^t (-\alpha t + f_2)\, dt \tag{8.93}$$

$$E(t) = 2\pi t\left(-\frac{\alpha t}{2} + f_2\right) \tag{8.94}$$

扫描速率

根据扫描的方向,扫描速率为

$$\frac{df}{dt} = \pm\alpha = \pm\frac{f_2 - f_1}{t_s} \tag{8.95}$$

8.4.4   情况 3:对于所有的 f_0,在所有的区间 Δf(由半功率点确定)上都有相同振荡次数 ΔN 的扫描

基于该假设,振荡次数为

$$\Delta N = f\Delta t = f\frac{\mu Q}{\pi f} = \mu\,\frac{Q}{\pi} \tag{8.96}$$

须为常数,参数 β 自身也为常数,可得

$$\dot{f} = \pm\frac{\pi f^2}{\mu Q^2} = \pm af^2 \tag{8.97}$$

式中: $a = \dfrac{\pi}{\mu Q^2}$。

扫描速率随瞬时频率的平方而变化,其表达式为[BIC 70,PAR 61]

$$\frac{df}{f^2} = \pm at \tag{8.98}$$

f_1 到 f_2 之间上扫

通过积分,可得

$$\frac{1}{f_1} - \frac{1}{f} = at \tag{8.99}$$

在 $t=0$ 时,假设起始频率 $f=f_1$,即[PAR 61]

$$f = \frac{f_1}{1 - af_1 t} \tag{8.100}$$

或,当 $t=t_s$ 时,有 $f=f_2$,可得

$$a = \frac{f_2 - f_1}{f_1 f_2 t_s} \tag{8.101}$$

这种扫描模式称为双曲线模式[BRO 75](也称双曲扫描,当然由于它的关系式形式(式(8.97)),也称双对数扫描[ELD 61,PAR 61]),在实际中很少使用。

注：

根据式(8.100)中的分母形式，由于频率 f 不能为负数，因而 $1-af_1t<0$ 必须成立，即

$$t>\frac{1}{af_1}=\frac{t_s f_2}{f_2-f_1}$$

即 $t>t_s$。

f_2 到 f_1 之间递减扫描

$$\frac{\mathrm{d}f}{f_2}=-a\mathrm{d}t \qquad (8.102)$$

$$\frac{1}{f_2}-\frac{1}{f}=-at \qquad (8.103)$$

$$f=\frac{f_2}{1+af_2t} \qquad (8.104)$$

当 $t=t_s$ 时，有 $f=f_1$，可得

$$a=\frac{f_2-f_1}{f_1 f_2 t_s} \qquad (8.105)$$

表达式 $E(t)$

正弦项中的函数 $E(t)$ 可由 $f(t)$ 中的表达式(8.2)计算可得

$$E(t)=\int_0^t 2\pi f(t)\,\mathrm{d}t \qquad (8.106)$$

上扫[CRU 70, PAR 61]

$$E(t)=2\pi\int_0^t\frac{f_1\mathrm{d}t}{1-af_1t}=\frac{2\pi}{a}\int_0^{af_1t}\frac{\mathrm{d}(af_1t)}{1-af_1t} \qquad (8.107)$$

$$E(t)=-\frac{2\pi}{a}\ln(1-af_1t)$$

$$E(t)=\frac{2\pi}{a}\ln\left(\frac{1}{1-af_1t}\right) \qquad (8.108)$$

即，代入式(8.100)得

$$E(t)=\frac{2\pi}{a}\ln\frac{f}{f_1} \qquad (8.109)$$

下扫

以相同的方法可得

$$E(t)=2\pi\int_0^t\frac{f_2\mathrm{d}t}{1-af_2t}=\frac{2\pi}{a}\int_0^{af_2t}\frac{\mathrm{d}(af_2t)}{1-af_2t}$$

$$E(t)=\frac{2\pi}{a}\ln(1+af_2t) \qquad (8.110)$$

扫描速率

上扫：

$$\frac{\mathrm{d}f}{\mathrm{d}t}=af^2=\frac{f_2-f_1}{f_1f_2t_s}f^2 \tag{8.111}$$

下扫：

$$\frac{\mathrm{d}f}{\mathrm{d}t}=-af^2 \tag{8.112}$$

3 种扫描模式(对数、线性及双曲线)的计算关系式在表 9.2 ~ 表 9.8 中有总结。

第 9 章
单自由度系统对正弦扫描振动的响应

9.1 扫描速率的影响

当扫描速率特别慢时,有可能在不失真的情况下测量与绘制单自由度系统的传递函数,并获得准确的共振频率与品质因数 Q。

当扫描速率提高时,测得的传递函数与实际传递函数的偏差逐渐变大。传递函数的失真会导致(图 9.1):

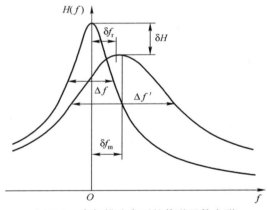

图 9.1　高扫描速率下的传递函数变形

(1) δH,最大值减小;

(2) δf_r,最大值的横坐标产生偏移;

(3) δf_m,曲线的中轴线产生了大的位移(曲线失去了对称性);

(4) Δf,频带变宽(半功率点间的频率区间)。

当扫描速率增加时:

(1) 由于力学系统中的自由响应(重要度仅次于共振)与所施加的正弦扫描激

励这两者间有干涉,因此可以观察到随时间的响应信号上出现了差拍,如图9.4所示
[BAR 48,PIM 62]。这些差拍的数量与重要度会随着阻尼的变大而减弱。

（2）与系统受到一个冲击类似,扫描时程会减小。响应的最大峰值发生在
$t>t_b$ 的时候（当冲击的持续时间小于系统的固有周期时,可以观察到残差响
应）。在9.2.3节中将介绍一个示例。

例 9.1

图9.2分别显示了高、低速上扫时,正弦扫描振动下的单自由度传递函数,其
峰值向右移动。如果是递减的正弦扫描振动,其峰值向左移动(图9.3)。

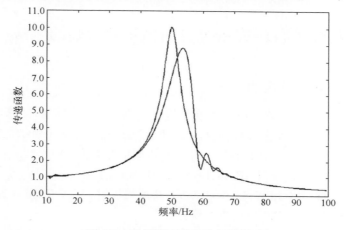

图9.2 递增频率的正弦扫描振动

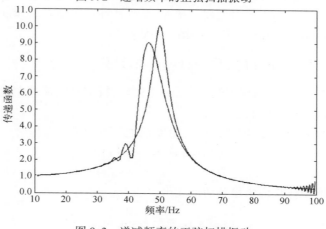

图9.3 递减频率的正弦扫描振动

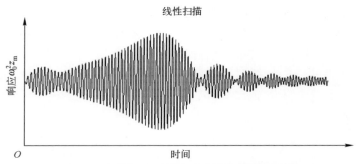

图 9.4 扫描速率对单自由度系统响应的影响

9.2 线性单自由度系统对扫描正弦激励的响应

9.2.1 获取响应的方法

由于方程的复杂,线性单自由度系统无法获得完全解析的计算结果(除了某些特殊情况)。已提出多种方法来解决该运动微分方程(模拟法[BAR 48,MOR 65,REE 60],数值法[HAW 64]),利用傅里叶变换[WHI 72]、拉普拉斯变换[HOK 48]、卷积积分[BAR 48,LEW 32,MOR 65,PAR 61,SUN 75]、菲涅尔积分[DIM 61,HOK 48,LEW 32,WHI 72]、渐近线展开[KEV 71]、参数变换技术[SUZ 78a,SUZ 78b,SUZ 79]、数值积分等。

由于扫描开始的过渡周期涉及的循环数非常小(相比于整个扫描周期的循环数),因此该阶段通常可以忽略。然而,最好选择低于第一共振频率一个倍程频的起始扫描频率来确保不产生影响[SUN 80]。

9.2.2 卷积积分(又称为杜哈梅尔积分)

起始和终止频率的选择将会影响响应振幅,特别是扫描速率比较大时将会更加敏感,我们将在下面进行讨论。

如果激励为加速度,则线性单自由度系统的运动微分方程为

$$m\ddot{z} + c\dot{z} + kz = -m\ddot{x}(t) \tag{9.1}$$

$$\ddot{z} + 2\xi\omega_0\dot{z} + \omega_0^2 z = -\ddot{x}(t) \tag{9.2}$$

方程的解用杜哈梅尔积分的形式可表示为

$$\omega_0^2 z(t) = -\frac{\omega_0}{\sqrt{1-\xi^2}} \int_0^t \ddot{x}(\lambda) e^{-\xi\omega_0(t-\lambda)} \sin[\omega_0\sqrt{1-\xi^2}(t-\lambda)] d\lambda \tag{9.3}$$

式中:λ 为积分变量。

如果 $z(0) = \dot{z}(0) = 0$,则激励为

$$\ddot{x}(t) = \ddot{x}_m \sin E(t)$$

式中：$E(t)$ 根据扫描模式的情况给出（比如式（8.92）所示的线性扫描，式（8.33）所示的对数扫描或式（8.108）所示的双曲扫描（均为递增方向扫描））。设

$$h = \frac{f}{f_0}\left(= \frac{\Omega}{\omega_0}\right)$$

及

$$\theta = \omega_0 t$$

这些表达式均可写为以下简化模式：

$$E(\theta) = \theta\left[\frac{h_2 - h_1}{2\theta_s}\theta + h_1\right] \tag{9.4}$$

$$E(\theta) = \theta_1(h - h_1) \tag{9.5}$$

$$E(\theta) = -\frac{h_1 h_2 \theta_s}{h_2 - h_1}\ln\left[1 - \frac{(h_2 - h_1)\theta}{h_2 \theta_s}\right] \tag{9.6}$$

式中

$$\theta_1 = \theta_s/\ln(h_2/h_1)$$

$$\theta_s = \omega_0 t_s$$

以 λ 为积分变量，可得

$$q(\theta) = \frac{\omega_0^2 z_m}{(-\ddot{x}_m)} = \frac{1}{\sqrt{1 - \xi^2}}\int_0^\theta \sin[E(\lambda)]e^{-\xi(\theta - \lambda)}\sin[\sqrt{1 - \xi^2}(\theta - \lambda)]d\lambda \tag{9.7}$$

需要注意的是，简化的响应函数 $q(\theta)$ 只有参数 ξ、θ_s、h_1、h_2，独立于固有频率 f_0。

杜哈梅尔积分的数值计算

从数值积分式（9.7）中直接计算 $q(\theta)$ 是可行的，然而要注意以下几点：

（1）当扫描速率变小时，积分点的数目要变大。

（2）当速率较小时，有时导致 $q(\theta)$ 上的一个奇点，而即使增加积分点的数目（或改变 X 坐标）该奇点也不一定会消失。

在接下来的章节中给出的结果便是以这种方式获得的，通过辛普森（Simpson）积分法进行积分。

注：若单自由度系统的响应用质量的绝对加速度表征，通过式（4.71）有

$$\ddot{y}(t) = \omega_0\int_0^t \ddot{x}(\lambda)e^{-\xi\omega_0(t-\lambda)}\left\{\frac{1 - 2\xi^2}{\sqrt{1 - \xi^2}}\sin[\omega_0\sqrt{1 - \xi^2}(t-\lambda)] + 2\xi\cos[\omega_0\sqrt{1 - \xi^2}(t-\lambda)]\right\}d\lambda \tag{9.8}$$

由此可得

$$q(\theta) = \frac{\ddot{y}_m}{\ddot{x}_m} = \int_0^\theta \sin[E(\lambda)] e^{-\xi(\theta-\lambda)}$$

$$\left\{ \frac{1-2\xi^2}{\sqrt{1-\xi^2}} \sin[\sqrt{1-\xi^2}(\theta-\lambda)] + 2\xi\cos[\sqrt{1-\xi^2}(\theta-\lambda)] \right\} d\lambda \quad (9.9)$$

9.2.3 线性单自由度系统对线性扫描正弦激励的响应

当 $\xi = 0.1$ 时,对于大多数 h_1 和 h_2 的取值,可以选择 $400 \sim 600$ 个点之间的积分点数(根据扫描速率进行选择)对式(9.7)进行数值积分。根据扫描方向,上扫时用式(9.4)可得到 $E(\theta)$,下扫时用下式计算:

$$E(\theta) = \theta\left[-\frac{h_2-h_1}{2\theta_s}\theta + h_2 \right] \quad (9.10)$$

对响应 $q(\theta)$ 的每条曲线,需要注意:

(1)最高的最大值。

(2)最低的最小值(双峰总是相互跟随)。

(3)那些双峰发生时,振动激励的频率。

(4)由关系式 $f_R = \frac{1}{2\Delta\theta}$ 得出的上述峰值起始频率($\Delta\theta$ 为分割两个连续峰的时间间隔)。

计算结果在简化坐标上的以曲线形式给出:

(1)在横坐标上,参数 η 定义为

$$\eta = \frac{Q^2}{f_0^2}\left(\frac{df}{dt}\right)_{f=f_0} \quad (9.11)$$

将看到大多数作者[BAR 48,BRO 75,CRO 56,CRO 68,GER 61,KHA 57,PIM 62,SPE 61,TRU 70,TRU 95,TUR 54]都以这种形式或非常相近的形式如 $\left(\frac{7}{\pi}\eta, \frac{2}{\pi}\eta, \cdots\right)$ 使用此公式。

对于线性扫描,根据不同的扫描方向

$$f = \frac{f_2-f_1}{t_s}t + f_1 \quad (9.12)$$

或

$$f = -\frac{f_2-f_1}{t_s}t + f_2$$

可得

$$|\eta| = \frac{Q^2}{f_0^2}\frac{f_2-f_1}{t_s} \quad (9.13)$$

若频率和时间以简化型来表达,则 η 可表示为

$$\eta = 2\pi Q^2 \left(\frac{\mathrm{d}h}{\mathrm{d}\theta}\right)_{h=1} \qquad (9.14)$$

对于上扫的线性扫描,有

$$h = \frac{\mathrm{d}E}{\mathrm{d}\theta} = \frac{h_2 - h_1}{\theta_s}\theta + h_1 \qquad (9.15)$$

对于下扫的线性扫描,有

$$h = -\frac{h_2 - h_1}{\theta_s}\theta + h_2 \qquad (9.16)$$

可得

$$\frac{\mathrm{d}h}{\mathrm{d}\theta} = \pm\frac{h_2 - h_1}{\theta_s} \qquad (9.17)$$

和

$$|\eta| = 2\pi Q^2 \frac{h_2 - h_1}{\theta_s} \qquad (9.18)$$

(2)纵坐标上响应 $q(\theta)$ 的最大正峰或负峰(绝对值)与稳定模式($Q/\sqrt{1-\xi^2}$)激励所能得到的最大峰的比率 G。

分别对递增和递减频率的正弦扫描振动进行了计算,结果表明:

(1)对于给定的 η,扫描响应的结果随着 h_1 和 h_2 的不同值而变化;其中存在一对 h_1 和 h_2 值使得响应的峰值最高。当 η 更大时($\eta \geq 5$),该现象更加明显。

(2)峰有时是正的,有时是负的。

(3)对于给定的 η,下扫的响应比上扫的响应更大。

所得 $G(\eta)$ 如图 9.5 所示。这些曲线是所有可能结果的包络。

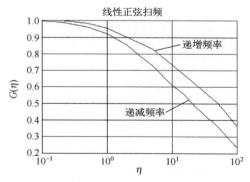

图 9.5　峰值衰减与简化扫频速率的关系

Sinusoidal Vibration

图 9.6 给出了下式量值随 η 的变化：

$$\frac{Q\delta f}{f_{\mathrm{R}}} = \frac{\delta f}{\Delta f}$$

式中：$\delta f = f_{\mathrm{p}} - f_{\mathrm{R}}$，为高扫描速率下测得的传递函数峰值频率与低扫描速率下测得的共振频率 f_{R}（$= f_0\sqrt{1-2\xi^2}$）的峰值频率之间的差值，其中 f_{p} 是响应达到最高峰（绝对值）时激励的频率；Δf 为共振峰在半功率点之间的宽度（在低速扫描下）。

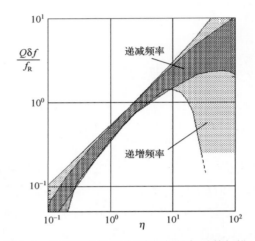

图 9.6　共振频率的移动（线性扫描与对数扫描）

绘制此曲线所选择的频率与绘制图 9.5 中 $G(\lambda)$ 中的峰值（正或负）的频率相同。根据不同的起始频率与终止频率，扫描速率与方向，$\dfrac{Q\delta f}{f_{\mathrm{R}}}$ 可在一定范围内变化。

注：这些曲线的 η 取值范围为 $0.1 \sim 100$。这是一个非常重要的取值范围。确切地说，这个范围能够满足在给定 Q 值的情况下，不同的 η 取值时 h_1、h_2 频率区间内振荡次数 N_{b} 的计算。循环数为

$$N_{\mathrm{s}} = \frac{f_1 + f_2}{2} t_{\mathrm{s}} = \frac{f_1/f_0 + f_2/f_0}{2} f_0 t_{\mathrm{s}}$$

$$N_{\mathrm{s}} = \frac{h_1 + h_2}{2} \frac{\theta_{\mathrm{s}}}{2\pi} \tag{9.19}$$

此外，如式（9.18）中所示的

$$\eta = 2\pi Q^2 \left(\frac{h_2 - h_1}{\theta_s} \right)$$

$$\eta = Q^2 \frac{f_2 - f_1}{f_0^2 t_s}$$

$$t_s = Q^2 \frac{f_2 - f_1}{f_0^2 \eta}$$

由于 $N_s = \frac{f_1 + f_2}{2} t_s$，因此

$$N_s = \frac{(h_2^2 - h_1^2) Q^2}{2\eta} \qquad\qquad (9.20)$$

例 9.2

$$h_1 = 0.5$$
$$Q = 5$$
$$h_2 = 1.5$$

如果 $\eta = 0.1$，则 $N_s = 250$ 次。如果 $\eta = 10$，则 $N_s = 2.5$ 次。

对于某些 h_1、h_2，当 η 值较大时，最大峰可能发生在扫描结束后（$t > t_s$）。这种情况是因为在短持续时间（相对固有周期而言）的激励后，系统在固有频率上存在一个"残余"响应（脉冲响应）。这时候正弦扫描振动可视为一个冲击。

例 9.3

$$\eta = 60$$
$$f_1 = 10\text{Hz}$$
$$f_2 = 20\text{Hz}$$
$$f_3 = 30\text{Hz}$$
$$Q = 5$$

根据以上数据，持续时间 $t_b = 20.83\text{ms}$。

图 9.7 给出了正弦扫描振动以及得到的响应（速度：$\dot{f} = 960\text{Hz/s}$）。

需要注意的是，在这种速率下，振动类似于一个持续时间为 t_s、振幅为 1 的半正弦冲击。

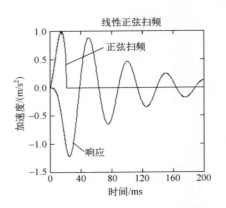

图 9.7 快速正弦扫描振动下的响应示例

在半正弦的冲击响应谱上,可以看到在 $f_0 = 20\text{Hz}$ 上,单自由度系统 $(f_0 = 20\text{Hz}, Q = 5)$ 的响应振幅等于 1.22m/s^2,而在上面的图 9.7 中也可以看到该数值。

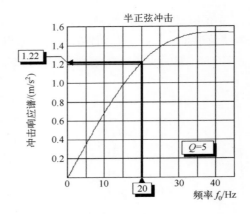

图 9.8 半正弦冲击的冲击响应谱

对于相同的 η 值,相同的力学系统,使 $f_1 = 1\text{Hz}, f_2 = 43.8\text{Hz}$,可得极值响应为 1.65m/s^2(图 9.9)。

在该情况下,持续时间为 44.58ms。

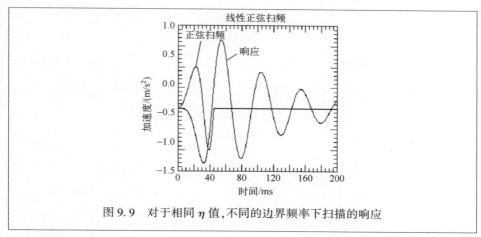

图 9.9　对于相同 η 值,不同的边界频率下扫描的响应

参数 η 小注

如式(9.11)的定义,参数 η 等同于关系式(8.22)中 π/μ。如果根据 η 来计算半功率点间的频带 Δf 上的循环数 ΔN,则由不同的扫描模式分别获得如下关系式:

(1) 线性扫描:

$$\Delta N = \frac{f_0^2}{Q}\frac{t_s}{f_2-f_1}$$

$$\eta = \frac{Q^2}{f_0^2}\frac{f_2-f_1}{t_s}$$

可得

$$\Delta N = \frac{Q}{\eta} \tag{9.21}$$

(2) 对数扫描:

$$\eta = \frac{Q^2}{f_0 T_1}$$

$$\Delta N = \frac{f_0}{Q}\frac{t_s}{\ln(f_2/f_1)} = \frac{f_0 T_1}{Q}$$

$$\Delta N = \frac{Q}{\eta} = \frac{Q^2}{f_0 t_s}\ln\frac{f_0}{f_1} \tag{9.22}$$

(3) 双曲扫描:

$$\eta = Q^2\frac{f_2-f_1}{f_1 f_2 t_s}$$

$$\Delta N = \frac{f_1 f_2 t_s}{Q(f_2 - f_1)}$$

$$\Delta N = \frac{Q}{\eta} \qquad (9.23)$$

当 Q 和 η 值给定时,频带 Δf 上的循环数是相同的。因此,无论哪种扫描模式,当 Q 和 η 恒定时,频带 Δf 上所需要的时间为

$$\Delta t = \frac{Q}{f_0 \eta} \qquad (9.24)$$

表 9.2～表 9.7 给出了在第 8 章涉及的用 η 表达的参数关系式。

上扫时,用经验关系(图 9.10)可以得到一条效果不错的近似曲线:

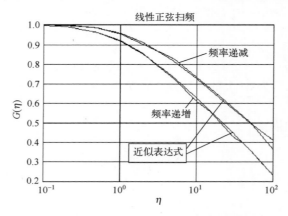

图 9.10　衰减函数 $G(\eta)$ 的近似表达式的有效性

$$G(\eta) = 1 - \exp[-2.55\eta^{-0.39}] - 0.003\eta^{0.79} \quad (0 \leqslant \eta \leqslant 100) \qquad (9.25)$$

对于下扫时的曲线 $G(\eta)$,可以在相同区间上采用同样的关系式:

$$G(\eta) = 1 - \exp[-3.18\eta^{-0.39}] \qquad (9.26)$$

当阻尼趋向于 0 时,建立稳态响应所需的时间趋于无穷。当扫描速率减小时,F. M. Lewis[LEW 32] 和 D. L. Cronin[CRO 68] 给出了无阻尼系统的响应:

$$u_m = 3.67 \sqrt{\frac{f_0^2}{\left| \dfrac{\mathrm{d}f}{\mathrm{d}t} \right|_{f=f_0}}} \qquad (9.27)$$

即如果扫描是线性的,则有

$$u_m = 3.67 f_0 \sqrt{\frac{t_s}{f_2 - f_1}} \qquad (9.28)$$

注:对于固有频率在扫描区间 (f_1, f_2) 之外的简单系统,其在稳态模或扫描

速率很低时的响应：

当 $f_0 < f_1$ 时，有

$$u_{\mathrm{m}} = \frac{\ell_{\mathrm{m}}}{\sqrt{\left[1-\left(\dfrac{f_1}{f_0}\right)^2\right]^2 + \dfrac{f_1^2}{Q^2 f_0^2}}} \tag{9.29}$$

当 $f_0 > f_2$ 时，有

$$u_{\mathrm{m}} = \frac{\ell_{\mathrm{m}}}{\sqrt{\left[1-\left(\dfrac{f_2}{f_0}\right)^2\right]^2 + \dfrac{f_2^2}{Q^2 f_0^2}}} \tag{9.30}$$

当扫描速率很快时，可将式(9.25)和式(9.29)，式(9.25)和式(9.30)依次结合，得到响应的近似值。

当 $f_0 < f_1$ 时，有

$$u_{\mathrm{m}} = \frac{\ell_{\mathrm{m}}\{1-\exp[-2.55\eta^{-0.39}]-0.003\eta^{0.79}\}}{\sqrt{\left[1-\left(\dfrac{f_1}{f_0}\right)^2\right]^2 + \dfrac{f_1^2}{f_0^2 Q^2}}} \tag{9.31}$$

当 $f_0 > f_2$ 时，有

$$u_{\mathrm{m}} = \frac{\ell_{\mathrm{m}}\{1-\exp[-2.55\eta^{-0.39}]-0.003\eta^{0.79}\}}{\sqrt{\left[1-\left(\dfrac{f_2}{f_0}\right)^2\right]^2 + \dfrac{f_2^2}{f_0^2 Q^2}}} \tag{9.32}$$

式中：η 由式(9.13)给出。

9.2.4　线性单自由度系统对对数扫描正弦激励的响应

杜哈梅积分的计算式(9.7)与线性扫描的条件相同，根据扫描的方向有

$$E(\theta) = \theta_1(h-h_1) \tag{9.33}$$

或

$$E(\theta) = \theta_1(h_2-h) \tag{9.34}$$

当 $\xi = 0.1$ 时，对不同的扫描速率，h_1、h_2 是每个 η 值对应的最大响应值(绝对值)的边界，用此方法得到的曲线如图9.11所示。

η 为

$$|\eta| = \frac{Q^2}{f_0^2}\left(\frac{\mathrm{d}f}{\mathrm{d}t}\right)_{f=f_0}$$

$$|\eta| = \frac{Q^2}{f_0^2}\left(\frac{f}{T_1}\right)_{f=f_0} = \frac{Q^2}{f_0 T_1}$$

$$|\eta| = \frac{2\pi Q^2}{\theta_1} = \frac{2\pi Q^2}{\theta_s} \ln \frac{h_2}{h_1} \tag{9.35}$$

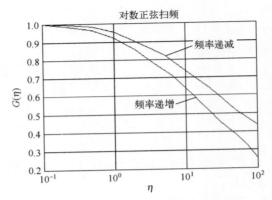

图 9.11　当扫描速率下降时的衰减曲线

式中

$$\theta_1 = 2\pi f_0 T_1 \tag{9.36}$$

这些曲线也可通过以下经验公式来表示（$0 \leqslant \eta \leqslant 100$）。

上扫时：

$$G(\eta) = 1 - \exp[-2.55\eta^{-0.39}] - 0.0025\eta^{0.79} \tag{9.37}$$

下扫时：

$$G(\eta) = 1 - \exp[-3.18\eta^{-0.38}] \tag{9.38}$$

图 9.12 表明计算得到的曲线与上述关系式相符。

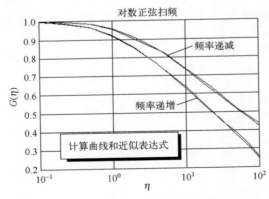

图 9.12　衰减曲线 $G(\eta)$ 近似表达式的有效性

对曲线 $G(\eta)$ 在线性扫描中的说明完全适用于对数扫描中的情况。

注:这些曲线包括了每个 η 值下,这些曲线是通过参数 f_1、f_2、f_0、Q 各种取值计算结果的包络。

h_1 和 h_2 之间的循环数如下:

$$N_s = \frac{f_2 - f_1}{\ln(f_2/f_1)} t_s$$

$$N_s = \frac{h_2 - h_1}{\ln(h_2/h_1)} \frac{\theta_s}{2\pi} \tag{9.39}$$

得到,从式(9.35)开始:

$$N_s = \frac{Q^2}{\eta}(h_2 - h_1) \tag{9.40}$$

$$\begin{cases} \theta_s = \frac{2\pi Q^2}{\eta} \ln \frac{h_2}{h_1} \\ t_s = \frac{Q^2}{\eta f_0} \ln(f_2/f_1) \end{cases} \tag{9.41}$$

例 9.4 表 9.1 给出了不用 η 值的扫描持续时间的示例。

$$f_1 = 10\text{Hz}$$
$$Q = 5$$
$$f_2 = 30\text{Hz}$$
$$f_3 = 20\text{Hz}$$

表 9.1 给定 η 值的扫描持续时间示例

η	N_s	t_s/s
0.1	250	137.33
10	2.5	0.1373
60	0.417	0.02289
100	0.25	0.01373

图 9.13 给出了上扫正弦(对数扫频)和在 $\eta=60$ 情况下用这些数据计算得到的响应。

有可能在另一个扫描区间 (f_1,f_2) 中找到的边界值产生的响应更大。

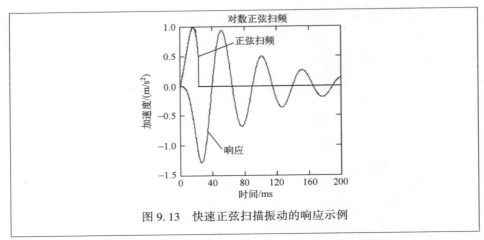

图 9.13   快速正弦扫描振动的响应示例

图 9.14 将线性与对数扫描方式,上扫和下扫的几组曲线 $G(\eta)$ 叠加在一起。对于给定的扫描方向,两种扫描模式得到的曲线非常相似。

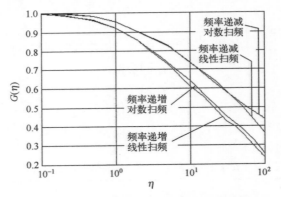

图 9.14   线性和对数扫描曲线衰减情况的比较

9.3   正弦扫描振动试验持续时间的选择

本节不考虑模拟真实环境中某个特定正弦扫描振动的试验扫描持续时间。

在一个测量力学系统传递函数的辨识试验期间,重要的是扫描速率要足够慢,使得系统在共振点的振幅响应能接近稳定的振幅响应,同时调整扫描持续时间以避免过长的试验时间。

如前所述,若 η 值非常小,可获得很好的共振峰测量近似值。J. T. Broch [BRO 75] 指出,当 $\eta \leqslant 0.1$ 时,可保证误差低于 $1-G=1\%$。对于给定的 $1-G_0$ 误

差,可以通过曲线 $G(\eta)$ 获得极限值 η_0,η 不应超出该值:

$$\eta = \frac{\left(\dfrac{\mathrm{d}f}{\mathrm{d}t}\right)_{f=f_0} Q^2}{f_0^2} \leqslant \eta_0$$

不同扫描模式下的最小扫描持续时间见表 9.2。

表 9.2 不同扫描模式下的最小扫描持续时间

线性扫描	$\dfrac{f_2-f_1}{t_s} \dfrac{Q^2}{f_0^2} \leqslant \eta_0$	$t_s \geqslant \dfrac{f_2-f_1}{\eta_0 f_0^2} Q^2$
对数扫描	$\dfrac{Q^2}{f_0} \dfrac{\ln(f_2/f_1)}{t_s} \leqslant \eta_0$	$t_s \geqslant \dfrac{Q^2}{f_0\eta_0} \ln\dfrac{f_2}{f_1}$
		$R_{os} \leqslant \dfrac{f_0\eta_0}{Q^2\ln 2}$
		$R_{om} \leqslant 60\dfrac{f_0\eta_0}{Q^2\ln 2}$
双曲扫描	$Q^2\dfrac{f_2-f_1}{f_1 f_2 t_s} \leqslant \eta_0$	$t_s \geqslant Q^2\dfrac{f_2-f_1}{f_1 f_2 \eta_0}$

需要指出,对于最后一种情况,t_s 独立于 f_0。在前面两种情况中,f_0 一般未知,所选择的 f_0 应等于在扫描频率范围内使得扫描持续时间 t_s 最大的那个值。

例 9.5

以要求的扫描速率在 5~2000Hz 间进行对数扫描。

假设在研究的结构上发现了一个品质因数 Q 值可能为 50 的共振(品质因数 Q 值通常比这小)。

那么简化扫描速率 $\eta = \dfrac{Q^2}{f_0 t_b} \ln\dfrac{f_2}{f_1}$ 肯定比 0.1 更小,或

$$t_b \geqslant \frac{Q^2}{0.1 f_0} \ln\frac{f_2}{f_1}$$

固有频率未知(试验目的便是测量它)。我们认为最不利于计算扫描持续时间的情况是当 f_0 等于扫描频率范围内的最低频率时,而在该例中,即为 5Hz。因此

$$t_b \geqslant \frac{50^2}{0.1 \times 5} \ln \frac{2000}{5} \geqslant 29957(\text{s})$$

即 $t_b \geqslant 499.29\text{min}$。$5 \sim 2000\text{Hz}$ 之间倍程频数为

$$n = \frac{\ln(f_2/f_1)}{\ln 2} = \frac{\ln(2000/5)}{\ln 2} \approx 8.64$$

扫描速率为

$$\frac{8.64}{499.29} \approx 0.017(\text{oct/min})$$

如果品质因数 Q 等于 10,则扫描速率为 19.97min(即 0.43oct/min)。

该例说明了扫描速率为 1oct/min 的局限性,它不适用于较低的固有频率或较高的品质因数 Q。

图 9.15 给出了在 3 种 Q 值(5、10、50)下扫描速率作为固有频率的函数的情况。可以看出,如果 $Q = 5$ 对应 2.5Hz,$Q = 10$ 对应 11.5Hz 且,$Q = 50$ 对应 280Hz(图 9.16),当 f_0 低于这些值时扫描速率都必须低于 1oct/min。

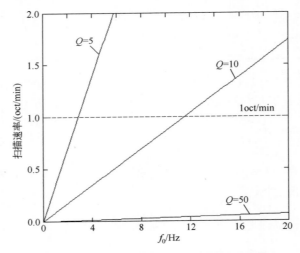

图 9.15 Q 为 5、10、50 情况下固有频率与扫描
速率要求之间的关系

当扫描速度等于 1oct/min 时,想要以可忽略的误差($y < 0.1$)对固有频率和品质因数 Q 这一对参数进行测量,可从图 9.17 中对应的曲线上找到限制范围。比如,如果固有频率等于 20Hz,$Q = 30$,那么扫描速率等于 1oct/min 进行的测量是不准确的。

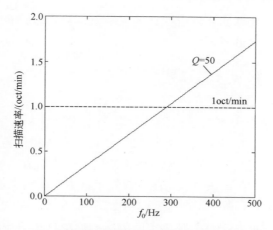

图 9.16 $Q=50$ 情况下固有频率与扫描速率要求之间的关系

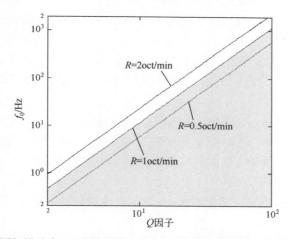

图 9.17 不同扫描速率下,品质因数 Q 与可正确测得的最低固有频率之间的关系

9.4 怎样选择振幅

搜索共振频率时激励振幅必须:

(1) 足够大,以便正确"揭示"响应中共振的峰值。若结构为线性的,则测得的 Q 值与扫描的水平无关。

(2) 足够小,不致于破坏试件(超出一个瞬时应力水平或发生疲劳)。因此,做选择时必须考虑真实振动性环境的应力水平。

若结构是非线性的,测得的 Q 值与激励的振幅相关。通常上,当激励量值上升时,Q 会下降。如果在计算中要用到一个实验测得的传递函数,则必须用一个水平接近结构在真实环境中存在的振动值的激励来测量该函数。通常需要选择两组量值甚至更多。

9.5 怎样选择扫描模式

正弦扫描一般是用来确定结构或材料的动态特性(固有频率,品质因数 Q)。对该类型试验,扫描速率必须非常低,使得响应的幅值与稳态激励下的响应幅值相差不多(不过,在第 3 卷中有些方法用了快速扫描)。

确定试验持续时间的关系式是基于线性单自由度系统上的运算得到的,这就意味着如果承认此前提,那据此定义的正弦扫描在多自由度系统中产生的响应同样也会非常接近在稳态激励下中的响应。该假设不适用于结构的模态频率接近的情况。

该方法的价值在于:在产生的响应与稳态激励的响应幅值之比相同的前提下,选择试验持续时间最短的扫频方式。根据 9.3 节中给出的关系式,很不幸地发现根据此准则,扫频模式的确定与系统的固有频率 f_0 有关,而 f_0 反过来又是需要通过某个频率范围内的扫频试验进行测量才能得到。实际上通常倾向于选择对数扫描方式。

双曲扫描在我们认识中很少运用,这种扫描方式有一种很有趣的特性:对于一个单自由度线性系统,无论共振频率是多少,在半功率点确定的频率间隔内(或品质因数 Q 的 $P\%$ 对应的幅值所确定的频率间隔内)出现的振动次数保持恒定。

可利用此特性来模拟冲击的效应(只要品质因数 Q 保持不变,则无论共振频率为多少,系统自由响应的振荡次数都一样),或用来做疲劳试验。在这种情况下,必须注意的是,如果在每个共振上运行的循环数目相同,则由疲劳产生的损伤也相同,就好像激励在所有频率上产生的最大响应位移 z_m(或应力)都一样。

Gertel[GER 61]建议寿命周期太长的材料(安装不同运输工具上的设备,如陆路交通工具或飞机)应采用这种试验程序。

扫描持续时间 t_s 可以事先规定好,也可以通过先规定每个共振频率上的振荡次数,然后通过下式计算得到:

$$t_s = Q\Delta N \frac{f_2 - f_1}{f_1 f_2} \tag{9.42}$$

品质因子 Q 值应选取为辨识试验中(共振搜索)测量到的最大值,如果没有进行此试验,就选取一个典型值。边界频率 f_1, f_2 所限定的频率范围必须包含材料主要的共振频率。在对频率随时间变化[BIC 70]的试验信号进行研究时,某些频谱分析仪有时会采用这种扫描方式。

如果对产品的共振频率所知甚少,要模拟的环境持续时间 Δt 又很短(例如导弹推进阶段),试验最好这样进行(对数扫描):使得试验时每个共振频率的持续时间为 Δt[PIM 62]。由式(8.38)可确定总的扫描持续时间 t_s,即

$$t_s = Q\Delta t \ln \frac{f_2}{f_1} \tag{9.43}$$

注:这样计算得到的试验周期 t_s 可能非常长,尤其是样件要在 3 轴上的每个轴都经历一次振动时。如果 $Q=10$, $\Delta t = 20\text{s}$, $f_1 = 20\text{Hz}$, $f_2 = 2000\text{Hz}$, 则

$$t_s = 1060\text{s}$$

而总共的试验时间为 $3\times1060\text{s} = 3180\text{s}$(53min)。

C. E. Crede 和 E. J. Lunney[CRE 56]提议在多个频带上同时扫描来节省时间。该方法的主要原理是将要在 (t_1, t_2) 扫描的正弦信号分割为 (t_1, t_a), (t_a, t_b),$\cdots$,(t_n, t_2) 几个区间,再将这些信号一起施加到样件上。

已经知道材料对频率位于半功率点间的振动尤其敏感,可以认为只有在共振频率附近的扫描成分才对材料的特性产生有效的作用,而其他的扫描成分作用不大。另外,如果样件有多个共振频率,则会像真实环境中一样被同时激励。

另一种途径是快速扫描整个频带,在系统动态响应大的频率带上降低扫描速度,以便正确测量峰值。

C. F. Lorenzo[LOR 70]提出了一个基于该准则的控制技术,可用于线性与对数扫描,使得有可能在相同的精度下将试验周期缩短为 1/7.5(线性扫描)(对于线性扫描)。

除非我们接受无论固有频率 f_0 为多少,品质因数 Q 不恒为常量的假设,否则试验选择线性扫描模式并不合理。如果 Q 随固有频率变化如 $Q = a \times f_0$,其中 a 为常量(品质因数 Q 经常为固有频率的递增函数),可以发现试验的最好模式为线性扫描模式。

表9.3 扫描表达式汇总(一)

扫 描 类 型	双 曲 扫 描	对 数 扫 描	线 性 扫 描
扫描速率	$\dot{f} = \pm\dfrac{\pi}{\mu Q^2}f^2 = \pm af^2$	$\dot{f} = \pm\dfrac{\pi}{\gamma Q^2}f = \pm\dfrac{f}{T_1}$	$\dot{f} = \pm\dfrac{\pi}{\delta Q^2} = \pm a$
常数 η	$\eta = \dfrac{\pi}{\mu} = aQ^2$	$\eta = \dfrac{\pi}{\gamma f_0} = \dfrac{Q^2}{T_1 f_0}$	$\eta = \dfrac{\pi}{\delta f_0^2} = \dfrac{\alpha Q^2}{f_0^2}$
	$\eta = Q^2\dfrac{f_2 - f_1}{f_1 f_2 t_s}$	$\eta = \dfrac{Q^2}{f_0 T_1}$	$\eta = \dfrac{Q^2}{f_0^2}\dfrac{f_2 - f_1}{t_s}$

（续）

扫描类型		双曲扫描	对数扫描	线性扫描
$f(t)$	$f\uparrow$	$f=\dfrac{f_1}{1-af_1t}$	$f=f_1e^{t/T_1}$	$f=\alpha t+f_1$
	$f\downarrow$	$f=\dfrac{f_2}{1+af_2t}$	$f=f_2e^{-t/T_1}$	$f=-\alpha t+f_2$
	$f\uparrow$	$E(t)=-\dfrac{2\pi}{a}\ln(1-af_1t)$	$E=2\pi T_1(f-f_1)$	$E=2\pi t\left(\dfrac{\alpha t}{2}+f_1\right)$
	$f\downarrow$	$E(t)=\dfrac{2\pi}{a}\ln(1+af_2t)$	$E=2\pi T_1(f_2-f)$	$E=2\pi t\left(-\dfrac{\alpha t}{2}+f_2\right)$
C_{st}		$a=\dfrac{f_2-f_1}{t_sf_1f_2}=\dfrac{\pi}{\mu Q^2}$	$T_1=\dfrac{t_b}{\ln(f_2/f_1)}=\dfrac{\gamma Q^2}{\pi}$	$\alpha=\dfrac{\pi}{Q^2\delta}=\dfrac{f_2-f_1}{t_s}$
		$a=\dfrac{1}{Q\Delta N}=\dfrac{\eta}{Q^2}$	$T_1=\dfrac{Q^2}{\eta f_0}$	—
η		$\eta=Q^2\dfrac{f_2-f_1}{f_1f_2t_s}$	$\eta=\dfrac{Q^2\ln(f_2/f_1)}{f_0t_s}$	$\eta=\dfrac{Q^2}{f_0^2}\dfrac{f_2-f_1}{t_s}$

表9.4 扫描表达式汇总（二）

扫描类型	双曲扫描	对数扫描	线性扫描
频率为f_1和f_2之间，在时间t_s间，扫描的周期数	$N_s=\dfrac{1}{a}\ln\dfrac{f_2}{f_1}$	$N_s=T_1(f_2-f_1)$	$N_s=\dfrac{1}{2\alpha}(f_2^2-f_1^2)$
	$N_s=\dfrac{f_1f_2}{f_2-f_1}t_s\ln\dfrac{f_2}{f_1}$	$N_s=\dfrac{f_2-f_1}{\ln\dfrac{f_2}{f_1}}t_s$	$N_s=\dfrac{f_1+f_2}{2}t_s$
	$N_s=Q\Delta N\ln\dfrac{f_2}{f_1}$	$N_s=Q\Delta N\dfrac{f_2-f_1}{f_0}$	$N_s=\dfrac{Q\Delta N}{2f_0^2}(f_2^2-f_1^2)$
	$N_s=\dfrac{Q^2}{\eta}\ln\dfrac{f_2}{f_1}$	$N_s=\dfrac{Q^2}{\eta f_0}(f_2-f_1)$	$N_s=\dfrac{Q^2}{2\eta f_0^2}(f_2^2-f_1^2)$
频率f_1和f_2之间的扫描持续时间	$t_s=\dfrac{1}{a}\dfrac{f_2-f_1}{f_1f_2}$	$t_s=T_1\ln\dfrac{f_2}{f_1}$	$t_s=\dfrac{1}{\alpha}(f_2-f_1)$
	$t_s=Qf_0\Delta t\dfrac{f_2-f_1}{f_1f_2}$	$t_s=Q\Delta t\ln\dfrac{f_2}{f_1}$	$t_s=\dfrac{Q\Delta t}{f_0}(f_2-f_1)$
	$t_s=Q\Delta N\dfrac{f_2-f_1}{f_1f_2}$	$t_s=\dfrac{Q\Delta N}{f_0}\ln\dfrac{f_2}{f_1}$	$t_s=\dfrac{Q\Delta N}{f_0^2}(f_2-f_1)$
	$t_s=\dfrac{Q^2}{\eta}\dfrac{f_2-f_1}{f_1f_2}$	$t_s=\dfrac{Q^2}{\eta f_0}\ln\dfrac{f_2}{f_1}$	$t_s=\dfrac{Q^2}{\eta f_0^2}(f_2-f_1)$

（续）

扫描类型	双曲扫描	对数扫描	线性扫描
在频带 Δf 中消耗的时间间隔	$\Delta t = \dfrac{1}{aQf_0}$	$\Delta t = \dfrac{T_1}{Q} = 常数$	$\Delta t = \dfrac{f_0}{\alpha Q}$
	$\Delta t = \dfrac{f_1 f_2 t_s}{f_0 Q(f_2-f_1)}$	$\Delta t = \dfrac{t_s}{Q\ln(f_2/f_1)}$	$\Delta t = \dfrac{f_0 t_s}{Q(f_2-f_1)}$
	$\Delta t = \dfrac{Q}{\eta f_0}$	$\Delta t = \dfrac{Q}{\eta f_0}$	$\Delta t = \dfrac{Q}{\eta f_0}$

表 9.5 扫描表达式汇总(三)

扫描类型	双曲扫描	对数扫描	线性扫描
单自由度系统在区间 Δf 中进行的循环数（半功率点）	$\Delta N = \dfrac{\pi}{aQ} = 常数$	$\Delta N = \dfrac{f_0 T_1}{Q}$	$\Delta N = \dfrac{f_0^2}{\alpha Q}$
	$\Delta N = \dfrac{N_s}{\ln\dfrac{f_2}{f_1}}$	$\Delta N = \dfrac{f_0 N_s}{Q(f_2-f_1)}$	$\Delta N = \dfrac{2f_0^2 N_s}{Q(f_2^2-f_1^2)}$
	$\Delta N = \dfrac{f_1 f_2 t_s}{Q(f_2-f_1)}$	$\Delta N = \dfrac{f_0 t_s}{Q\ln(f_2/f_1)}$	$\Delta N = \dfrac{f_0^2 t_s}{Q(f_2-f_1)}$
	$\Delta N = \dfrac{Q}{\eta}$	$\Delta N = \dfrac{Q}{\eta}$	$\Delta N = \dfrac{Q}{\eta}$
频率为 f_1 和 f_2 之间，扫描的周期数（谐振频率）	$N_1 = \dfrac{1}{a}\ln\dfrac{f_0}{f_1}$	$N_1 = T_1(f_0-f_1)$	$N_1 = \dfrac{1}{2\alpha}(f_0^2-f_1^2)$
	$N_1 = Q\Delta N \ln\dfrac{f_0}{f_1}$	$N_1 = \dfrac{Q\Delta N}{f_0}(f_0-f_1)$	$N_1 = \dfrac{Q\Delta N}{2f_0^2}(f_0^2-f_1^2)$
	$N_1 = \dfrac{f_1 f_2 t_s}{f_2-f_1}\ln\dfrac{f_0}{f_1}$	$N_1 = t_s\dfrac{f_0-f_1}{\ln(f_2/f_1)}$	$N_1 = \dfrac{t_s}{2}\dfrac{f_0^2-f_1^2}{f_2-f_1}$
	$N_1 = \dfrac{Q^2}{\eta}\ln\dfrac{f_0}{f_1}$	$N_1 = \dfrac{Q^2}{\eta f_0}(f_0-f_1)$	$N_1 = \dfrac{Q^2}{2\eta f_0^2}(f_0^2-f_1^2)$
频率为 f_1 和 f_2 之间的时间 t_1	$t_1 = \dfrac{1}{a}\dfrac{f_0-f_1}{f_0 f_1}$	$t_1 = T_1 \ln\dfrac{f_0}{f_1}$	$t_1 = \dfrac{1}{\alpha}(f_0-f_1)$
	$t_1 = Q\Delta N\dfrac{f_0-f_1}{f_0 f_1}$	$t_1 = \dfrac{Q\Delta N}{f_0}\ln\dfrac{f_0}{f_1}$	$t_1 = \dfrac{Q\Delta N}{f_0^2}(f_0-f_1)$

表 9.6　扫描表达式汇总（四）

扫描类型	双曲扫描	对数扫描	线性扫描
频率为 f_1 和 f_2 之间的时间 t_1	$t_1 = t_s \dfrac{f_2}{f_0}\dfrac{f_0-f_1}{f_2-f_1}$	$t_1 = t_s \dfrac{\ln(f_0/f_1)}{\ln(f_2/f_1)}$	$t_1 = t_s \dfrac{f_0-f_1}{f_2-f_1}$
	$t_1 = \dfrac{Q^2}{\eta}\dfrac{f_0-f_1}{f_0 f_1}$	$t_1 = \dfrac{Q^2}{\eta f_0}\ln\dfrac{f_0}{f_1}$	$t_1 = \dfrac{Q^2}{\eta f_0^2}(f_0-f_1)$
	—	$N_0 = T_1 f_0$	$N_0 = \dfrac{1}{2\alpha}f_0^2$
	—	$N_0 = Q\Delta N$	$N_0 = \dfrac{Q\Delta N}{2}$
在 $f_1=0$ 和 f_0 之间扫描的周期数	—	—	$N_0 = \dfrac{f_0^2}{2f_2}t_s$
	—	—	$N_0 = \dfrac{Q^2}{2\eta}$
在 $f_1=0$ 和 f_0 之间的时间 t_0	—	—	$t_0 = \dfrac{f_0}{\alpha}$
	—	—	$t_0 = \dfrac{Q\Delta N}{f_0}$
	—	—	$t_0 = \dfrac{f_0}{f_2}t_s$
	—	—	$t_0 = \dfrac{Q^2}{\eta f_0}$
平均频率	$f_m = \dfrac{f_1 f_2}{f_2-f_1}\ln\dfrac{f_2}{f_1}$	$f_m = \dfrac{f_2-f_1}{\ln(f_2/f_1)}$	$f_m = \dfrac{f_1+f_2}{2}$
频率在 f_a 和 f_c 之间的扫描时间。$f_a, f_c \in (f_1, f_2)$	$t_c - t_a = \left[\dfrac{1}{f_a}-\dfrac{1}{f_c}\right]\dfrac{f_1 f_2}{f_2-f_1}t_s$	$t_c - t_a = t_s\dfrac{\ln(f_c/f_a)}{\ln(f_2/f_1)}$	$t_c - t_a = t_s\dfrac{f_c-f_a}{f_2-f_1}$
	$t_c - t_a = \dfrac{Q^2}{\eta}\left(\dfrac{1}{f_a}-\dfrac{1}{f_c}\right)$	$t_c - t_a = \dfrac{Q^2}{\eta f_0}\ln\dfrac{f_c}{f_a}$	$t_c - t_a = \dfrac{Q^2}{\eta f_0^2}(f_c-f_a)$

表 9.7 扫描表达式汇总(五)

扫描类型	双曲扫描	对数扫描	线性扫描
每个倍频程的周期数 (f_A 为倍频程的较低频率)	$N_2 = \dfrac{\ln 2}{a}$	$N_2 = T_1 f_A$	$N_2 = \dfrac{3}{2\alpha} f_A^2$
	$N_2 = 2 f_A t_s \ln 2$	$N_2 = \dfrac{f_A t_s}{\ln 2}$	$N_2 = \dfrac{3 f_A t_s}{2}$
	$N_2 = Q\Delta N \ln 2$	$N_2 = Q\Delta N \dfrac{f_A}{f_0}$	$N_2 = \dfrac{3 Q\Delta N}{2 f_0^2} f_A^2$
	$N_2 = \dfrac{Q^2}{\eta} \ln 2$	$N_2 = \dfrac{3 Q^2 f_A^2}{2\eta f_0^2}$	$N_2 = \dfrac{Q^2 f_A^2}{2\eta f_0}$
扫描一个倍频程的必要时间	$t_2 = \dfrac{1}{2 a f_A}$	$t_2 = T_1 \ln 2$	$t_2 = \dfrac{f_A}{\alpha}$
	$t_2 = \dfrac{Q f_0 \Delta t}{2 f_A}$	$t_2 = Q\Delta t \ln 2$	$t_2 = \dfrac{Q\Delta t}{f_0} f_A$
	$t_2 = \dfrac{Q\Delta N}{2 f_A}$	$t_2 = \dfrac{Q\Delta N}{f_0} \ln 2$	$t_2 = \dfrac{Q\Delta N}{f_0^2} f_A$
	$t_2 = \dfrac{Q^2}{2\eta f_A}$	$t_2 = \dfrac{Q^2 \ln 2}{\eta f_0}$	$t_2 = \dfrac{Q^2 f_A}{\eta f_0^2}$

表 9.8 扫描表达式汇总(六)

扫描类型	双曲扫描	对数扫描	线性扫描
扫描 $\dfrac{1}{n}$ 个倍频程的必要时间	$t_n = \dfrac{1}{a f_A} \dfrac{2^{1/n}-1}{2^{1/n}}$	$t_n = \dfrac{T_1}{n} \ln 2$	$t_n = \dfrac{f_A}{\alpha}(2^{1/n}-1)$
	$t_n = \dfrac{Q\Delta N}{f_A} \dfrac{2^{1/n}-1}{2^{1/n}}$	$t_n = \dfrac{Q\Delta N}{f_0 n} \ln 2$	$t_n = \dfrac{Q\Delta N}{f_0} f_A(2^{1/n}-1)$
	$t_n = \dfrac{Q f_0 \Delta t}{f_A} \dfrac{2^{1/n}-1}{2^{1/n}}$	$t_n = \dfrac{Q\Delta t}{n} \ln 2$	$t_n = \dfrac{Q\Delta t}{f_0} f_A(2^{1/n}-1)$
	$t_n = \dfrac{Q^2}{\eta f_A} \dfrac{2^{1/n}-1}{2^{1/n}}$	$t_n = \dfrac{Q^2 \ln 2}{\eta f_0 n}$	$t_n = \dfrac{Q^2}{\eta f_0} f_A(2^{1/n}-1)$
扫描速率	—	$R_{om} = \dfrac{60\ln(f_2/f_1)}{t_s \ln 2}$	$R = 60 \dfrac{f_2 - f_1}{t_s}$
	—	$R_{om} = \dfrac{60}{T_1 \ln 2}$	—
	—	$R_{om} = \dfrac{60\eta f_0}{Q^2 \ln 2}$	$R = 60 \dfrac{\eta f_0^2}{Q^2}$

附录
拉普拉斯变换

A.1 定义

考虑一个实连续函数 $f(t)$ 的实定变量 t,当 $t \geq 0$ 时有定义

$$F(p) \equiv L[f(t)] = \int_0^\infty \mathrm{e}^{-pt} f(t) \mathrm{d}t \tag{A.1}$$

(假设积分收敛)。函数 $f(t)$ 称为"源"或"对象",函数 $F(p)$ 称为"像"或"变换"。

例 A.1

在 $t=0$ 时施加的幅值为 f_m 的阶跃函数,其积分式(A.1)即为

$$F(p) = \int_0^\infty \mathrm{e}^{-pt} f_\mathrm{m} \mathrm{d}t = f_\mathrm{m} \left[-\frac{\mathrm{e}^{-pt}}{p} \right]_0^\infty \tag{A.2}$$

$$F(p) = \frac{f_\mathrm{m}}{p} \tag{A.3}$$

A.2 性质

本节中将直接给出变换的一些常用性质,不再举例。

A.2.1 线性性质

$$L[f_1(t) + f_2(t)] = L[f_1(t)] + L[f_2(t)] \tag{A.4}$$

$$L[cf(t)] = cL[f(t)] \tag{A.5}$$

A. 2. 2　时域平移原理（时延定理）

设可变换函数 $f(t)$，平行于 Ot 轴移动 $T(T \geqslant 0)$，如图 A.1 所示。如果 $F(p)$ 是 $f(t)$ 的变换，则 $f(t-T)$ 的变换为

$$\phi(p) = \mathrm{e}^{-pT} F(p) \tag{A.6}$$

（公式右边移位或平移原理）

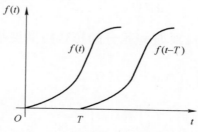

图 A.1　相对于变量 t 的曲线平移

应用

可认为方波冲击是由两个量级的阶跃函数叠加而成的，一个幅值为 f_m，$t=0$ 时施加（变换为 $\dfrac{f_\mathrm{m}}{p}$，参见前例），另一个幅值为 $-f_\mathrm{m}$，$t=\tau$ 时施加，变换 $-\dfrac{f_\mathrm{m}}{p}\mathrm{e}^{-p\tau}$，得到变换表达式

$$L(p) = \frac{f_\mathrm{m}}{p}(1 - \mathrm{e}^{-p\tau}) \tag{A.7}$$

A. 2. 3　S 域平移

$$L[f(t)\mathrm{e}^{-at}] = F(p+a) \tag{A.8}$$

当 $f(t)$ 的变换已知时，利用上面的公式可以直接写出 $f(t)\mathrm{e}^{-at}$ 变换。

A. 2. 4　$f(t)$ 对时间求导的拉普拉斯变换（原函数微分）

$f(t)$ 对时间导数 $f'(t)$ 的变换为

$$L[f'(t)] = pF(p) - f(0^+) \tag{A.9}$$

式中：$F(p)$ 为 $f(t)$ 的拉普拉斯变换；$f(0^+)$ 为 $t=0$ 时（t 从正方向趋近于 0）$f(t)$ 一阶导数。

更一般地，$f(t)$ 的第 n 阶导数的变换为

$$\int L\left[\frac{\mathrm{d}^n f}{\mathrm{d}t^n}\right] = p^n F(p) - p^{n-1} f(0^+) - p^{n-2} f'(0^+) - \cdots - p f^{(n-2)}(0^+) - f^{(n-1)}(0^+)$$

$$\tag{A.10}$$

式中：$f^{(n-1)}(0^{+})$，$f^{(n-2)}(0^{+})$，$\cdots$，$f'(0^{+})$ 为 $t=0$（当 t 从正方向趋近于 0）时 $f(t)$ 的各阶导数。

A.2.5 p 域导数

函数 $f(t)$ 的变换 $F(p)$ 对变量 p 的第 n 阶导数为

$$\frac{\mathrm{d}^{n}F}{\mathrm{d}p^{n}}=(-1)^{n}L[t^{n}f(t)] \tag{A.11}$$

A.2.6 函数 $f(t)$ 对时间积分的拉普拉斯变换（原函数积分）

当 $\varepsilon \to 0$ 时，若 $\lim\int_{0}^{\varepsilon}f(t)\,\mathrm{d}t = 0$，则有

$$L\left[\int_{0}^{t}f(t)\,\mathrm{d}t\right]=\frac{F(p)}{p} \tag{A.12}$$

对于 n 阶，则为

$$L\left[\int_{0}^{t}\mathrm{d}t\int_{0}^{t}\mathrm{d}t\cdots\int_{0}^{t}f(t)\,\mathrm{d}t\right]=\frac{F(p)}{p^{n}} \tag{A.13}$$

A.2.7 $F(p)$ 变换的积分

从 p 到无穷对 $F(p)$ 积分的逆变换为

$$\int_{p}^{\infty}F(p)\,\mathrm{d}p=L\left[\frac{f(t)}{t}\right] \tag{A.14}$$

在相同积分限内积分 n 次，有

$$\int_{p}^{\infty}\mathrm{d}p\int_{p}^{\infty}\mathrm{d}p\cdots\int_{p}^{\infty}F(p)\,\mathrm{d}p=L\left[\frac{f(t)}{t^{n}}\right] \tag{A.15}$$

A.2.8 尺度定理

若 a 为常数，则有

$$L\left[f\left(\frac{t}{a}\right)\right]=aF(ap) \tag{A.16}$$

$$L[f(at)]=\frac{1}{a}F\left(\frac{p}{a}\right) \tag{A.17}$$

A.2.9 衰减定理或衰减定则

$$F(p+a)=\int_{0}^{\infty}\mathrm{e}^{-pt}\,\mathrm{e}^{-at}f(t)\,\mathrm{d}t \tag{A.18}$$

$F(p+a)$ 的逆变换即为 $e^{-at}f(t)$。这表明,当 a 是正实常数时,函数 $f(t)$ 按照函数 e^{-at} 的规律被衰减。

A.3 拉普拉斯变换在解线性微分方程组中的应用

使用拉普拉斯变换的主要好处是它能将变换前 $f(t)$ 的微分和积分运算关系变为 $F(p)$ 中 p 或其幂函数积或商的关系。

例如,对于二阶微分方程

$$\frac{d^2 q(t)}{dt^2} + a\frac{dq(t)}{dt} + bq(t) = f(t) \tag{A.19}$$

式中:a 和 b 为常数。

分别求出 $q(t)$ 和 $f(t)$ 的拉普拉斯变换 $Q(p)$ 和 $F(p)$。根据 A.2.4 节有

$$L[\ddot{q}(t)] = p^2 Q(p) - pq(0) - \dot{q}(0) \tag{A.20}$$

$$L[\dot{q}(t)] = pQ(p) - q(0) \tag{A.21}$$

$q(0)$ 和 $\dot{q}(0)$ 是 $t=0$ 时 $q(t)$ 及其导数的值。由于拉普拉斯变换的线性性质,可以逐项变换微分方程(A.19)中每一项:

$$L[\ddot{q}(t)] + aL[\dot{q}(t)] + bL[q(t)] = L[f(t)] \tag{A.22}$$

逐项带入后,变为

$$p^2 Q(p) - pq(0) - \dot{q}(0) + a[pQ(p) - q(0)] + bQ(p) = F(p) \tag{A.23}$$

$$Q(p) = \frac{F(p) + pq(0) + aq(0) + \dot{q}(0)}{p^2 + ap + b} \tag{A.24}$$

把有理分式 $\dfrac{F(p) + pq(0) + aq(0) + \dot{q}(0)}{p^2 + ap + b}$ 展开成部分分式;p_1 和 p_2 是分母 $p^2 + ap + b$ 的根,得到

$$\frac{Ap + B}{p^2 + ap + b} = \frac{C}{p - p_1} + \frac{D}{p - p_2} \tag{A.25}$$

式中

$$A = q(0), C = \frac{Ap_1 + B}{p_1 - p_2}$$

$$B = aq(0) + \dot{q}(0), D = -\frac{Ap_2 + B}{p_1 - p_2}$$

得到

$$Q(p) = \frac{F(p)}{p^2 + ap + b} + \frac{1}{p_1 - p_2}\left[\frac{Ap_1 + B}{p - p_1} - \frac{Ap_2 + B}{p - p_2}\right] \tag{A.26}$$

即

$$Q(p) = \frac{F(p)}{p_1 - p_2}\left[\frac{1}{p-p_1} - \frac{1}{p-p_2}\right] +$$
$$\frac{1}{p_1 - p_2}\left[\frac{q(0)p_1 + aq(0) + \dot{q}(0)}{p-p_1} - \frac{q(0)p_2 + aq(0) + \dot{q}(0)}{p-p_2}\right]$$

$$(\text{A.27})$$

$$Q(p) = \int_0^t \frac{f(\lambda)}{p_1 - p_2}\left[\,\mathrm{e}^{p_1(t-\lambda)} - \mathrm{e}^{p_2(t-\lambda)}\,\right]\mathrm{d}\lambda +$$
$$\frac{1}{p_1 - p_2}\{\,[\,q(0)p_1 + aq(0) + \dot{q}(0)\,]\mathrm{e}^{p_1 t} - [\,q(0)p_2 + aq(0) + \dot{q}(0)\,]\mathrm{e}^{p_2 t}\}$$

$$(\text{A.28})$$

式中:λ 为积分变量。

如果系统初始状态是静止的,则 $q(0) = \dot{q}(0) = 0$,且

$$Q(p) = \int_0^t \frac{f(\lambda)}{p_1 - p_2}\left[\,\mathrm{e}^{p_1(t-\lambda)} - \mathrm{e}^{p_2(t-\lambda)}\,\right]\mathrm{d}\lambda \qquad (\text{A.29})$$

A.4 逆变换计算:梅林-傅里叶积分或布罗姆维奇 (Bromwich)变换

尽管在 p 域中展开的计算更容易,但还必须回到时间域将时间 t 作为变量的函数形式表示输出。

$f(t)$ 函数的拉普拉斯变换 $F(p)$ 函数由式 (A.1) 得到

$$F(p) \equiv L[f(t)] = \int_0^\infty \mathrm{e}^{-pt}f(t)\,\mathrm{d}t \qquad (\text{A.30})$$

逆变换称为梅林-傅里叶积分,定义如下:

$$L^{-1}[F(p)] \equiv f(t) = \frac{1}{2\pi\mathrm{i}}\int_{C-\mathrm{i}\infty}^{C+\mathrm{i}\infty} F(p)\,\mathrm{e}^{pt}\mathrm{d}p \qquad (\text{A.31})$$

积分计算是在布罗姆维奇线上进行的,布罗姆维奇线是一条平行于虚轴的、横轴为正数 C 的线,C 的取值要使得函数 $F(p)\mathrm{e}^{pt}$ 的奇异点均位于其左侧,也就是积分区间为 $C-\mathrm{i}\infty$ 到 $C+\mathrm{i}\infty$。

如果函数 $F(p)\mathrm{e}^{pt}$ 仅有极点,那么积分等于相应的残余项之和乘以 $2\pi\mathrm{i}$。如果此函数除有极点外还有奇异点那么,对于每种情况都必须找到相应的等效廓线,以便进行积分计算[BRO 53,QUE 65]。

通过式(A.1)和式(A.31)这两个积分,可在函数 t 和 p 之间建立一一对应关系。

实际上这些计算还是相当复杂的,在文献[ANG 61, DIT 67, HLA 69, SAL 71]中提供了大多数常用函数的逆变换表,可直接使用。利用这些表格将结果表述为以 p 为函数的显式表达式表格后,其逆变换同样可以从表中得到,见附表 A.1。

例 A.2

当一个单自由度阻尼系统受到幅值为 1($f(t)=1$) 和持续时间为 τ 的矩形冲击,求其响应的表达式。在 τ 这段时间长度内,即 $t \leqslant \tau$,从表 A.1 可查到其拉普拉斯变换为

$$F(p) = \frac{1}{p} \tag{A.32}$$

注:在冲击结束后,拉普拉斯变换的公式为

$$F(p) = \frac{1 - e^{-p\tau}}{p}$$

将 $a = 2\xi$ 和 $b = 1$ 代入式(A.24),可得

$$q(t) = L^{-1}\left[\frac{\dfrac{1}{p} + p\,q_0 + 2\,\xi q_0 + \dot{q}_0}{p^2 + 2\xi p + 1}\right] \tag{A.33}$$

$$q(t) = L^{-1}\left[\frac{1}{p(p^2 + 2\xi p + 1)}\right] + q_0 L^{-1}\left[\frac{p}{p^2 + 2\xi p + 1}\right] +$$
$$(2\,\xi q_0 + \dot{q}_0) L^{-1}\left[\frac{1}{p^2 + 2\xi p + 1}\right] \tag{A.34}$$

利用表 A.1($\xi \neq 1$)可得

$$q(t) = 1 - \frac{e^{-\xi t}}{\sqrt{1 - \xi^2}}\left[\xi\sin(\sqrt{1 - \xi^2}\,t) + \sqrt{1 - \xi^2}\cos(\sqrt{1 - \xi^2}\,t)\right] +$$
$$q_0 \frac{e^{-\xi t}}{\sqrt{1 - \xi^2}}\left[\sqrt{1 - \xi^2}\cos(\sqrt{1 - \xi^2}\,t) - \xi\sin(\sqrt{1 - \xi^2}\,t)\right] +$$
$$(2\xi\,q_0 + \dot{q}_0)\frac{e^{-\xi t}}{\sqrt{1 - \xi^2}}\sin(\sqrt{1 - \xi^2}\,t) \tag{A.35}$$

$$q(t) = 1 + \frac{e^{-\xi t}}{\sqrt{1 - \xi^2}}\left\{\sqrt{1 - \xi^2}\,(q_0 - 1)\cos(\sqrt{1 - \xi^2}\,t) - [\xi(1 - q_0) - \dot{q}_0]\sin(\sqrt{1 - \xi^2}\,t)\right\}$$

$$\tag{A.36}$$

A.5 拉普拉斯变换

常见函数的拉普拉斯变换见表 A.1。

表 A.1 拉普拉斯变换

函数 $f(t)$	变换 $L[f(t)] = F(p)$
1	$\dfrac{1}{p}$
t	$\dfrac{1}{p^2}$
e^{at}	$\dfrac{1}{p-a}$
$\sin(at)$	$\dfrac{a}{p^2+a^2}$
$\cos(at)$	$\dfrac{p}{p^2-a^2}$
$\sinh(at)$	$\dfrac{a}{p^2-a^2}$
$\cosh(at)$	$\dfrac{p}{p^2-a^2}$
t^2	$\dfrac{2}{p^3}$
t^n	$\dfrac{n!}{p^{n+1}}$ （n 为整数，$n \geq 0$）
$\sin^2 t$	$\dfrac{2}{p(p^2+4)}$
$\cos^2 t$	$\dfrac{p^2+2}{p(p^2+4)}$
$at-\sin(at)$	$\dfrac{a^3}{p^2(p^2+a^2)}$
$\sin(at)-at\cos(at)$	$\dfrac{2a^3}{(p^2+a^2)^2}$
$t\sin(at)$	$\dfrac{2ap}{(p^2+a^2)^2}$
$\sin(at)+at\cos(at)$	$\dfrac{2ap^2}{(p^2+a^2)^2}$

（续）

函数 $f(t)$	变换 $L[f(t)] = F(p)$
$t\cos(at)$	$\dfrac{p^2-a^2}{(p^2+a^2)^2}$
$a\sin(bt)-b\sin(at)$	$\dfrac{ab(a^2-b^2)}{(p^2+a^2)(p^2+b^2)}$
$\dfrac{1}{2a^3}[\sin(at)-at\cos(at)]$	$\dfrac{1}{(p^2+a^2)^2}$
$\dfrac{\cos(at)-\cos(bt)}{b^2-a^2}$	$\dfrac{p}{(p^2+a^2)(p^2+b^2)}$
$\dfrac{e^{-at}-e^{-bt}}{b-a}$	$\dfrac{1}{(p+a)(p+b)}$
$\dfrac{be^{-bt}-ae^{-at}}{b-a}$	$\dfrac{p}{(p+a)(p+b)}$
te^{at}	$\dfrac{1}{(p-a)^2}$
$t^n e^{at}$	$\dfrac{n!}{(p-a)^{n+1}}\quad(n=1,2,3,\cdots)$
$e^{-at}\cos(bt)$	$\dfrac{p+a}{(p+a)^2+b^2}$
$e^{-at}\sin(bt)$	$\dfrac{b}{(p+a)^2+b^2}$
$1-\dfrac{e^{-\frac{at}{2}}}{\sqrt{1-\frac{a^2}{4}}}\left[\dfrac{a}{2}\sin\left(\sqrt{1-\frac{a^2}{4}}\,t\right)+\sqrt{1-\frac{a^2}{4}}\cos\left(\sqrt{1-\frac{a^2}{4}}\,t\right)\right]$	$\dfrac{1}{p(p^2+ap+1)}$
$\dfrac{e^{-\xi t}}{\sqrt{1-\xi^2}}[\sqrt{1-\xi^2}\cos(\sqrt{1-\xi^2}\,t)-\xi\sin(\sqrt{1-\xi^2}\,t)]\quad(\xi<1)$	$\dfrac{p}{p^2+2\xi p+1}$
$\dfrac{e^{-\xi t}}{\sqrt{1-\xi^2}}\sin(\sqrt{1-\xi^2}\,t)$	$\dfrac{1}{p^2+2\xi p+1}$
$\dfrac{e^{-\xi t}}{h\sqrt{1-\xi^2}}\sinh(\sqrt{1-\xi^2}\,t)$	$\dfrac{1}{p^2+2h\xi p+h^2}$
$e^{-\xi ht}\cosh(\sqrt{1-\xi^2}\,t)-\dfrac{\xi e^{-\xi ht}}{\sqrt{1-\xi^2}}\sinh(\sqrt{1-\xi^2}\,t)$	$\dfrac{p}{p^2+2h\xi p+h^2}$

（续）

函数 $f(t)$	变换 $L[f(t)] = F(p)$
$\dfrac{e^{-\xi t}\left[\sin(\sqrt{1-\xi^2}\,t)-t\sqrt{1-\xi^2}\cos(\sqrt{1-\xi^2}\,t)\right]}{2\,(1-\xi^2)^{3/2}}$	$\dfrac{1}{(p^2+2\xi p+1)^2}$
$\dfrac{te^{-\xi t}}{2\sqrt{1-\xi^2}}\sin(\sqrt{1-\xi^2}\,t)$	$\dfrac{p}{(p^2+2\xi p+1)^2}$
$te^{-\xi\Omega t}\sin(\Omega t)$	$-2\,\dfrac{(p+\xi\Omega)\,\Omega}{\left[(p+\xi\Omega)^2+\Omega^2\right]^2}$
$te^{-\xi\Omega t}\cos(\Omega t)$	$\dfrac{p^2+2\xi\Omega p+\xi^2(\Omega^2-1)}{\left[(p+\xi\Omega)^2+\Omega^2\right]^2}$
$\dfrac{1+\xi^2}{2}e^{-\xi\Omega t}\left[\dfrac{\sin(\Omega t)}{\Omega}-t\cos(\Omega t+\phi)\right]$	$\dfrac{p^2}{\left[(p+\xi\Omega)^2+\Omega^2\right]^2}$
$\dfrac{1+\xi^2}{2}e^{-\xi\Omega t}\left[\dfrac{\sin(\Omega t)}{\Omega}-t\cos(\Omega t+\phi)\right]$ $-te^{-\xi\Omega t}\cos(\Omega t)-\xi te^{-\xi\Omega t}\sin(\Omega t)$	$\dfrac{\Omega^2(1+\xi^2)}{\left[(p+\xi\Omega)^2+\Omega^2\right]^2}$
$t-2\xi+e^{-\xi t}\left[2\xi\cos(\sqrt{1-\xi^2}\,t)+\dfrac{2\xi^2-1}{\sqrt{1-\xi^2}}\sin(\sqrt{1-\xi^2}\,t)\right]$	$\dfrac{1}{p^2(p^2+2\xi p+1)}$

可通过对分式的分解变换，利用这些拉普拉斯变换表计算出其结果。

$$\frac{1}{p(p^2+ap+1)}=\frac{1}{p}-\frac{p+a}{p^2+ap+1} \tag{A.37}$$

$$\frac{1}{p^2(p^2+ap+1)}=\frac{1}{p^2}-\frac{a}{p}+\frac{ap}{p^2+ap+1}+\frac{a^2-1}{p^2+ap+1} \tag{A.38}$$

式中：$a=2\xi$。

A.6　广义阻抗-传递函数

如果初始条件是 0，则式（A.24）可以写为

$$(p^2+ap+b)Q(p)=F(p) \tag{A.39}$$

设

$$Z(p)=p^2+ap+b \tag{A.40}$$

则有

$$F(p)=Z(p)Q(p) \tag{A.41}$$

式中：$Z(p)$ 为系统广义阻抗。

类似于交流正弦供电网中电流 $I(\Omega)$（输出变量）和电势 $E(\Omega)$（输入变量）的关系方程：

$$E(\Omega) = Z(\Omega) I(\Omega) \tag{A.42}$$

式中：$Z(\Omega)$ 为电路中的传递阻抗。

$A(p)$ 是 $Z(p)$ 的倒数 $1/Z(p)$，称为导纳。函数 $A(p)$ 也称为传递函数。

$$Q(p) = \frac{1}{Z(p)} F(p) = A(p) F(p) \tag{A.43}$$

振动试验:历史背景简介

冲击和振动的研究始于 20 世纪 30 年代初,用以改善地震期间建筑物的表现。在这一思维架构下,M. A. Biot 定义了冲击谱以表征这些现象,并比较其严重程度。为了避免混淆,并清楚地显示其表征的是系统(单自由度线性)对于激励的响应,冲击谱一词后来改为冲击响应谱(SRS)。

飞机的振动试验始于 1940 年,用以验证零部件和设备在首次使用前的抗振性[BRO 67]。

由于以下原因,这类试验变得十分必要:

(1)机载设备日益复杂且对振动更加敏感;

(2)飞机(更广泛而言,交通工具)性能的提高,使得振动源从以前一般位于发动机附近,现在很大程度上向外部延伸,已经涉及周围外部介质(气动流体)。

试验的发展历程大致如下[HUN 99,PUS 77]:

1940 年,开始进行共振频率测量、自阻尼试验、正弦试验(固定频率,对应于发动机以恒定转速运行产生的频率)和综合试验(温度、湿度、高度)。

当时所使用的激振器是机械的,振动是由偏心质量块旋转而产生的。不久之后就开发了用于标准冲击的冲击机。台面在垂杆的导向下跌落到装满沙子的底盘中,通过在冲击机台面下布放特定形状的木块来产生所需的冲击波形状。

1946 年,开发出首台电动激振器[DEV 47,IMP 47],其功率很有限,只能进行正弦振动。

与此同时,编制了首份标准用于每种材料上进行的验收试验。由于测量到的振动环境一般是随机特性的,标准很快向"扫描正弦"试验方向演化,以便在激振器能力有限的情况下,仍然能够覆盖较宽的频率范围。

1950 年,引入扫描正弦试验来模拟发动机转速的变化,或激励出试验样品的所有共振频率,无论其量值大小。

试验的严酷度来自于根据平台进行分类的实际环境。测量信号经过矩形滤波,将滤波器响应的最大值绘制在幅值-滤波中心频率图上。

这样得到一组点,将它们用折线进行包络得到扫描正弦振动试验条件,一般情况下,低频用恒定位移包络,然后变为恒定速度,最后是恒定加速度。

用这种方法标准给出了正弦扫描试验的做法,直到目前一些文件仍然在采用。尽管很显然进行随机振动试验更合理,由于当时试验设备能力的限制无法开展宽带随机振动,所以尝试进行窄带随机扫描振动试验。这些研究主要围绕着军事应用展开的。

与现在的状况类似,冲击机进行的冲击仅限于简单的形状,如半正弦波、方(或梯形)波冲击和后峰锯齿冲击。为了方便使用和降低成本,对用激振器直接产生冲击的可能性进行了研究。如果能让试件在同一台机器上完成冲击和振动两种试验,就可以节省大量的时间。

1953 年,引入随机振动试验和相关规范(随着喷气发动机的推广,对具有连续频谱的喷气流和气动湍流的仿真)。这些试验一直极具争议性,直到 20 世纪 60 年代[MOR 53]。为了克服这种装置的功率不足的问题,尝试着在感兴趣的频率区间进行加大量级的扫描窄带随机振动试验[OLS 57]。

1955 年,发行第一本关于声振的出版物(喷气火箭和发动机的发展,声学振动对其结构和设备的影响)。

1957 年,声学室问世 [BAR 57,COL 59,FRI 59]。

1960 年,随机振动规范成为主流,激振器的功率也足够大了,可以开展宽频带随机振动。确定随机和正弦振动之间等效关系的研究逐步展开。

导弹、太空飞行器和卫星发射器使用许多爆破装置,对它们的使用是在设备运行时的某些非常精确的时间段上进行的(如在推进阶段的分离,发动机点火)。这些设备包含少量的炸药,用以产生非常短、但在局部很强烈的高频冲击,这种冲击在结构中传播,不断衰减并与结构的响应叠加。这些"爆破分离冲击"的频率成分使冲击的频率范围加大,离设备的固有频率更接近,而且振幅很明显,所以这些冲击能导致严重的故障。

在 20 世纪 60 年代一些出版物报道了这些冲击带来的新问题,但由于频率范围非常高,往往被视为不很严重。随着事故不断发生,80 年代早期发表了大批的文章,这种兴趣一直持续到今天。内容有两个方面,一方面是测量冲击以研究其传播规律,通过力学方法对其进行衰减或过滤;另一方面是在进行部件结构尺寸计算的软件中考虑这种冲击。

随着后来在设计/制造过程中引入验收试验,暴露了材料和装备的问题,1960 年左右开始推荐在产品批产前进行鉴定试验,不过使用的标准仍然与实际环境条件无关。

1965 年, J. W. Cooley 和 J. W. Tukey 发表快速傅里叶变换(FFT)计算的算法[COO 65]。

尽管对冲击谱仍存在争议,在试验标准中也未用它规定冲击条件,但在没有更有力的工具的情况下,它对于比较几个冲击的严酷度还是非常有用的。为能够模拟那些难以用简单波形冲击对其冲击响应谱进行再现的冲击,对用冲击响应谱直接控制激振器的方法进行了初步的尝试。

1967 年,声振文献的数量越来越多。

1970 年,出现三轴试验装置[DEC 70]。

开发数字控制系统。

1975 年,粗浅地用标准来再现环境有时会导致制造出的产品对于实际环境而言过于庞大,有时会产生虚假的问题:产品设计更多地是为了能够通过鉴定试验,而不是为了能承受实际环境条件。另外,经常有最大限度减轻产品质量的要求,同时产品的设计必须保证其能够承受实际使用环境并具有一定的余量。

在制定试验方法的初期的想法是将环境的力学测量信号转换和表述为试验规范,采用简单地形式来描述,缩短试验时间以节省费用。这个过程暗含着:

(1) 产品寿命剖面的确定。

(2) 对所识别出的环境因素在每种条件下相关测量数据的获取。

(3) 对所有收集到的数据进行整理,以便从中计算出最简单的规范。如果实际环境要持续很长时间,那么尽量减少试验次数,缩短试验时间。

(4) 对将要进行的试验进行组织规划,以最低的试验代价保证最佳的试验代表性。

1975 年,极限响应谱和疲劳损伤谱的发展在编制规范中发挥作用(从寿命周期剖面中引出四个阶段的方法)。

在整理数据时,必须基于下面两个准则进行等价:一是在产品中产生的最大应力能复现其在实际环境中的最大应力(缩短试验持续时间的情况下除外);二是大量应力循环造成的疲劳损伤能复现产品实际承受的情况。这两个准则将冲击和振动分析方法进行结合,是 1975 年左右发展极限响应谱和疲劳损伤谱的基础。应用该方法的前提是大量测量数据的利用和计算的实现,从而推动了在 Windows 系统下和相关数据库在 Unix 下软件的开发。

1984 年,在某些标准文件中对试验剪裁的考虑(MIL-STD-810F[MIL 97, GAM 92]):基于实际环境测量数据的规范制定。

1980—1985 年,美国的 MIL-STD-810 D 和法国的 GAM-EG-13,北约的标准版本都开始向试验剪裁的方向转变。不过,只有 GAM-EG-13 标准在其技术附录中给出和描述了等效损伤的方法。

当时 MIL-STD-810 标准明确允许用冲击响应谱来规定冲击。

1995 年,在工程管理中将环境纳入考量(根据 R. G. 航空 00040 建议)。

通过试验剪裁的方法,使得采用鉴定试验来验证所开发的产品能否适应其未来将面对的真实环境成为可能,这是因为强制要求为达到目标必须进行设计的从头迭代。这也就是为什么在 1990 年左右,引入了"产品要根据环境进行剪裁"的概念,鼓励在项目的最初阶段,通过剪裁的步骤将真实环境考虑进去。

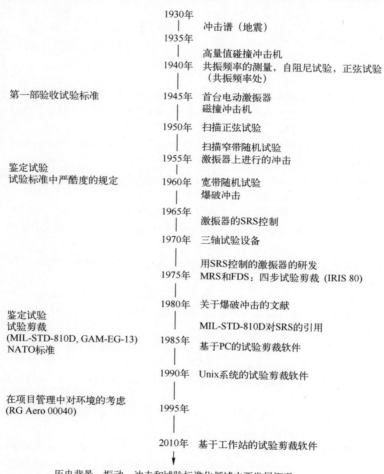

历史背景,振动、冲击和试验标准化领域主要发展概况

参考文献

[AER 62] Aeronautical Systems Division, Establishment of the approach to, and development of, interim design criteria for sonic fatigue", ASD-TDR 62-26, AD 284597, Flight Dynamics Laboratory, Wright—Patterson Air Force Base, Ohio, June 1962.

[AKA 69] AKAIKE H. , SWANSON S. R. , "Load history effects in structural fatigue" Proceedings of the 1969 Annual Meeting IES, April 1969.

[ANG 61] ANGOT A. , "Compléments de mathématiques", Editions de la Revue d'Optique, Collection Scientifique et Technique du CNET, 1961.

[AST 01] ASTAKHOV V. P. , SHVETS S. V. , "A novel approach to operating force evaluation in high strain rate metal-deforming technological processes", Journal of Materials Processing Technology, 1 17, pp. 226 - 237, 2001.

[BAC 87] BACA T. J. , "Spectral density estimates of coarsely quantized random vibration data", The Shock and Vibration Bulletin n 057, Part 2, p. 11-20, January 1987.

[BAN 77] BANDSTRA J. P. , Comparison of equivalent viscous damping and nonlinear damping in discrete and continuous vibrating systems, Masters Thesis, University of Pittsburgh, 1977 or Transactions ofthe ASME, vol. 15, July, 382-392, 1983.

[BAR 48] BARBER N. F. , URSELL F. , "The response of a resonant system to a gliding tone", Philosophical Magazine, Series 7, vol. 39, 354-61, 1948.

[BAR 57] BARUCH J. J. , "A new high-intensity noise-testing facility", The Shock and Vibration Bulletin, no. 25, Part 11, 25-30, Dec. 1957.

[BAR 61] BARTON M. V. , CHOBOTOV V. , FUNG Y. C. , A Collection of Information on Shock Spectrum of a Linear System, Space Technology Laboratories, July 1961.

[BAS 75] BASTENAIRE F. , "Estimation et prévision statistiques de la résistance et de la durée de vie des matériaux en fatigue", Journées d 'Etude sur la Fatigue, University of Bordeaux I, 29 May 1975.

[BEA 80] BEARDS C. F. , "The control of structural vibration by frictional damping in joints", Journal of the Society of Environmental Engineers, Vol. 19, no. 2 (85), 23—7, June 1980.

[BEA 82] BEARDS C. F. , "Damping in structural joints", The Shock and Vibration Digest, vol. 14, no. 6, 9- 11, June 1982.

[BEA 96] BEARDS C. F. , Structural Vibration: Analysis and Damping, Arnold, London, 1996.

[BEN 62] BENDAT J. S. , ENOCHSON L. D. , KLEIN G. H. , PIERSOL A. G. , "Advanced concepts of stochastic processes and statistics for flight vehicle vibration estimation and measurement", ASD – TDR – 62 – 973, Dec. 1962.

[BEN 63] BENDAT J. s., ENOCHSON L. D., PIERSOL A. G., " Analytical study of vibration data reduction methods", Contract NAS8–5093, The Technical Products Company, Los Angeles, Sept. 1963.

[BEN 71] BENDAT J. S., PIERSOL A. G., Random Data: Analysis and Measurement Procedures, Wiley Interscience, 1971.

[BER 73] BERT C. W., " Material damping: an introductory review of mathematical models, measures and experimental techniques", Journal of Sound and Vibration, Vol. 29, no. 2, 129–53, 1973.

[BER 76] BERGMAN L. A. and HANNIBAL A. J., " An alternate approach to modal damping as applied to seismic–sensitive equipment", The Shock and Vibration Bulletin, no. 46, Part 2, 69–83, Aug. 1976.

[BIC 70] BICKEL H. J., CITRIN A., " Constant percentage bandwidth analysis of swept— sinewave data", Proceedings ofthe IES, 272–6, 1970.

[BIR 77] BIRCHAK J. R., " Damping capacity of structural materials", The Shock and Vibration Digest, vol. 9, no. 4, 3–11, April 1977.

[BIS 55] BISHOP R. E. D., " The treatment of damping forces in vibration theory", Journal of the Royal Aeronautical Society, Vol. 59, 738, Nov. 1955.

[BLA 56] BLAKE R. E., BELSHEIM R. O., WALSH J. P., " Damaging potential of shock and vibration", ASME Publication — Shock and Vibration Instrumentation, 147—63, 1956.

[BLA 61] BLAKE R. E., " Basic vibration theory", in HARRISC. M. and CREDE C. E. (Eds), Shock and Vibration Handbook, Mc GrawHill Book Company, Inc., Vol. 1, no. 2, 1—27, 1961.

[BRA 11] BRANDT A., Noise and Vibration Analysis – Signal Analysis and Experimental Procedures, Wiley and Sons, Ltd., 2011.

[BRO 53] BRONWELL A., Advanced Mathematics in Physics and Engineering, McGraw–Hill Book Company, Inc., 1953.

[BRO 62] BROWN D., " Digital techniques for shock and vibration analysis", 585E, National Aerospace Engineering and Manufacturing Meeting, Society of Automotive Engineers ' Los Angeles, Calif., 8—12, Oct. 1962.

[BRO 67] BROCH J. T., " Essais en vibrations. Les raisons et les moyens", Technical RevieW' Bruél and Kjaer, no. 3, 1967.

[BRO 75] BROCH J. T., " Sur la mesure des fonctions de réponse en fréquence", Technical Review, Bruél and Kjaer, no. 4, 1975.

[BRO 84] BROCH J. T., Mechanical Vibration and Shock Measurements, Brüel and Kjaer, Denmark, Naerum., 1984.

[BUR 59] BURGESS J. C., " Quick estimation of damping from free dampedoscillograms" WADC Report TR 59–676.

[BYE 67] BYERS J. F., " Effects of several types of damping on the dynamical behavior of harmonically forced single–degree–of–freedom systems", DRL Acoustical Reportno. 272 AD. AO 36696/5GA, 2 Jan. 1967.

[CAM 53] CAMPBELL J. D., " An investigation of the plastic behavior of metal rods subjected to longitudinal impact", Journal of Mechanics and Physics of Solids, Vol. 1, 113, 1953.

[CAP 82] CAPRA A., DAVIDOVICI V., Calcul Dynamique des Structures en Zones Sismiques, Eyrolles, 1982.

[CAU 59] CAUGHEY T. K., " Response of a nonlinear string to random loading", Journal of Applied

Mechanics, Transactions of the ASME, 341—4, 26 Sept. 1959.

[CHE 66] CHENG D. K. , Analysis of Linear Systems, Addison Wesley Publishing Company, Inc. , 1966.

[CLA 49] CLARK D. S. , WOOD D. S. , "The time delay for the initiation of plastic deformation at rapidly applied constant stress", Proceedings of the American Society for Testing Materials, vol. 49, 717—35, 1949.

[CLA 54] CLARK D. S. , "The behaviour of metals under dynamic loading", Transactions of the American Society for Metals, Vol. 46, 34—62, 1954.

[CLO 03] CLOUGH R. W. , PENZIEN J. , Dynamics of Structures, Third Edition, Computers & Structures, Inc. , Berkeley, CA, 1995.

[COL 59] COLE J. H. , VON GIERKE H. E. , OESTREICHER H. L. , POWER R. G. , "Simulation of random acoustic environments by a wide band noise siren", The Shock and Vibration Bulletin, no. 27, Part 11, 159—68, June 1959.

[COO 65] COOLEY J. W. , TUKEY J. W. , "An algorithm for the machine calculation of complex Fourier series", Mathematics of Computation, Vol. 19, 297—30, April 1965.

[CRA 58] CRANDALL S. H. , Random Vibration, The MIT. Press, Massachussetts Institute of Technology, Cambridge, Massachussets, 1958.

[CRA 62] CRANDALL S. H. , "On scaling laws for material damping", NASA-TND-1467, Dec. 1962.

[CRE 54] CREDE C. E. , GERTEL M. , CAVANAUGH R. D. , "Establishing vibration and shock tests for airborne electronic equipment", WADC Technical Report no. 54-272, June 1954.

[CRE 56] CREDE C. E. , LUNNEY E. J. , "Establishment of vibration and shock tests for missile electronics as derived from the measured environment", WADC Technical Report no. 56503, ASTIA Document no. AD 118133, 1 Dec. 1956.

[CRE 61] CREDEC. E. , RUZICKA J. E. , Theory of Vibration Isolation, Shock and Vibration Handbook, McGraw-Hill Book Company, Vol. 2, 30, 1961.

[CRE 65] CREDE C. E. , Shock and Vibration Concepts in Engineering Design, Prentice Hall, Inc. , Englewood Cliffs, NJ, 1965.

[CRO 56] CRONIN D. L. , "Response of linear viscous damped systems to excitations having time-varying frequency", Calif. Instit. Technol-Dynam-Lab Rept, 1956.

[CRO 68] CRONIN D. L. , "Response spectra for sweeping sinusoidal excitations", The Shock and Vibration Bulletin, no. 38, Part 1, 133—9, Aug. 1968.

[CRU 70] CRUM J. D. , GRANT R. L. , "Transient pulse development", The Shock and Vibration Bulletin, Vol. 41, Part 5, 167-76, Dec. 1970.

[CUR 55] CURTIS A. J. , "The selection and performance of single-frequency sweep vibration tests", Shock, Vibration and Associated Environments Bulletin, no. 23, 93—101, 1955.

[CUR 71] CURTIS A. J. , TINLING N. G. , ABSTEIN H. T. , "Selection and performance of vibration tests", The Shock and Vibration Information Center, SYM 8, 1971.

[DAV 04] DAVIS J. R. , Tensile Testing, Second Edition, ASM International, Materials Park Ohio, December 2004.

[DEC 70] DECLUE T. K. , ARONE R. A. , DECKARD C. E. , "Multi-degree of freedom motion simulator systems for transportation environments", The Shock and Vibration Bulletin, no. 41, Part 3, 119 - 32, Dec. 1970.

[DEN 29] DEN HARTOG J. P. , "Forced vibrations with Coulomb damping", Univ. Pittsburgh Bull. , Vol. 26, no. 1, Oct. 1929.

[DEN 30a] DEN HARTOG JP. , " Forced vibrations with combined viscous and Coulomb damping" , Philosophical Magazine, Vol. 9, no. LIX, Suppl. , 801—17, May 1930.

[DEN 30b] DEN HARTOG J. P. , " Steady forced vibration as influenced by damping" , Transactions of the ASME, vol. 52, Appl. Mech. Section, 178-80, 1930.

[DEN 56] DEN HARTOG J. P. , Mechanical Vibrations, McGraw—Hill Book Company, 1956.

[DEN 60] DEN HARTOG J. P. , Vibrations Mécaniques, Dunod, 1960.

[DEV 47] " Development of NOL shock and vibration testing equipment" , The Shock and Vibration Bulletin, no. 3, May 1947.

[DIE 88] DIETER G. E. , Mechanical Metallurgy, McGraw—Hill Series in Materials Science and Engineering, 1988.

[DIM 61] DIMENTBERG F. M. , Flexural Vibrations of Rotating Shafts, Butterworths, London, 1961.

[DIT 67] DITKINV. A. , PRUDNIKOV A. P. , Formulaire Pour le Calcul Opérationnel, Masson, 1967.

[DUB 59] DUBLIN M. , " The nature of the vibration testing problem" , Shock, Vibration and 377.

[EAR 72] EARLES S. W. E. , WILLIAMS E. J. , " A linearized analysis for frictionally damped systems" , Journal of Sound and Vibration, Vol. 24, no. 4, 445—58, 1972.

[ELD 61] ELDRED K. , ROBERTS W. M. , WHITE R. , " Structural vibrations in space vehicles" , WADD Technical Report 61-62, Dec. 1961.

[ENC 73] Encyclopédie Internationale des Scienceset des Techniques, Presses de la Cité, Vol. 9, 53943, 1973.

[ERE 99] EREN H. , " Acceleration, Vibration and Shock Measurement" , Chapter 17, The Measurement, Instrumentation and Sensors Handbook, CRC Press Llc, 1999.

[FEL 59] FELTNER C. E. , " Strain hysteresis, energy and fatigue fracture" , T. A. M. Report 146, University of Illinois, Urbana, June 1959.

[FIX 87] Fixtures for B&K Exciters, Brüel & Kjaer, Denmark, October 1987.

[FOL 72] FOLEY J. T. , GENS M. B. , MAGNUSON F. , " Current predictive models of the dynamic environment of transportation" , Proceedings of the Institute of Environmental Sciences, 162-71, May 1972.

[FÖP 36] FÖPPL O. , " The practical importance of the damping capacity of metals, especially steels" , Journal of Iron and steel, Vol. 134, 393-455, 1936.

[FÖR 37] FÖRSTER F. , " Ein neues Meßverfahren zur Bestimmung des Elastizitäts – moduls und der Dämpfung" , Zeitschriftfür Metallkunde, 29, Jahrgang, Heft 4, 109—15, April 1937. [FOU 64] FOUILLE A. , Electrotechnique, Dunod, 1964.

[FRI 59] FRIKE W. , KAMINSKY R. K. , " Application of reverberant and resonant chamber to acoustical testing of airborne components" , The Shock and Vibration Bulletin, no. 27, Part 11, 216-25, June 1959.

[FUN 58] FUNG Y. C. , BARTON M. V. , " Some shock spectra characteristics and uses" , Journal of Applied Mechanics, Vol. 35, Sept. 1958.

[GAB 69] GABRIELSON V. K. , REESE R. T. , " Shock code user's manual — a computer code to solve the dynamic response of lumped—mass systems" , SCL-DR – 69-98, November 1969.

[GAM 92] GAM EG13, Essais Généraux en Environnement des Matériels, Annexe Générale Mécanique, DGA — Ministére de la Défense, 1992.

[GAN 85] GANTENBEIN F. , LIVOLANT M. , Amortissement, Génie Parasismique, Presses de l'Ecole Nationale des Ponts et Chaussées, 365—72, 1985.

[GER 61] GERTEL M. , "Specification of laboratory tests" , in HARRIS C. M. and CREDE C. E. , Shock and Vibration Handbook , Vol. 2 , Chapter 24 , 1—34 , McGraw-Hill Book Company , 1961.

[GIR 08] GIRARD A. , ROY N. , Structural Dynamics in Industry , ISTE , London , John Wiley & Sons , New York , 2008. Associated Environments Bulletin , no. 27 , Part IV , 1—6 , June 1959.

[GOO 76] GOODMAN L. E. , Material Damping and Slip Damping , Shock and Vibration Handbook , Vol. 36 , McGraw-Hill Book Company , 1976.

[GUI 63] GUILLIEN R. , Electronique , Presses Universitaires de France , Vol. 1 , 1963.

[GUR 59] GURTIN M. , Vibration analysis of discrete mass systems , G. E. Report no. 59 GL75 , General Engineering Laboratory , 15 March 1959.

[HAB 68] HABERMAN C. M. , Vibration Analysis , C. E. Merril Publishing Company , Columbus , Ohio , 1968.

[HAG 63] HAGER R. W. , CONNER E. R. , "Road transport dynamic" , Shock , Vibration and Associated Environments Bulletin , no. 31 , part Ill , 102—9 , Apr. 1963.

[HAL 75] HALLAM M. G. , HEAF N. J. , WOOTTON L. R. , Dynamics of marine structures : methods of calculating the dynamic response of fixed structures subject to wave and current action , Report UR 8 , CIRIA Underwater Engineering Group , ATKINS Research and Development , Oct. 1975.

[HAL 78] HALLAM M. G. , HEAF N. J. , WOOTTON L. R. , Dynamics of marine structures : Methods of calculating the dynamic response of fixed structures subject to wave and current action , Report UR 8 , CIRIA Underwater Engineering Group , Oct. 1978.

[HAU 65] HAUGEN E. B. , "Statistical strength properties of common metal alloys" , SID 65-1274 , North American Aviation Inc. , Space and Information Systems Division , 30 Oct. 1965.

[HAW 64] HAWKES P. E. , "Response of a single-degree-of-freedom system to exponential sweep rates" , Shock , Vibration and Associated Environments , no. 33 , Part 2 , p 296—304 , Feb. 1964. (Or Lockheed Missiles and Space Company Structures Report LMSC A 362881 -SS/690 , 12 Nov. 1963).

[HAY 72] HAY J. A. , "Experimentally determined damping factors" , Symposium on Acoustic Fatigue , AGARD CP 113 , page 12-1 to 12-15 , sept. 1972.

[HAY 99] HAYES M. H. , Digital Signal Processing , Schaum's Outline Series , McGraw-Hill , 1999.

[HLA 69] HLADIK J. , La Transformation de Laplace à Plusieurs Variables , Masson , 1969.

[HOB 76] HOBAICA C. , SWEET G. , "Behaviour of elastomeric materials under dynamic loads" , The Shock and Vibration Digest , Vol. 8 , no. 3 , 77—8 , March 1976.

[HOK 48] HOK G. , "Response of linear resonant systems to excitation of a frequency varying linearly with time" , Journal of Applied Physics , Vol. 19 , 242—50 , 1948.

[HOP 04] HOPKINSON B. , "The effects of momentary stresses in metals" , Proceedings of the Royal Society of London , Vol. 74 , 717—35 , 1904—5.

[HOP 12] HOPKINSON B. , TREVOR-WILLIAMS G. , "The elastic hysteresis of steel" , Proceedings of the Royal Society of London , Series A , Vol. 87 , 502 , 1912.

[HUN 99] HUNTER N. F. , Vibration testing —Reviewing the state of the art , Los Alamos National Laboratory , LA-UR-99-3413 , Paper Submitted to SD 2000 Conference , June 23 , 1999.

[IMP 47] "Impressions of the shock and vibration tour" , The Shock and Vibration Bulletin , no. 2 , Naval Research Laboratory , March 1947.

[JAC 30] JACOBSEN L. S. , "Steady forced vibration as influenced by damping" , Transactions ofthe ASME 52 , Appl. Mech. Section , 169-78 , 1930.

[JAC 58] JACOBSEN L. S. , AYRE R. S. , Engineering Vibrations, McGraw-Hill Book Company, Inc. , 1958.

[JEN 59] JENSEN J. W. , Damping capacity: Its measurement and significance, Report of Investigations 5441, US Bureau of Mines, Washington, 1959.

[JON 69] JONES D. I. G. , HENDERSON J. P. , NASHIF A. D. , " Reduction of vibrations in aerospace structures by additive damping", The Shock and Vibration Bulletin, no. 40, Part 5, 1-18, 1969.

[JON 70] JONES D. I. G. , HENDERSON J. P. , NASHIF A. D. , " Use of damping to reduce vibration induced failures in aerospace systems", Proceedings of the Air Force Conference on Fatigue and Fracture of Aircraft Structures and Materials, Miami Beach, 15—18 Dec. 1969, or AFFDL TR70-144, 503-19, 1970.

[KAR 40] KARMAN T. V. , BIOT M. A. , Mathematical Methods in Engineering, McGraw-Hill Book Company, Inc. , 1940.

[KAR 50] KARMAN T. V. , DUWEZ P. E. , " The propagation of plastic deformation in solids", Journal of Applied Physics, Vol. 21, 987, 1950.

[KAR 01] KARNOVSKY I. A. , LEBEDO. I. , Formulas for Structural Dynamics: Tables, Graphs and Solutions, McGraw-Hill, 2001.

[KAY 77] KAYANICKUPURATHU J. T. , " Response of a hardening spring oscillator to random excitation", The Shock and Vibration Bulletin, no. 47, Part 2, 5—9, 1977.

[KEN 47] KENNEDY C. C. , PANCU C. D. P. , " Use of vectors in vibration measurement and analysis", Journal of the Aeronautical Sciences, Vol. 14, 603—25, 1947.

[KEV 71] KEVORKIAN J. , " Passage through resonance for a one-dimensional oscillator with slowly varying frequency", SIAM Journal of Applied Mathematics, Vol. 20, no. 3, May 1971.

[KHA 57] KHARKEVTICH A. A. , Les Spectreset I 'analyse, Editions URSS, Moscow, 1957.

[KIM 24] KIMBALL A. L. , " Internal friction theory of shaftwhirling", General Electric Review, Vol. 27, 244, April 1924.

[KIM 26] KIMBALL A. L. , LOVELL D. E. , " Internal friction in solids", Transactions of the ASME, Vol. 48, 479-500, 1926.

[KIM 27] KIMBALL A. L. , LOVELL D. E. , " Internal friction in solids", Physical Review, Vol. 30, 948-59, December 1927.

[KIM 29] KIMBALL A. L. , " Vibration damping, including the case of solid friction", ASME, APM - 51 - 21, 1929.

[KLE 71a] KLESNIL M. , LUKAS P. , RYS P. , Czech Academy ofSciences Report, Inst. of Phys. Met. , Brno, 1971.

[KLE 71b] KLEE B. J. , Design for Vibration and Shock Environments, Tustin Institute of Technology, Santa Barbara, California, 1971.

[LAL 75] LALANNE C. , La simulation des environnements de choc mécanique, Rapport CEAR - 4682, vols. 1 and 2, 1975.

[LAL 80] LALANNE M. , BERTHIER P. , DER HAGOPIAN J. , Mécanique des Vibrations Linéaires, Masson, 1980.

[LAL 82] LALANNE C. , " Les vibrations sinusoidales à fréquence balayée", CESTA/EX no. 803, 8 June 1982.

[LAL 95a] LALANNE C. , " Analyse des vibrations aléatoires", CESTA/DQS DO 60, 10 May 1995.

[LAL 95b] LALANNE C. , " Vibrations aléatoires — Dommage par fatigue subi parun systéme mécanique à un degré de liberté", CESTA/DT/EXDO 1019, 20 Jan. 1995.

[LAL 96] LALANNE C. ," Vibrations mécaniques" ,CESTA/DQS DO 76,22 May 1996.

[LAL 04] LALANNE C. , Vibrations et chocs mécaniques Tome 6: analyse pratique des mesures, Hermes—La-voisier, Paris,2004.

[LAN 60] LANDAU L. , LIFCHITZ E. , Mécanique, Physique Théorique, Editions de la Paix, vol. 1,1960.

[LAZ 50] LAZAN B. J. ," A study with new equipment of the effects of fatigue stress on the damping capacity and elasticity of mild steel" , Transactions of the ASME, Vol. 42,499— 558,1950.

[LAZ 53] LAZAN B. J. ," Effect of damping constants and stress distribution on the resonance response of members" , Journal of Applied Mechanics, Transactions of the ASME, Vol. 20,201-9,1953.

[LAZ 68] LAZAN B. J. , Damping of Materials and Members in Structural Mechanics, Pergamon Press,1968.

[LEV 60] LEVITAN E. S. ," Forced oscillation of a spring—mass system having combined Coulomb and viscous damping" , Journal of the Acoustical Society of America, Vol. 32, no. 10,1265-9, Oct. 1960.

[LEV 76] LEVY S. , WILKINSON J. P. D. , The Component Element Method in Dynamics, McGraw—Hill Book Company,1976.

[LEV 07] LEVINE S. ," Vibration test fixtures: theory and practice" , August 2007 ' http://www. aeronavlabs. com/images/technical%20article. pdf.

[LEW 32] LEWIS F. M. ," Vibration during acceleration through a critical speed" , Transactions ofthe ASME, APM54 - 24,253-61,1932.

[LOR 70] LORENZO C. F. ," Variable-sweep-rate testing: a technique to improve the quality and acquisition of frequency response and vibration data" , NASA Technical Note D-7022 Dec. 1970.

[MAB 84] MABON L. , PRUHLIERE J. P. , RENOU C. , LEJUEZ W. ," Modéle mathématique d'un véhicule" , ASTE, IF Journées Scientifiques et Techniques, Paris,153—61,6—8 March 1984.

[MAC 58] MACDUFF J. N. , CURRERI J. R. , Vibration Control, McGraw—Hill Book Company, Inc. ,1958.

[MAR 90] MARSHALL A. G. , VERDUN F. R. , Fourier Transforms in NMR. Optical, and Mass Spectrometry, New York: Elsevier Publishing Company, Inc. ,1990.

[MAZ 66] MAZET R. , Mécanique Vibratoire, Dunod,1966.

[MEI 67] MEIROVITCH L. , Analytical Methods in Vibrations, The Macmillan Company, New York,1967.

[MEN 05] MENDIS P. , NGO T. ," Vibration and shock problems of civil engineering structures" , Vibration and Shock Handbook, C. W. DE SILVA (ed.) , CRC Taylor & Francis,2005.

[MIL 97] MIL-STD-81 OF, Test Method Standard for Environmental Engineering Considerations and Laboratory Tests,1997.

[MIN 45] MINDLIN R. C. ," Dynamics of package cushioning" , Bell System Technical Journal, Vol. 24,353-461,1945.

[MOR 53] MORROW C. T. , MUCHMORE R. B. ," Simulation of continuous spectra by line spectra in vibration testing" , The Shock and Vibration Bulletin, no. 21, Nov. 1953.

[MOR 63a] MORLEY A. W. , BRYCE W. D. ," Natural vibration with damping force proportional to a power of the velocity" , Journal of the Royal Aeronautical Society, Vol. 67,381-5, June 1963.

[MOR 63b] MORROW C. T. , Shock and Vibration Engineering, John Wiley & Sons Inc. , Vol. 1,1963.

[MOR 65] MORSE R. E. ," The relationship between a logarithmically swept excitation and the build-up of steady-state resonant response" , The Shock and Vibration Bulletin, no. 35, Part 11,231-62,1965.

[MOR 76] MORROW T. ," Environmental specifications and testing" , in HARRIS C. M. and CREDE C. E (Eds) , Shock and Vibration Handbook,2nd ed. ,1—13, McGraw-Hill Book Company,1976.

[MUR 64] MURFIN W. B. ," Dynamics of mechanical systems" , Sandia National Labs, RPT SC-TM640931, Aug. 1964.

[LIN 71] LINDHOLM U. S. ," Techniques in Metals Research," Interscience, Vol. 1, 1971.

[MUS 68] MUSTER D. ," International standardization in mechanical vibration and shock" , Journal of Environmental Sciences, Vol. I l, no. 4, 8—12, Aug. 1968.

[MYK 52] MYKLESTAD N. O. ," The concept of complex damping" , Journal of Applied Mechanics, vol. 19, 284-6, 1952.

[NEL 80] NELSON F. C. , GREIF R. ," Damping models and their use in computer programs" , Structural Mechanics Software Series, Vol. 3, 307—37, University Press of Virginia, 1980.

[OLS 57] OLSON M. W. ," A narrow-band-random-vibration test" , The Shock and Vibration Bulletin, no. 25, Part 1, 110, Dec. 1957.

[OST 65] OSTREM F. E. , RUMERMAN M. L. , Shock and Vibration Transportation Environmental Criteria, Final Report, General American Research Division, Niles, Ill. MR 1262, Contract NAS－8－11451, September 21, 1965.

[OST 67] OSTREM F. E. , RUMERMAN M. L. , Transportation and Handling－Shock and Vibration－Environmental Criteria, Final Report NAS 8-11451, Prepared by General American Research Division, Niles, Ill. , MR 1262－2, Contract NAS-8-11451, April 28, 1967.

[PAI 59] PAINTER G. W. ," Dry-friction damped isolators" , Prod. Eng. , Vol. 30, no. 31, 48—51, 3 Aug. 1959.

[PAR 61] PARKER A. V. ," Response of a vibrating system to several types of time-varying frequency variations" , Shock, Vibration and Associated Environments Bulletin, no. 29, Part IV, 197-217, June 1961.

[PEN 65] PENNINGTON D. , Piezoelectric Accelerometer Manual, Endevco Corporation, Pasadena, California, 1965.

[PIE 64] PIERSOL A. G. ," The measurement and interpretation of ordinary power spectra for vibration problems" , NASA－CR 90, 1964.

[PIM 62] PIMONOW L. , Vibrations en Régime Transitoire, Dunod, 1962.

[PLU 59] PLUNKETT R. ," Measurement of damping" , in J. RUZICKA (Ed.), Structural Damping, ASME, Section Five, 117-31, Dec. 1959.

[POT 48] POTTER E. V. ," Damping capacity of metals" , USBRMI, Wash. , R. of 1. 4194, March 1948.

[PUS 77] PUSEY H. C. ," An historical view of dynamic testing" , Journal of Environmental Sciences, 9-14, Sept. /Oct. 1977.

[QUE 65] Quelques Formes Modernes de Mathématiques, Publications de I'OCDE' Nov. 1965.

[REE 60] REED W. H. , HALL A. W. , BARKER L. E. , Analog techniques for measuring the frequency response of linear physical systems excited by frequency sweep inputs, NASA TN D 508, 1960.

[REE 67] REED R. R. , Analysis of structural response with different forms of damping, NASA TN D－3861, 1967.

[REI 56] REID T. J. ," Free vibration and hysteretic damping" , Journal of the Royal Aeronautical Society, Vol. 60, 283, 1956.

[RID 69] RIDLER K. D. , BLADER F. B. ," Errors in the use of shock spectra" , Environmental Engineering, 7—16, July 1969.

[RIS 08] RISSI G. O. , SINGH S. P. , BURGESS G. , SINGH J. ," Measurement and analysis of truck transport environment in Brazil" ,Packaging Technology and Science,21,p. 231—246,2008.

[ROO 82] ROONEY G. T. ,DERAVI P. ,"Coulomb friction in mechanism sliding joints" ,Mechanism and Machine Theory,Vol. 17,no. 3,207—11,1982.

[ROS 93] ROSENBERGER T. E. ,DESPIRITO J. ,A Method for Eliminating the Effects of Aliasing When Acquiring Interior Ballistic Data From Regenerative Liquid Propellant Guns,Army Research Laboratory,ARL-TR- 132 May 1993.

[RUB 64]RUBIN S. ,"Introduction to dynamics" ,Proceedings of the IES,3—7,1964.

[RUZ 57] RUZICKA J. E. ,Forced vibration in systems with elastically supported dampers,Masters Thesis,MIT, Cambridge,Mass. ,June 1957.

[RUZ 71]RUZICKA J. E. ,DERBY T. F. ,"Influence of damping in vibration isolation" ,The Shock and Vibration Information Center,USDD,SVM-7,1971.

[SAL 71] SALLES F. ,Initiation au Calcul Opérationnelet à Ses Applications Techniques,Dunod,1971.

[SCA 63] SCANLAN R. H. ,MENDELSON A. ,"Structural damping" ,AIAA Journal,Vol. 1,no. 4,938-9, April 1963.

[SHA 49] SHANNON C. E. ,"Communication in the presence of noise" ,Proceedings of the IRE,no. 37,10-21,Jan. 1949.

[SHR 95] SHREVE D. H. ,Signal Processing for Effective Vibration Analysis,IRD Mechanalysis,Inc Columbus, Ohio,pp. I-I 1,November 1995 (http://www. irdbalancing. com/downloads/SIGCOND2_2. pdf).

[SIE 97] SIERAKOWSKI R. L. ,"Strain rate behavior of metals and composites" ,Atti del XIII Convegno del Gruppo Italiano Frattura,IGF,Cassino,1997.

[SKI 66] SKINGLE C. W. ,A method for analysing the response of a resonant system to a rapid frequency sweep input,RAE Technical Report 66379,Dec. 1966.

[SMA 85]SMALLWOOD D. O. ,"Shock testing by using digital control" ,SANDIA 85 - 0352 J,1985.

[SMA 00]SMALLWOOD D. O. ,"Shock response spectrum calculation — Using waveform reconstruction to improve the results" ,Proceedings of the 71st Shock and Vibration Symposium,Arlington,Virginia,Nov. 6—9,2000.

[SNO 68] SNOWDON J. C. ,Vibration and Shock in Damped Mechanical Systems,John Wiley & Sons, Inc. ,1968.

[SOR 49] SOROKA W. W. ,"Note on the relations between viscous and structural damping coefficients" , Journal of the Aeronautical Sciences,Vol. 16,409—10,July 1949.

[SPE 61] SPENCE H. R. ,LUHRS H. N. ,"Peak criterion in random vs sine vibration testing" Journal of the Acoustical Society ofAmerica,Vol. 33,no. 5,652—4,May 1961.

[SPE 62] SPENCE H. R. ,LUHRS H. N. ,"Structural fatigue under combined random and swept sinusoidal vibration" ,Journal of the Acoustical Society ofAmerica,Vol. 34,no. 8,1098—101,Aug. 1962.

[STA 53] STANTON L. R. ,THOMSON F. C. ,"A note on the damping charistics of some magnesium and aluminum alloys" ,Journal of the Institute of Metals,Vol. 69,Part 1,29 1953.

[STA 62] STATHOPOULOS G. ,Effects of Mounting on Accelerometer Response, Electronic Industries, May 1962.

[STE 73]STEINBERG D. S. ,Vibrations Analysis for Electronic Equipment,John Wiley & Sons,1973.

[STE 78]STEINBERG D. S. ,"Quick way to predict random vibration failures" ,Machine Design,Vol. 50,no. 8,188-91,6 Apr. 1978.

[SUN 75] SUNG L. C. , An approximate solution for sweep frequency vibration problems, PhD Thesis, Ohio State University, 1975.

[SUN 80] SUNG L. , STEVENS K. K. , "Response of linear discrete and continuous systems to variable frequency sinusoidal excitations", Journal of Sound and Vibration, Vol. 71, no. 4, 497-509, 1980.

[SUT 68] SUTHERLAND L. C. , Fourier spectra and shock spectra for simple undamped systems, NASA-CR 98417, Oct. 1968.

[SUZ 78a] SUZUKI S. I. , "Dynamic behaviour of a beam subjected to a force of timedependent frequency (continued)" Journal of Sound and Vibration, Vol. 60, no. 3, 417—22, 1978.

[SUZ 78b] SUZUKI S. I. , "Dynamic behaviour of a beam subjected to a force of timedependent frequency", Journal of Sound and Vibration, Vol. 57, no. 1, 59—64, 1978.

[SUZ 79] SUZUKI S. I. , "Dynamic behaviour of a beam subjected to a force of time-dependent frequency (effects of solid viscosity and rotatory inertia)" , Journal of Sound and Vibration, Vol. 62, no. 2, 157-64, 1979.

[TAY 46] TAYLOR G. I. , "The testing of materials at high rates of loading", Journal of the Institute of Civil Engineers, Vol. 26, 486—519, 1946.

[TAY 75] TAYLOR H. R. , A study of instrumentation systems for the dynamic analysis of machine tools, PhD Thesis, University of Manchester, 1975.

[TAY 77] TAYLOR H. R. , "A comparison of methods for measuring the frequency response of mechanical structures with particular reference to machine tools", Proceedings of the Institute of Mechanical Engineers, Vol. 191, 257—70, 1977.

[THO 65a] THOMSON W. T. , Vibration Theory and Applications, Prentice Hall, Inc. , 1965.

[THO 65b] THOMSON W. , (Lord Kelvin) , "On the elasticity and viscosity of metals", Proceedings of the Royal Society ofLondon, Vol. 14, 289, 1865.

[TIM 74] TIMOSHENKO S. , Vibration Problems in Engineering, John Wiley & Sons, Inc. , 1974.

[THU 71] THUREAU P. , LECLER D. , Vibrations - Régimes Linéaires, Technologieet Université, Dunod, 1971.

[TRU 70] TRULL R. V. , "Sweep speed effects in resonant systems", The Shock and Vibration Bulletin, vol. 41, Part 4, 95-8, Dec. 1970.

[TRU 95] TRULL R. V. , ZIMMERMANN R. E. , STEIN P. K. , "Sweep speed effects in resonant systems: a unified approach, Parts I, II and Ill", Proceedings of the 66th Shock and Vibration Symposium, Vol. II, 115-46, 1995.

[TUR 54] TURBOWITCH I. T. , "On the errors in measurements of frequency characteristics by the method of frequency modulation", Radiotekhnika, Vol. 9, 31—5, 1954.

[TUS 72] TUSTIN W. , Environmental Vibration and Shock: Testing, Measurement, Analysis and Calibration, Tustin Institute of Technology, Santa Barbara, California, 1972.

[UNG 73] UNGAR E. E. , " The status of engineering knowledge concerning the damping of built-up structures", Journal of Sound and Vibration, Vol. 26, no. 1, 141—54, 1973.

[VAN 57] VAN BOMMEL P. , "A simple mass-spring-system with dry damping subjected to harmonic vibrations", De Ingenieur, Vol. 69, no. 10, w37—w44, 1957.

[VAN 58] VAN BOMMEL P. , "An oscillating system with a single mass with dry frictional damping subjected to harmonic vibrations", Bull. Int. R. Cong. XXXV, no. 1, 61—72, Jan. 1958.

[VER 67] VERNON J. B. ,Linear Vibration Theo,y ,John Wiley & sons,Inc. ,1967.

[VIB 06] Vibration Data Collection:A road Worth Travelling?,L. A. B. Equipments,Inc ,January,2006.

[VOL 65] VOLTERRA E. , ZACHMANOGLOU E. C. , Dynamics of Vibrations, Charles E. Merril Books, Inc. ,1965.

[WAL 84] WALSHAW A. C. ,Mechanical Vibrations with Applications,Ellis Horwood Limited,John Wiley & Sons,1984.

[WAL 07] WALTER P. L. ," The History of the Accelerometer,1920s — 1996 — Prologue and Epilogue, 2006" ,Sound and Vibration,40th Anniversary Issue,84-92,January 2007.

[WEG 35] WEGEL R. L. ,WALTHER H. ," Internal dissipation in solids for small cyclic strains" Physics,vol. 6,141-57,1935.

[WES 10] WESCOTT T. ," Sampling:What Nyquist Didn't Say,and What to Do About It" , Wescott Design Services,http://www. wescottdesign. com/articles/Sampling/sampling. pdf,December 20,2010.

[WHI 72] WHITE R. G. ," Spectrally shaped transient forcing functions for frequency response testing" ,Journal of Sound and Vibration,Vol. 23,no. 3,307—18,1972.

[WHI 82] WHITE R. G. ,PINNINGTON R. J. ," Practical application of the rapid frequency sweep technique for structural frequency response measurement" ,Aeronautical Journal no. 964,179-99,May 1982.

[ZEN 40] ZENER C. ," Internal friction in solids" ,Proceedings of the Physical Society of London,Vol. 52,Part 1,no. 289,152,1940.